W0268845

Franz Josef Mehr

Excel 5
à la Carte

Aus dem Bereich Computerliteratur

Vieweg Software-Trainer Microsoft Access
von Dagmar Sieberichs und Hans-Joachim Krüger

Vieweg Software-Trainer Excel
von Bernd Kretschmer und Uwe Grigoleit

Quattro Pro für Windows
von Bernd Kretschmer und Uwe Grigoleit

Management-Support mit Lotus Improv
von Bernd Kretschmer und Uwe Grigoleit

91 Anwendungen mit Quattro Pro für Windows
von Franz Josef Mehr

Excel 5 à la Carte
von Franz Josef Mehr

Spreadsheets – Tabellenkalkulation für Naturwissenschaftler
von Franz Josef Mehr

DTP-Praxis mit PageMaker 5
von Wolfgang Müller

Das Vieweg Buch zu FoxPro für Windows
von Dieter Staas

Multimedia PC
von Arnim Müller

Vieweg

Franz Josef Mehr

Excel 5
à la Carte

Über 100 Praxislösungen
sofort einsetzbar für jeden Anwender

Die Deutsche Bibliothek – CIP-Einheitsaufnahme

Mehr, Franz Josef:
Excel 5 à la carte: über 100 Praxislösungen; sofort einsetzbar
für jeden Anwender / Franz Josef Mehr. – Braunschweig;
Wiesbaden: Vieweg, 1994

ISBN 978-3-322-87241-8   ISBN 978-3-322-87240-1 (eBook)
DOI 10.1007/978-3-322-87240-1

Additional material to this book can be downloaded from http://extras.springer.com

Das in diesem Buch enthaltene Programm-Material ist mit keiner Verpflichtung oder Garantie irgendeiner Art verbunden. Der Autor und der Verlag übernehmen infolgedessen keine Verantwortung und werden keine daraus folgende oder sonstige Haftung übernehmen, die auf irgendeine Art aus der Benutzung dieses Programm-Materials oder Teilen davon entsteht.

Inhaltsverzeichnis   V

Vorwort   IX

1   Excel für den persönlichen Gebrauch

1.1	Ein ganz persönlicher Kopf	2
1.2	Noch ein Kopf...	4
1.3	Das Mikrokochbuch	6
1.4	Ein Stundenplan	8
1.5	Raumpläne	10
1.6	So werden Schüler verwaltet	12
1.7	Noch bessere Schülerverwaltung	14
1.8	Noch bessere Balkendiagramme	16
1.9	Ihr persönlicher Haushaltsplan	18
1.10	Der Mathetrainer I	20
1.11	Der Mathetrainer II	21
1.12	Ostersonntag 1583...war am 10. April	22
1.13	Einen Monatskalender selbst gemacht	24
1.14	Der maßgeschneiderte Biorhythmus	28
1.16	Von Pascal nach Excel	30

2   Von der Pflege Ihrer Finanzen

2.1	Finanzielle Grundkost I	36
2.2	Finanzielle Grundkost II	38
2.3	Ratenkauf und Kredit	40
2.4	Barwert, Diskont, Skonto...and all that	42
2.5	Wie vergleicht man Angebote ?	44
2.6	Leasen oder nicht leasen, das ist die Frage	46
2.7	Ein Tilgungsplan mit Annuitätentilgung	49
2.8	Der Weg zum Eigenheim	50

3   Excel für´s Büro

3.1	Das Einrichten einer einfachen Datenbank	54
3.2	Erste Arbeiten mit der Datenbank	56
3.3	Eine Umsatztabelle bearbeiten	58
3.4	Bilder Ihres Umsatzes	60
3.5	Währungsrechnung mit Datenbank der Wechselkurse	62
3.6	Das Mahnwesen	64
3.7	Hilfen für Abschreiber (AfA)	66
3.8	Abschreibung mit degressiv-linear-Wechsel	68
3.9	Break-even-Analyse- linearer Fall	70
3.10	Break-even-Analyse grafisch ausgewertet	72
3.11	Break-even-Analyse- nichtlinearer Fall	74
3.12	Break-even-Punkte beim nichtlinearen Fall	76
3.13	Die summarische Verzinsung	78
3.14	Diskontrechnung im Wechselverkehr	80
3.15	Handelskalkulation (Verkaufspreisberechnung)	82
3.16	Rückwärtskalkulation	84
3.17	Differenzkalkulation	85
3.18	Die Kostenrechnung	86
3.19	Kostenvergleich im Einzelhandel	87
3.20	Kontokorrentrechnung	88
3.21	Der Szenario Manager beim Angebotsvergleich	90
3.22	Deckungsbeitrag und Erfolgsrechnung	92
3.23	Pareto-Diagramm und ABC-Analyse	94
3.24	Beschaffung und Lagerhaltung	96
3.25	Zeitreihenanalyse	98
3.26	Löhne und Lohnkosten-autoformatiert	102
3.27	BAB (Betriebsabrechnungsbogen)	104
3.28	Umsatzvergleich von Filialen mit 3D-Effekt	106
3.29	Der Urlaubsplaner	108

4   Ein wenig Mathematik

4.1	ggT und kgV	112
4.2	Ebene Dreiecke ... zart angerichtet	114
4.3	Komplexe Zahlen I	116
4.4	Komplexe Zahlen II	118
4.5	Quadratische Gleichung	120

4.6	Kubische Gleichung	122
4.7	NEWTONsche Näherung für Nullstellen einer Funktion	124
4.8	Die Regula falsi	126
4.9	Das HORNER-Verfahren	127
4.10	Differenzieren mit «WAS-WENN»	128
4.11	Integral mit Trapezformel	129
4.12	ROMBERG-Integration	130
4.13	Die SIMPSONsche Regel	132
4.14	NEWTON-Interpolation	133
4.15	Ein Dreieck in allen Lagen	134
4.16	Die Parabel gedreht und verschoben	136
4.17	Wie man Pfeile zeichnet	138
4.18	Die Summe von Vektoren	139
4.19	Vektoren grafisch aufbereitet	140
4.20	3D-Diagramme	142
4.21	Im Abfall ersticken nur Bakterien?	144
4.22	Lineares Optimieren	146
4.23	Optimale Fertigungsprogramme	148
4.24	Matrizen im betrieblichen Rechnungswesen	150
4.25	Gleichungen und Systeme von Gleichungen	152

5 Statistik als Entscheidungshilfe

5.1	Überblick im Datenwirrwar	156
5.2	Eine Imageanalyse und 2 Seminarauswertungen	158
5.3	Zweidimensionale Stichproben	160
5.4	Normalverteilung und Wahrscheinlichkeiten	162
5.5	Graph der Verteilungsfunktion	164
5.6	Graphen der Dichtefunktionen	165
5.7	Die Umkehrung von Phi	166
5.8	Konfidenzintervall (N-Vertlg.)	167
5.9	Die STUDENT-Verteilung (t-Vertlg.)	168
5.10	Konfidenzintervall (t-Vertlg.)	169
5.11	Hypothesentest »bei großem n«	170
5.12	Hypothesentest »bei kleinem n«	171
5.13	Test auf Gleichheit zweier Erwartungswerte	172
5.14	Mädchen sind normalverteilt	174
5.15	Wahrscheinlichkeitspapier mit Excel erstellt	176

5.16   Datenanalyse mit dem Regressionsmodul   178
5.17   Das Regressionsmodul spart Werbekosten   180
5.18   Projektplanung   182

6   Ein paar Anwendungen aus Physik und Technik

6.1   Der freie Fall einer Kugel   186
6.2   Der schiefe Schuß   188
6.3   Wie entsteht v_0 ?   189
6.4   Die Geburt eines Schusses   190
6.5   Bilder der Geburt   191
6.6   Der Skydiver   192
6.7   Countdown   193
6.8   Von Alphateilchen und Satelliten   194
6.9   Der COMPTON-Effekt   196
6.10   The drunken Sailor - oder der Irrweg eines Gasmoleküls   198
6.11   POISSON-Verteilung mit CHI-Quadrat-Test   200
6.12   Wechselstromschaltungen   202
6.13   Das Spiel des Lebens mit Hingabe gespielt   204

7   Anhang

7.1   Makros   210
7.2   Literaturverzeichnis   219
7.3   Sachwortverzeichnis   221

Unter den Tabellenkalkulationsprogrammen zählt EXCEL 5.0 für Windows gewiß zu den Spitzenprodukten, wenngleich der Abstand zu den Konkurrenzprodukten mit jeder Versionsnummer kleiner werden dürfte, denn niemand schläft in dieser Branche.

Das Spektrum der möglichen Anwendungen von EXCEL 5.0 reicht vom ganz privaten Briefeschreiben bis hin zu den kompliziertesten Anwendungen in Mathematik, Naturwissenschaften und Technik. Man muß allerdings feststellen, daß die große Mehrheit der Anwender aus dem allgemeinen kaufmännischen Bereich kommt. Das hat natürlich zur Folge, daß man sich unter einem Tabellenkalkulationsprogramm eigentlich nur eine komplexe Busineß-Software vorstellt.

Die Möglichkeiten von Excel 5.0 sind kaum auszuschöpfen

Ein Anliegen dieses Buches ist es, überzeugend darauf hinzuweisen, daß Spreadsheets (Tabellenkalkulationsprogramme) einen fast unbegrenzten Anwendungsradius besitzen. Vergleichen Sie bitte nur die Themen der hier behandelten Aufgaben!
Aber dennoch, auch in diesem Buch überwiegen die kaufmännischen Anwendungen, denn ihnen allein wurden etwa 50 Beispiele gewidmet.

Busineß ist das Hauptanwendungsgebiet

Die Darstellung in Rezeptform bringt Ihnen auf knappstem Raum ein Höchstmaß an Information. Der Leser muß sich nicht seitenweise durch Allgemeinheiten quälen, um zum Kern einer Anwendung zu gelangen. In einigen wenigen Fällen habe ich den durchschnittlichen Umfang von zwei Seiten pro Anwendung überschritten, da die Beschreibung sonst zu komprimiert ausgefallen wäre.

Dieses Buch ist kein Lehrbuch - es will anregen, auch ungewohnte Anwendungen auszuprobieren

Wenn immer möglich, wurden auch Makros eingesetzt, vor allem bei zeitraubenden Kopieraufgaben. Diese Makros habe ich i.a. sowohl in MS EXCEL 4.0-Form als auch in Visual Basic-Code geschrieben. Sie befinden sich zusammen mit den Arbeitsblättern auf der Begleitdiskette. Um dem ungeübten Leser wenigsten an einigen einfachen Beispielen das Schreiben von Makros zu erklären -wenngleich dies eigentlich in ein anderes Buch gehört-, habe ich einen Anhang geschrieben, der in den Umgang mit Makros einführen sollte.

Ich hoffe, Sie finden unter den über 100 Anwendungen auch ein Rezept für Ihre eigene Geschmacksrichtung, oder doch wenigstens Anregungen für´s eigene Kochen am PC.

Ich bin »echt« überzeugt davon, daß es kaum Software gibt, die derart umfassend einsetzbar ist, wie ein modernes Tabellenkalkulationsprogramm. Man muß sich einfach überzeugen lassen. Ohne eigenes Probieren wird´s aber kaum gehen.

Spreadsheets für Naturwissenschaftler

Ich möche noch erwähnen, daß ich in dem VIEWEG-Buch *Spreadsheets* viele mögliche *naturwissenschaftliche* Anwendungen von Tabellenkalkulationsprogrammen beschrieben habe.

Um ein Buch, wie das vorliegende, zu schreiben, benötigt man viele Anregungen, viel Zeit und sehr viel Hilfe. Wie schon in früheren Büchern zum Thema fand ich sehr große Unterstützung in allen technischen Fragen, vor allem zur Statistik, bei meiner lieben Frau. Sie hat es darüber hinaus stets verstanden, jene häusliche Atmosphäre zu schaffen, derer man bedarf, um in Ruhe schreiben zu können.

Herrn Dr. Klockenbusch vom VIEWEG-Verlag danke ich auch dieses Mal für die Betreuung des Buchprojektes.

Ludwigshafen, im Februar 1994   Franz Josef Mehr

Noch einige Hinweise:

Was bedeutet /BAH ?

Die Arbeitsblätter zu den einzelnen Rezepten finden Sie in komprimierter Form auf der Begleitdiskette. Sie brauchen nur ca. 2 MB freien Platz auf ihrer Festplatte zu haben, um die Dateien dorthin übernehmen zu können. Das Entkomprimierprogramm ist ebenfalls auf der Diskette. Bitte auf der Diskette README lesen.

Zur Abkürzung der Schreibweise habe ich oft die /-Notation verwendet. Z.B. bedeutet **/BAH**, daß Sie den Schrägstrich gefolgt von B, A und H schreiben müssen. Die Wirkung ist dieselbe, als wenn Sie im Menü *Bearbeiten* zuerst die Option *Ausfüllen* und dann den Eintrag *Reihen* gewählt hätten.

1 Excel für den persönlichen Gebrauch

1.1   Ein ganz persönlicher Kopf

1.2   Noch ein Kopf...

1.3   Das Mikrokochbuch

1.4   Ein Stundenplan

1.5   Raumpläne

1.6   So werden Schüler verwaltet

1.7   Noch bessere Schülerverwaltung

1.8   Noch bessere Balkendiagramme

1.9   Ihr persönlicher Haushaltsplan

1.10   Der Mathetrainer 1

1.11   Der Mathetrainer 2

1.12   Ostersonntag 1583 war am 10.4.

1.13   Einen Monatskalender selbstgemacht

1.14   Der maßgeschneiderte Biorhythmus

1.15   Von Pascal nach Excel

Sicherlich hegten Sie schon den Wunsch, sich ein DTP-Programm zuzulegen, um Ihren Privatbriefen einen besonderen Touch geben zu können. Wenn Sie EXCEL 5 besitzen, sind Sie der Erfüllung Ihres Wunsches schon recht nahe gerückt. EXCEL 5 setzt Sie in die Lage, einfache Layouts ansprechend zu gestalten.

Das brauchen Sie:

1. Eine hübsche Schriftart samt Größe.
2. Ein Werkzeug zum Zeichnen einer Linie.
3. Eine Datumsfunktion.

So wird's gemacht:

Basisschrift wählen

Linien ziehen mit Hilfe von Rahmen

Datumsfunktion und Datumsformat

1. Markieren Sie die ganze Tabelle (*»Alles«*-Schalter oben links), und wählen Sie im Schriftartfenster *Schriftart/TimesNew Roman PS 12 Punkt* als Basisschrift.
2. Tragen Sie Ihren Namen in A2 ein. Telefonnummer in G2, Straße und Wohnort in G3 und G4.
3. Markieren Sie Ihren Namen, und klicken Sie ihn mit der rechten Maustaste an. *Zellen formatieren* wählen. Vor Ihnen tut sich eine Register-Auswahlbox auf, in der Sie mit der linken Maustaste das Register *Schriftart* anklicken. Suchen Sie sich die Schrift *DomCasual 14 Punkt fett* aus. (Die Einstellung auf *fett* können Sie auch mit dem Schaltknopf **F** in der Schalterleiste bewerkstelligen.)
4. Markieren Sie nun die Telefonnummer, und geben Sie Ihr eine Größe von 8 Punkt. (Die markierte Zelle mit rechter Maustaste anklicken, *Zellen formatieren/Schriftart* wählen, usw.)
5. Markieren Sie die Zellen von A5 bis H5. Mit einem Rechtsklick auf die so markierte 5. Zeile erhalten Sie ein Menü, aus dem Sie zunächst *Zellenformatieren/Rahmen* wählen. Hier müssen Sie zuerst die Linien-Art (fein) aussuchen. Anschließend klicken Sie bei *Rahmenart* den Eintrag *Unten* an. OK.
6. Tragen Sie in G7 =HEUTE() ein. Es erscheint eine Datumsangabe, die Sie mit einem Rechtsklick in die gewünschte Form bringen können. (*Zellen formatieren/Zahlen/Datum* auswählen und sich für das Format TT -MMM-JJ entscheiden, -falls es Ihnen gefällt.) OK.

7. Schreiben Sie nun den Text. Mit dem ABC-Schaltknopf können Sie eine Rechtschreibeprüfung durchführen. Die Wörter einer Zeile (=Zelle) lassen sich einzeln formatieren.
8. Bevor Sie den Brief ausdrucken, rufen Sie *Datei/Seite einrichten* auf. Klicken Sie das Register *Kopfzeile/Fußzeile* an.
Löschen Sie alle Voreinstellungen, -wählen Sie *keine*. Verfahren Sie ebenso mit *Fußzeile*.

Beispiel: Hier ist der Brief, wie er ausgedruckt erscheint. (Mit *Datei/Drucken/Seite einrichten* wurde er auf 80% reduziert. Für die Unterschrift wurde *ShelleyAllegro* 16 P gewählt; keine Linien benutzen!)

Franziska Maria Acosta

Tel.: 03312-4545
Am Hasenweg 15
2433 Fuchsbach

Lieber Franz, 3-Apr-93

schnell will ich Dir ein paar Zeilen schreiben.
Wie Du Dir denken kannst, bin ich mal wieder mit Arbeit vollgestopft.
Gestern abend kam ich hundemüde von der europäischen ZZZ-User-Tagung aus Prag zurück. Es war eine Katastrophe!
Wie immer in letzter Zeit wurden Beta-Versionen vorgeführt. Nichts klappte einwandfrei. Aber das Unglaublichste war, daß sich niemand daran stieß!
Ich habe das Gefühl, daß wir künftig alle an Betaritis erkranken werden.
Einen Ausweg sehe ich nicht. Denn es ist doch ganz klar, daß sich die Softwarehäuser gegenseitig in immer größere Zeitnot versetzen werden.
Eine unreife Betaversion wird die andere jagen!

Aber Schluß damit! Wie geht es Dir und Deiner Familie?
Ich würde mich riesig freuen, wenn Ihr am Sonntagnachmittag zu einem Kaffeestündchen vorbeikommen würdet. Bitte rufe mich an!

So, jetzt noch die lieben Grüße-
und dann sehen wir uns den heutigen Krimi an.

Deine *Franziska*

Diesmal geht es um die Gestaltung eines Rechnungsformulars.
Auffallend ist die Einbindung einer *Grafik* in das Formular.
Das Bild wurde der Symboldatei des Textverarbeitungsprogramms
Ami Pro entnommen, mit dem das ganze Buch geschrieben wurde.

Das brauchen Sie:

1. Schriftart und Schriftgröße
2. Platzhalter für das Datum
3. Grafikimport
4. Linienwerkzeug

So wird's gemacht:

1. *Alles-Markieren*-Knopf (oben links) drücken, mit Schriftartfenster *Schriftart* wählen: Helvetica 10 Punkt. Texte einfach eintragen. *Autohaus Maier* in A1; *Postgirokonto* in A5; *Weinstraße 12/16* in F5; *Rechnung* in C10; *Firma* in A13; *Datum* in E13.

Tabelle geht von A19 bis A43

2. Die Einträge mit der rechten Maustaste anklicken. *Zellen formatieren/Schriftart*. Wählen Sie die passende *Schriftgröße:* 22P für *Autohaus*, 8P für die übrigen Einträge. *Rechnung* mit 16P.

Datum

3. =HEUTE() in F13 hat das Format TT-MMM-JJ (Rechtsklick: *Zellen formatieren/Zahlen/Datum*).

Grafik importieren

4. Die Grafik laden Sie z.B. aus der Bilddatei Ihrer Textverarbeitung. Schalten Sie EXCEL zunächst auf Symbolgröße. Rufen Sie das Programm, das die Grafik enthält, und kopieren Sie die Grafik in die Zwischenablage. Zurück nach EXCEL.

5. Mit *Bearbeiten/Einfügen* holen Sie das Bild aus der Zwischenablage. Mit Hilfe der Maus bringen Sie Ihr Logo auf die gewünschte Größe.

Linien ziehen

6. Nun sind die Linien zu ziehen. Markieren Sie die zu umrandenden Zellen. Rechtsklick: *Zellen formatieren/Rahmen*. Erst *Linienart*, dann *Rahmensegment* wählen. Es dauert eine Weile, bis alle Linien so sind, wie Sie es gerne hätten. Zum Einfärben der Zellen sind diese zuerst zu markieren, dann Rechtsklick: *Zellen formatieren/Muster/Farbe*. Ich habe die gelbe Farbe gewählt.

Der Ausdruck

7. Der Ausdruck auf der folgenden Seite ist auf 70% der Originalgröße verkleinert. (*Datei/Seite einrichten*. Keine Gitternetzlinien. Bei *Kopfzeile* alle Einträge löschen. Ebenso mit der *Fußzeile* verfahren.)

Autohaus Maier

Postgirokonto
Frankfurt am Main
Kto.: 231154-450
BLZ 500 100 60

Weinstraße 12/16
D-6000 Frankfurt
Telefon (0 69) 56 44 23
Telefax (069) 43 89 56

Rechnung

Firma _________________________
Name _________________________
Straße _________________________
Plz.Ort _________________________

Datum 26-Dez-93

Kunden-Nr. _________________________
Rechn.-Nr. _________________________

Artikel-Nr.	Gegenstand	Anzahl	Einzelpreis	Gesamtpreis

Warenwert:	MwSt.%	MwSt.Betrag	Rechnungsbetrag

Zahlbar ohne Abzug nach Erhalt der Rechnung

Der wahre **Racletteur** besitzt einen Raclette-Grill - und EXCEL, um-
Ordnung in die Vielzahl seiner geheimen Spezial-Raclette- Rezepte
zu bringen. Der Dateityp *Arbeitsmappen* von EXCEL hilft ihm, ein
Raclette-Meister zu werden. Er teilt seine Rezepte ein in *Gemüsera-
clettes, Fleischraclettes* und *Fischraclettes.*

Das brauchen Sie:

1. Arbeitsmappe anlegen
2. Einfügen der Arbeitsblätter, blättern
3. Namen für die Arbeitsblätter vergeben
4. Datum einfügen, Zellen färben
5. Abschalten der Gitterlinien

So wird's gemacht:

*Arbeitsmappe
anlegen*

1. Mit Hilfe der Arbeitsmappenschaltfläche legen Sie eine *Neue Arbeitsmappe* an. Mit einem Doppelklick auf das erste Blattregister
   geben Sie dem Blatt den Namen *Rezepte*. Klicken Sie noch drei
   weitere Blätter an, und benennen Sie sie mit *Gemüse, Fleisch* und
   Fisch.
   Mit *Datei/ Speichern unter* können Sie die Mappe speichern, z.B.
   unter dem Namen RACLETTE.XLW. Eine Extension wird automatisch angefügt. Man kann die Speicherung auch mit Hilfe des
   Diskettensymbols durchführen.

*Namen ver-
geben und
Datum ein-
setzen*

2. Tragen Sie in C5 des ersten Blattes RACLETTE-REZEPTE ein.
   Rechtsklick: *Zellen formatieren/Schriftart:* Arial 18P, fett.
   Markieren Sie C5:E5, und klicken Sie mit der rechten Maustaste.
   Zellen formatieren/Rahmen: fett, gesamt. Mit **F2** gelangen Sie ins
   Eingabefenster, wo Sie zum Zentrieren einige Leerzeichen vor
   den Text setzen können. (Schneller gelingt das Zentrieren mit
   Hilfe der Schaltfläche für *Zentrierter Text.*) Die Namen der Re-
   zepte sind mit *Caslon-OpenFace* 14 Punkt geschrieben. (A4
   rechtsklicken und *Schriftart* auswählen.)
3. Das Datum des letzten Eintrags geben Sie z.B. als 4.4.94 ein.
   Rechtsklick: *Zellen formatieren/Zahlen/Datum:* TT-MMM-JJ
4. Die Gitternetzlinien entfernen Sie mit *Extras/Optionen/Fenster/
   Gitternetzlinien:* aus.

*Gitternetz-
linien aus-
schalten*

5. Mit Rechtsklick: *Zellen formatieren/Muster/Farben* werden Ihnen
   Muster zum Einfärben markierter Zellen angeboten.

Natürlich können Sie das Kochbuch mit hübschen Clipartbildern ausstatten (über Zwischenablage importieren, vergl. 1.2). Aber auch ohne diese »Schmuckstücke« kann man schon guten Appetit bekommen.

Schmuck mit Hilfe von Clipartbildern

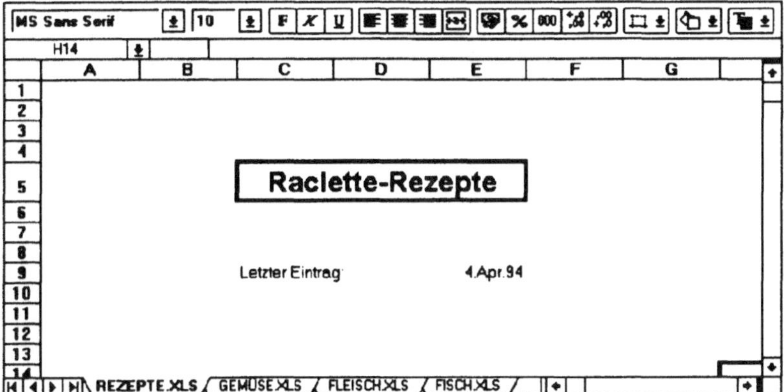

Der Einband für Ihre Rezeptsammlung mit Datumsanzeige

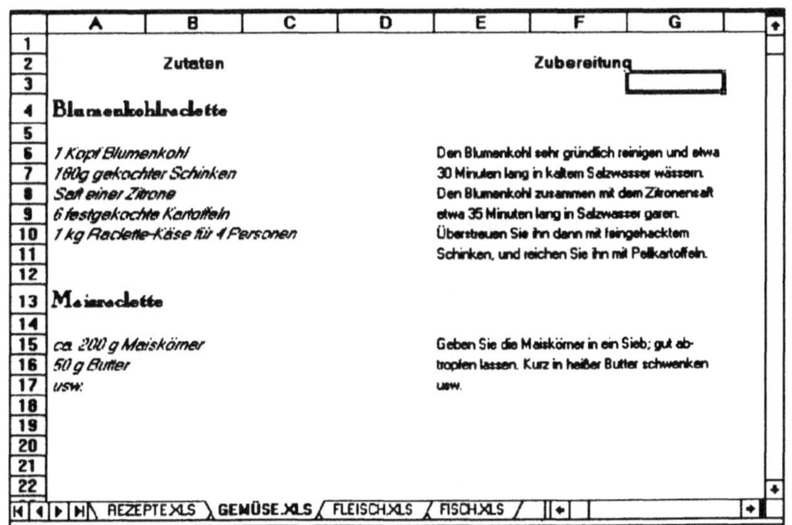

Gemüse-Raclettes übersichtlich zusammengestellt.

Auch Sie sind Lehrer und sehnen sich nach Ordnung. Sie benötigen einen teuren Zeit(ver)planer oder einfach ein Tabellenkalkulationsprogramm, mit dem Sie Ihre schulischen Einsätze dynamisch verfolgen können.
Auch Azubis, Schüler und Studenten können das folgende Rezept sehr häufig vorteilhaft einsetzen.

Das brauchen Sie:

1. Schriftart und Größe
2. Einstellung der Spaltenbreite
3. Tabellengestaltung

So wird's gemacht:

Basisschrift einstellen sowie Fonts für die Einträge

1. Zum Einstellen einer Basisschrift markieren Sie zunächst das ganze Arbeitsblatt (*Alles-Markieren*-Schalter linke obere Ecke). Aus dem Schriftartfenster die *Schriftart:* Helvetica mit 10 Punkt aussuchen. Später passen Sie die Schriftgröße den Einträgen entsprechend an. Z.B. wählen Sie für die Uhrzeit jeweils 6 Punkt und für die Tabelleneinträge (Ma 8c 303) eine Größe von 8 Punkt. Dabei können Sie das Tebelleninnere markieren, rechtsklicken und die 8 Punkt-Größe aussuchen.

Spaltenbreite über Format *wählen*

2. Da die Tabelle stark unterteilt ist, sollten Sie eine Spaltenbreite von 3 Buchstaben wählen. Klicken Sie erneut den *Alles-Markieren*-Schalter an, dann aus dem Menü *Format/Spalte/Breite* die Breite 3 wählen. Mit der Maus vergrößern Sie die A-Spalte auf 6 Zeichen.

Linien werden mit Rahmen *gezogen*

3. Das *Linienziehen* wird sehr erleichtert durch das Markieren der Segmente in der Auswahlbox, die Sie mit Rechtsklick: *Zellen formatieren/Rahmen* erhalten.   Die *breiten* Ränder erhalten Sie z.B. folgendermaßen:
   a. A5..S14 markieren
   b. *Linienart* : breit, *Rahmen/Gesamt* anklicken

Sehr bequem ist auch die Arbeit mit der Schaltfläche *Rahmenlinien Palatte.*

Einfärben der Tabelle

Bei der Arbeit an der Tabelle ist es sehr hilfreich, das Tabelleninnere anzufärben: B7:S14 markieren, rechtsklicken: *Zellen formatieren/ Muster/Farbe* grün. In der Kopie erscheint die Farbe leider nicht.

Das *Ausrichten der Einträge* erreichen Sie mit Hilfe der Ausricht-Knöpfe in der Symbolleiste.

Für Einträge, die nicht in eine Zelle passen, gehen Sie mit **F2** in die Eingabezeile und setzen die nötige Anzahl von Leerzeichen vor den Text.

Hier ist das Resultat der vielen Mühen:

	A	B	C	D	E	F	G	H	I	J	K	L	M	N	O	P	Q	R	S	T
1																				
2					Stundenplan															
3													letzte Version vo 27.3.93							
4																				
5	Uhrzeit		Montag			Dienstag			Mittwoch			Donnerstag			Freitag			Samstag		
6		Fch	Kl	Zi	Fch	Kl	Zi	Fch	Kl	Zi	Fch	Kl	Zi	Fch	Kl	Zi	Fch	Kl	Zi	
7	8.00-8.45	Ma	8c	303																
8	8.50-9.35	Phy	10b	105																
9	9.50-10.35																			
10	10.40-11.25																			
11	11.40-11.25																			
12	12.25-13.10																			
13	14.00-14.45																			
14	14.50-15.35																			
15																				
16																				
17																				
18																				

Mit Hilfe von Rahmen (mit Rechtsklick erreichbar) gestalten Sie auch einen komplizierten Stundenplan fast mühelos

Sekretärinnen, Seminarleiter und Lehrer benötigen sehr häufig einen Überblick über die Besetzung von Seminar- und Fachräumen.
Ich zeige Ihnen, wie man eine kleine Sammlung mit Raumverteilungsplänen zusammenstellt.

Das brauchen Sie:

1. Arbeitsmappe anlegen
2. Durchpausen auf die folgenden Blätter
3. Aufbereitung der Kopien

So wird's gemacht:

Einrichten einer Arbeitsmappe

1. Wenn Sie Raumverteilungspläne für den Informatik-, für den Physik- und für den Chemiesaal erstellen wollen, so sollten Sie eine *Arbeitsmappe* einrichten. Dazu sind zuerst drei einzelne Arbeitsblätter anzulegen: *Datei/Neu*. Geben Sie dem ersten Arbeitsblatt den Titel INFORMAT. (Das Register anklicken!)
   Erzeugen Sie ebenso noch Blätter für die Räume CHEMIE und PHYSIK.
   Fassen Sie diese Blätter zur Arbeitsmappe RAUMPLAN zusammen: *Datei/Speichern unter*. Geben Sie der Mappe den Namen RAUMPLAN. Die Extension XLW setzt EXCEL automatisch hinzu.
2. Entwerfen Sie zunächst auf einem Blatt einen Raumplan nach dem Muster der ersten Abbildung. Die Linien zeichnen Sie mit Hilfe der *Rahmenlinien-Palette*, -vergleichen Sie bitte auch die vorigen Rezepte.

Kopieren der Einträge

Gruppen bearbeiten

3. Um den fertigen Plan auf die anderen Blätter zu kopieren, ist die ganze Mappe als *Gruppe* zu definieren. Rechtsklick auf ein Register und sich für *Alle Blätter auswählen* entscheiden. (Wollen Sie nicht alle Blätter als Gruppe bearbeiten, so klicken Sie einfach bei gedrückter **Strg**-Taste auf die fraglichen Register.)
4. Markieren Sie den zu kopierenden Raumplan, und wählen Sie *Bearbeiten/Ausfüllen/Blätter/Alles*. OK.

Anzahl der Blätter pro Mappe

Auch die Spaltenbreite oder sonstige Arbeitsblattattribute lassen sich auf mehrere Arbeitsblätter übertragen, wenn sie vorher als Gruppe definiert wurden.
Die Zahl der Arbeitsblätter pro Mappe können Sie über *Extras/Optionen/Allgemein* einstellen.

Sie können der eingebundenen Datei INFORMAT den vollen Namen INFORMATIK geben, denn die eingebundenen Blätter können Namen erhalten, die bis zu 31 Buchstaben lang sind.

längere Namen vergeben

Gitternetzlinien entfernen Sie mit *Extras/Optionen/Ansicht/Fenster/ Giternetzlinien:* aus.

Gitternetzlinien entfernen

Belegplangerüst für einen Fachraum.

Blick in die Arbeitsmappe

Wenn es sich um Tabellen handelt, sind Tabellenkalkulationsprogramme in ihrem Element-, und was kann man nicht alles in Tabellen gießen! Z.B. eine **Notenliste** zusammen mit Endnotenberechnung.

Um Ihnen zeigen zu können, wie Daten *sortiert* werden, sollten Sie die Namen ohne alphabetische Ordnung eingeben.

Sie könnten 3 Klassenarbeiten und 5 *andere Leistungen* vorsehen. In D3 und H3 stehen Gewichtungsfaktoren. Hier 2/3 für Klassenarbeiten und 1/3 für andere Leistungen.

Vergl. zu diesem Beispiel auch [HARTMANN 92, S.251ff]

Das brauchen Sie:

1. Tabelle erstellen
2. Tabelle vervielfachen
3. Einträge sortieren
4. Formeln eintragen
5. Formeln kopieren

So wird's gemacht:

Mustertabelle anlegen

1. Spaltenbreite von A und B auf 15 Zeichen setzen: Spaltenköpfe anklicken, *Format/ Spalte/Breite* 15 . Für die Noten reicht eine Spaltenbreite von 6 Zeichen.

2. Name in A4, Vorname in B4, Klassenarbeiten von C4 bis E4, andere Leistungen von F4 bis J4. In K4: Ø (Durchschnitt) der Kl.A., in L4 Durchschnitt der AL. Das Durchschnittszeichen holen Sie sich aus der Zeichentabelle von Windows 3.1, ZUBEHÖR/ZEICHENTABELLE, oder ALT-0216.

   A4 bis M30 markieren und mit *Rahmenlinien-Palette* die Linien ziehen. Es ist ratsam, die einzelnen Bereiche einzufärben. (Rechtsklick: *Zellen formatieren/Muster.*)

   Legen Sie sich für jede Klasse eine Notenliste an. (Sie werden eine Noten-Mappe aufbauen.)

Vervielfältigung der Mustertabelle

3. Um die Mustertabelle zu kopieren, verbinden Sie zunächst alle Tabellen zu einer Gruppe: Wie in 1.5, Punkt 3 geschildert, klicken Sie mit der rechten Maustaste auf ein Register, um dann *Alle Blätter auswählen* zu übernehmen. Markieren Sie sodann die Mustertabelle, und pausen Sie sie durch mit *Bearbeiten/Ausfüllen/Blätter/Alles.*

4. Tragen Sie die Namen und Vornamen in beliebiger Reihenfolge ein. Markieren Sie anschließend alle Namen und Vornamen. (A4 und B4 sollten ebenfalls markiert werden, damit *Name* und *Vorname* als Zeilenköpfe fungieren können.) Wählen Sie *Daten/Sortieren.* Tragen Sie in der Dialogbox *Optionen/nach Zeilen* ein. 1. Sortierschlüssel: *Sortieren nach* Name, *aufsteigend.* 2. Sortierschlüssel: *Sortieren nach* Vorname, *aufsteigend.* Sie müssen zwei Sortierschlüssel angeben, damit Schüler mit gleichem Namen auch noch nach dem Vornamen eingeordnet werden. (Denken Sie daran: *Liste enthält Zeilenkopf.*)

Sortieren der Daten

Es gibt drei Sortierschlüssel

5. In K5 tragen Sie die Formel zur Berechnung des **Durchschnitts** der Klassenarbeiten ein: =MITTELWERT(C5:E5). Rechtsklick: *Zellen formatieren/Zahlen.* Mit 0,0 formatieren Sie die Mittelwerte auf eine Dezimalstelle.
   In L5 eintragen: =MITTELWERT(F5:J5).
   In M5 steht die Musterformel zur Berechnung der Note (keine Nachkommastelle): =RUNDEN(D$3*K5+H$3*L5;0). Es ist wichtig, hier die Funktion RUNDEN zu benutzen. Hätte man einfach das Zahlenformat auf 0 Dezimalstellen gesetzt, so könnte es zu Widersprüchen führen. Z.B. könnte sich die Note 4 ergeben haben, aber der Notentext würde *befriedigend* lauten, vergl.1.7
   Das Zahlenformat bestimmt das äußere Erscheinungsbild einer Zahl, es hat jedoch keinen Einfluß auf die innere Darstellung.

Formeln eintragen

Das Zahlenformat nimmt keine Ziffern weg

6. Formeln bis Zeile 34 *kopieren* (30 Schüler):
   a. K5:M5 markieren
   b. *Ausfüllkästchen* (rechts unten in Zelle M5) bis Zelle M34 mit gedrückter Maustaste ziehen. Dies kopiert die Zellinhalte von K5, L5 und M5 unter Anpassung der relativen Bezüge bis K34, L34 und M34.
   Oder: Den Bereich K5:M34 markieren und mit **Strg+U** (das entspricht dem Befehl *Ausfüllen/unten* aus dem Menü *Bearbeiten*) die Quellformeln aus K5, L5, M5 bis K34, L34, M34 kopieren.

Formeln kopieren mit Ausfüllkästchen oder mit Strg+U

	A	B	C	D	E	F	G	H	I	J
1	Mathematik	Klasse								
2	1.Halbjahr									
3	1992		F=	0,667			F=	0,333		
4	Name	Vorname	K.A.1	K.A.2	K.A.3	A.L.1	A.L.2	A.L.3	A.L.4	A.L.5
5	Albrecht	Susanne	3	4	4	3	2	2	4	
6	Kleinschmidt	Peter	1	2	1	2	2	1	1	3
7	Rückert	Agnes	4	5	4	3	5	6	5	5
8	Zimmer	Rudolf	3	4	1	3	2	1	4	
9										
10										
11										

Ausschnitt aus der Notenliste in Mathematik

Die **Notenliste** wird verfeinert und um eine **Statistik** ergänzt. Neben der Spalte der Endnoten soll noch eine weitere angefügt werden, in der *automatisch* die ausgeschriebenen Zeugnisnoten erscheinen sollen. Die Tabelle soll von einem *Notenspiegel* und von einer grafischen Darstellung ergänzt werden. Beim »Scrollen« der Tabelle sollen die Namen immer im Blickfeld bleiben.

Das brauchen Sie:

1. Tabellenvergleich
2. Häufigkeitsverteilung
3. Balkendiagramm
4. »Einfrieren« der Titel

So wird's gemacht:

Tabellenvergleiche

1. Um der «1» ein *Sehr gut*, der «2» ein *Gut* usw. zuordnen zu können, ist es nötig, eine Zuordnungstabelle anzulegen. In O5 bis O10 tragen Sie 1 bis 6 ein, daneben in Q5 bis Q10 *sehr gut, gut, ..., ungenügend*. In P5 bis P10 wird die Häufigkeit eingetragen. Tragen Sie in N5 ein: =SVERWEIS(M5,O$5:Q$10,**3**). Diese Funktion durchsucht vertikal die erste Spalte im Bereich O5..Q10 nach dem Wert, der in M5 steht. Ist er gefunden, wird das Label übertragen, das in der **3**. Spalte, also 2 Spalten weiter rechts steht. (Wichtig ist, daß bei der Berechnung der Note mit der Funktion =RUNDEN() gerechnet wurde.)

Kopieren

Zellzeiger auf N5, Kursor auf das Ausfüllkästchen rechts unten an der Zelle setzen, mit gedrückter linker Taste bis N34 ziehen.

Häufigkeit

2. Die Häufigkeit, mit der die einzelnen Noten auftauchen, bestimmen Sie zunächst »zu Fuß«; im nächsten Rezept sage ich Ihnen, wie man sie von Excel finden lassen kann.
   In S5 ist noch der gerundete Mittelwert aller Noten eingetragen worden: =RUNDEN(=MITTELWERT (M5:M34),1).

Säulendiagramm erstellen

3. Sehr gut läßt sich die Notenverteilung anhand eines *Säulendiagramms* übersehen. Markieren Sie einfach die Häufigkeiten, und klicken Sie den Diagramm-Assistenten an. Mit gedrückter linker Taste ziehen Sie an gewünschter Stelle einen Rahmen für das Diagramm auf. Die Schritte 1-5 des Diagramm-Assistenten können Sie übergehen, indem Sie einfach *Ende* anklicken. Sie übernehmen dann die Standardeinstellungen.
   Die Notenwerte aus der O-Spalte holt sich Excel selbst.

Ein Rechtsklick auf ein Diagrammteil liefert Ihnen das dazugehörige Kontextmenü(Objektmenü). Sie können mit *Titel* die Achsen beschriften und natürlich auch einen Haupttitel einfügen. Weitere wichtige Punkte sind *Skalieren, Schriftart, Legende* usw.

4. Die Schüler-Namen lassen sich »einfrieren«, so daß sie beim Scrollen der Notentabelle immer im Blickfeld bleiben: Klicken Sie den Kopf der C-Spalte an, und wählen Sie aus dem Menü *Fenster* die Funktion *Fixieren*. Mit der horizontalen Laufleiste können Sie dann jeden gewünschten Teil der Tabelle rechts von der C-Spalte ins Blickfeld holen.

Mit *Fenster/Fixierung aufheben* erhalten Sie die nicht eingefrorene Darstellung zurück.

Scrollen mit »eingefrorenen« Namen

	K	L	M	N	O	P	Q	R	S	T
4	Ø Kl.A	Ø A.L	Note	Zeugnis		Häufigkeit				
5	3,7	2,8	3	befriedigend	1	2	sehr gut	Mittel:	2,9	
6	1,3	1,8	1	sehr gut	2	3	gut			
7	4,3	4,8	4	ausreichend	3	5	befriedigend			
8	2,7	2,5	3	befriedigend	4	4	ausreichend			
9	1,4	2,1	2	gut	5	1	mangelhaft			
10	2,3	1,8	2	gut	6	0	ungenügend			
11	4,6	3,8	4	ausreichend						
12	3,8	3,2	4	ausreichend						
13	2,5	2,6	3	befriedigend						
14	3,2	4	3	befriedigend						
15	4,4	4,3	4	ausreichend						
16	3,4	3,1	3	befriedigend						
17	5,2	3,6	5	mangelhaft						
18	2,3	1,8	2	gut						
19	1,4	1,2	1	sehr gut						
20										
21										
22										

Notenteil und Auswertung. Jede Note wird auch ausgeschrieben

	A	B	M	N	O	P	Q	R
1	Mathematik	Klas						
2	1.Halbjahr							
3	1994							
4	Name	Vorname	Note	Zeugnis		Häufigkeit		
5	Albrecht	Susanne	3	befriedigend	1	2	sehr gut	Mittel:
6	Kleinschmidt	Peter	1	sehr gut	2	3	gut	
7	Rückert	Agnes	4	ausreichend	3	5	befriedigend	
8	Zimmer	Rudolf	3	befriedigend	4	4	ausreichend	
9			2	gut	5	1	mangelhaft	
10			2	gut	6	0	ungenügend	
11			4	ausreichend				
12			4	ausreichend				
13			3	befriedigend				
14			3	befriedigend				
15			4	ausreichend				
16			3	befriedigend				
17			5	mangelhaft				
18			2	gut				
19			1	sehr gut				

Auf die Spalten A und B folgen sofort M bis R. Diesen Trick verdanken wir der Funktion Fixieren *aus dem Menü* Fenster

Die Grafik im letzten Rezept läßt einige Fragen aufkeimen: Wie kann ich Excel dazu bringen, eine Häufigkeitstabelle zu erstellen? Wie bearbeite ich Grafiken? Wie kann man die Achsen beschriften? Wie kann man eine Legende einfügen? Wie kann ich eine Kopie erstellen (z.B. um sie in ein Textverarbeitungsprogramm einzufügen, -so wie in diesem Buch)?

Das brauchen Sie:

1. Einsatz der ANALYSIS TOOLS
2. Bearbeiten einer Grafik
3. Die Arrayformel HÄUFIGKEIT(*Daten;Gruppe*)

So wird's gemacht:

Analysis-Tools laden

1. Laden Sie das Arbeitsblatt aus dem vorigen Rezept.
2. Mit Hilfe von Extras/Add-in-Manager *Analysis Tools* laden (diese müssen eventuell vorher in EXCEL aufgenommen werden, vergl. Anleitung auf der Diskette mit den Tools).

Histogramm wählen

Sind die Tools geladen, so wählen Sie den Menüpunkt *Histogram(m)*. Als *Input Range* markieren Sie die Einzelnoten von $M$5 bis $M$19. *Bin Range* (Notenskala 1..6) ist $O$5:$O$10. Wählen Sie als *Output Range* $P$12. Klicken Sie nur *Chart Output* an.

3. Nach **OK** erscheint im Bereich P12:Q18 eine kleine Häufigkeitstabelle. Klicken Sie das Menü *Fenster* an. Sie sehen, das Analysis-Modul hat eine Grafik erzeugt, ein Säulendiagramm.

Beschriftung ändern

Legende bearbeiten

4. Wir ändern aber die Beschriftungen. Klicken Sie *rechts* auf Titel bzw. Achsenbeschriftung und schreiben Sie sie neu. Die vom Analysis-Modul erzeugte Legende gefällt Ihnen sicherlich nicht. Sie können sie anklicken und an eine andere Stelle verschieben. Um den Legendentext zu ändern, klicken Sie *rechts* auf einen Balken: *Datenreihe formatieren/Name und Werte*. Bei *Name* setzen Sie z.B. »Häufigkeit« ein. Klicken Sie dann noch den Punkt *Legende* an im Menü *Einfügen*.

Die Array-Formel Häufigkeit wird benutzt

5. EXCEL bietet Ihnen unter dem Symbol f_x (=Funktions-Assistent) eine Reihe von Statistikfunktionen, u.a. die »Array-Formel« HÄUFIGKEIT.
   Markieren Sie zuerst den Ausgabebereich P5:P10; tippen Sie dann ein =HÄUFIGKEIT(M5:M19;O5:O10). Jetzt nicht nur die EINGABETASTE drücken, sondern gleichzeitig **Strg+⇧ +⏎**

EXCEL trägt die Formeln mit geschweiften Klammern in die markierten Zellen P5:P10 ein. *Sie* dürfen die geschweiften Klammern nicht setzen!

Geschweifte Klammern kennzeichnen eine Array-formel

6. Wollen Sie die Grafik in ein anderes Arbeitsblatt oder in ein Textverarbeitungsprogramm übernehmen, so drücken Sie auf der Tastatur einfach die **Druck**-Taste. Die Grafik enthält jedoch auch die Ränder des EXCEL-Arbeitsblattes. Um nur die nackte Grafik zu kopieren, müssen Sie *Bearbeiten/Kopieren* starten. Das kopierte Bild können Sie dann mit *Einfügen* oder mit *Verknüpfung einfügen* (falls Ihr Textverarbeitungsprogramm DDE unterstützt) übernehmen.

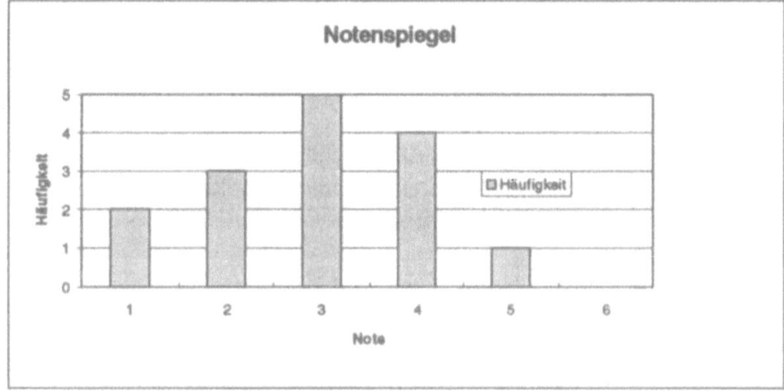

Diese Abbildung wurde mit Bearbeiten/Kopieren übertragen

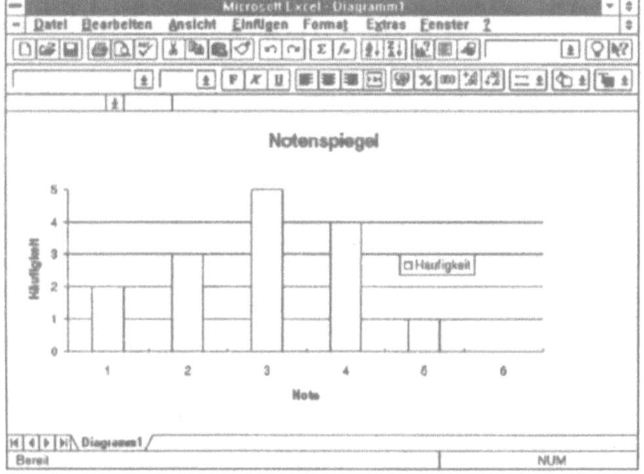

Dieses Bild wurde mit Druck in den Zwischenspeicher kopiert und dann ins Textverarbeitungssystem geholt

Wenn sich Ratlosigkeit im Portemonnaie ausbreitet und Wolken der Ungewißheit düster drohen, dann brauchen Sie einen Haushaltsplan, der Ihnen piekfein und genau aufzeigt, wohin Ihre Dukaten diffundierten. Sie brauchen dann bloß noch Ausgaben zu streichen, um eine kleinere monatliche Belastung zu erzielen.

Die Daten im Arbeitsblatt sind natürlich nur Anhaltswerte.

Das brauchen Sie:

1. Eigentlich brauchen Sie nur EXCEL und eine zuverlässige Zusammenstellung Ihrer Ausgaben.
2. Für »Sonderposten«, wie Ihre beiden studierenden Kinder, für die Kredite usw., legen Sie zweckmäßigerweise je eine eigene Seite in einer Arbeitsmappe an. (In den vorigen Rezepten zeigte ich Ihnen, wie man eine Arbeitsmappe anlegt.)
3. Einträge und Änderungen, die Sie auf den einzelnen Seiten der Arbeitsmappe ausführen, sollen automatisch ins »Hauptbuch« übernommen werden.

So wird's gemacht:

1. Wenn Sie meinen, daß die Struktur des abgebildeten Arbeitsblattes Ihrer Situation entspricht, so übernehmen Sie sie einfach.
2. Immer gleichbleibende Einträge können Sie einfach kopieren. Beachten Sie, daß einige Zahlungen nicht monatlich vorgenommen werden, sondern alle zwei Monate oder vierteljährlich.

Ausschnitt aus der Tabelle Robert *Die Ausgaben müssen i.a. für jeden Monat aktualisiert werden*

	A	B	C
1			
2	Ausgaben für Robert		
3			
4			
5	Miete:	390	
6	Lebensm.:	350	
7	Bücher:	120	
8	Sonstiges:	50	
9	Summe:	910	
10			

3. Der kleine Ausschnitt aus dem mit *Robert* gekennzeichneten Arbeitsblatt aus dem Ordner **E5NR1_9.XLW** zeigt Ihnen, wie Sie Ausgaben getrennt behandeln können. Die Summe soll automatisch vom Hauptblatt übernommen werden. (Auf der Begleitdiskette enthält die Tabelle für ROBERT die Ausgaben für die Monate Januar bis Dezember. Setzen Sie den Zellzeiger auf Januar in Spalte B und ziehen Sie das Ausfüllkästchen horizontal bis Spalte M. EXCEL setzt die Monatsnamen selbst ein. In der Zeile 9 stehen die Summenwerte.)

Ordner ist auf der Begleitdiskette

4. Im Hauptarbeitsblatt der Arbeitsmappe tragen Sie bitte in den zu *Robert* gehörenden Zellen B15:M15 **=ROBERT!B$9** ein. (=ROBERT!B$9 in B15 eintragen und dann mit Ausfüllkästchen bis M15 kopieren. In C15 der Haupttabelle steht dann =ROBERT!C$9, usw., vergl. Begleitdiskette.) Ergibt sich im Blatt »Robert« in Zelle B9 eine neue Summe, so wird sie sofort in alle Zellen der Zeile 15 des Hauptarbeitsblattes übertragen.

Die Werte aus Zeile 9 der Tabelle für Robert werden automatisch in die Haupttabelle übertragen

5. Die Summen berechnen Sie am leichtesten mit Hilfe des Summensymbols aus der Symbolleiste.
Markieren Sie den Bereich B4:N19, d.h. die Tabellenwerte und den rechten sowie den unteren Rand der Tabelle. Klicken Sie nun einfach das Summensymbol an. In der N-Spalte erscheinen die horizontalen und in Zeile 19 die vertikalen Summen. Die monatlichen Ausgaben errechnen Sie in N20 mit =N19/12.

	A	B	C	D	E	F	G	H	I	J	K	L	M	N	O
1					Haushaltsplan für Familie Brotlos										
2						1992									
3	Art	Jan	Feb	März	April	Mai	Juni	Juli	Aug	Sept	Okt	Nov	Dez	Summe	
4	Beiträge:	0	86	0	0	86	0	0	86	0	0	86	0	344	
5	Kredite:	450	450	450	450	450	450	450	450	450	450	450	450	5400	
6	Sparvertrag:	150	150	150	150	150	150	150	150	150	150	150	150	1800	
7	Telefon:	120	120	120	120	132	120	120	120	120	120	120	120	1452	
8	Gemeindeabg.:	0	115	0	115	0	115	0	115	0	115	0	115	690	
9	Wasser:	0	0	85	0	0	85	0	0	85	0	0	85	340	
10	Strom:	234	0	234	0	234	0	234	0	234	0	234	0	1404	
11	Haushalt:	980	980	980	980	980	980	980	980	980	980	980	980	11760	
12	Hauskosten:	124	124	124	124	124	124	124	124	124	124	124	124	1488	
13	Kfz-Steuer:	0	0	245	0	0	245	0	0	245	0	0	245	980	
14	Rundfunk:	0	42	0	42	0	42	0	42	0	42	0	42	252	
15	Robert:	910	910	910	910	910	910	910	910	910	910	910	910	10920	
16	Julia:	790	790	790	790	790	790	790	790	790	790	790	790	9480	
17	Vers.:	0	34	0	34	0	34	0	34	0	34	0	34	204	
18	Sonstiges:	50	50	50	50	50	50	50	50	50	50	50	50	600	
19	Summe:	3808	3851	4138	3765	3906	4095	3808	3851	4138	3765	3894	4095	47114	
20										Monatliche Ausgaben:				3926,2 DM	

Hauptarbeitsblatt:

Das könnten Ihre Ausgaben gewesen sein. Mit einer derart klaren Aufstellung könnten Sie selbst dem Finanzamt eine Träne der Rührung aus dem kalten Auge locken

In Tagen strenger Fernsehdiät könnten Sie EXCEL als Mathetrainer einsetzen, der Ihren Kindern schnell zu besseren Mathenoten verhelfen wird. Die folgenden *Mischungsaufgaben* könnten dem Mathestoff der 8. Klasse entnommen sein.

Aufgabe 1:   Zwei Kaffeesorten (A=12DM/kg; B=17,50DM/kg) sollen so gemischt werden, daß 120kg mit einem Preis von 14,50DM/kg entstehen. Wieviel ist von jeder Sorte zu nehmen?

Aufgabe 2:   Ein Laborant besitzt in seiner Sammlung 23%ige und 31%ige Salzsäure. Wieviel hat er von beiden Sorten zu nehmen, wenn er 1 Liter 28%ige Salzsäure haben will?

Das brauchen Sie :

1. Sie müssen einmal die zugrunde liegende Gleichung von Hand lösen; alle Aufgaben müssen vom gleichen Typ sein.

So wird's gemacht:

1. Das Arbeitsblatt könnte so aussehen, wie es die Abbildung vorschlägt.
2. Die Lösungsformel steht in D14:
   =RUNDEN((D11*E11-D9*E11)/(D8-D9);2)

Ergebnisse:

1.Aufgabe:

A=65,45kg ,
B=54,55kg

2.Aufgabe:

A=0,38Liter,
B=0,62Liter

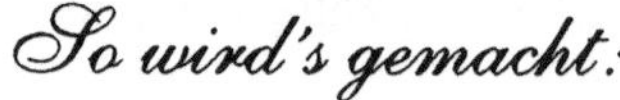

	A	B	C	D	E	F	G	H
1								
2			Mischungsaufgaben des Typs 1					
3								
4								
5								
6				Preis/kg	Menge (kg)			
7								
8		Sorte :	A	12				
9		Sorte :	B	17,5				
10								
11			Mischung:	14,5	120			
12								
13								
14			Du brauchst	65,45 kg von A				
15			und	54,55 kg von B				
16								
17								
18								

Der Arithmetik-Trainer wird auf der folgenden Seite beschrieben

	A	B	C	D	E	F	G	H	I
1									
2			Arithmetik-Trainer Nr.1						
3									
4			Rechenmodus " Manuell"			Deine Lösung:			
5									
6			erste Zahl:	919					
7						Summe:	1824	WAHR	
8			zweite Zahl:	905					
9						Differenz			
10									
11			Mit F9 eine neue Aufgabe wählen!						
12									

Sehr gelegen kommt auch ein *Rechentrainer*, der Ihrem Kind automatisch eine Aufgabe vorlegt, die mit der Antwort des Kindes verglichen wird. Ich zeige hier, wie es für *Addition* und *Subtraktion* gemacht werden kann. Sie können dann leicht auf einem weiteren Arbeitsblatt Aufgaben zur Multiplikation, Division usw. einrichten.

Das brauchen Sie:

> 1. Die ZUFALLSZAHL()-Funktion, die einen Wert zwischen 0 und 1 liefert

So wird's gemacht:

1. Orientieren Sie sich bitte für den generellen Aufbau des Arbeitsblattes an der Abbildung.
2. D6 und D8: =GANZZAHL(ZUFALLSZAHL()*900+100)
   D10: =D6+D8; D12: =D6-D8 . Machen Sie beide Zellen unsichtbar *(Schriftfarbe-Palette/Farbe* weiß wählen).
3. Der Lernende gibt die *Summe* der angebotenen Zahlen in G6 ein und aktiviert mit **Strg+a** die Kontrolle des Ergebnisses. Es wird die Meldung WAHR oder FALSCH ausgegeben. Mit F9 wird eine neue Aufgabe »ausgewürfelt«. Um die *Differenz* zu kontrollieren, ist das Makro **Strg+b** aufzurufen. (Mit *Extras/Optionen/ Berechnen:* auf Befehl wird die Neuberechnung auf *manuell* gestellt.)

Wenn Sie Summen bearbeiten, löscht das Makro alte Einträge bei den Differenzen- und umgekehrt. Holen Sie sich eine Makrovorlage mit **/EME** (= *Einfügen/Makro/MS Excel 4.0-Makro*), tragen Sie zuerst das obere Makro ein. Zellzeiger dann auf A1 und **/ENF** (Namen festlegen) eingeben. Wählen Sie den Namen *addition_a*. Hinter *Zugeordnet zu* tragen Sie den Makroanfang =$A$1 ein. Markieren Sie *auf Befehl* und tragen Sie bei *Strg+Taste:* a ein.

A
1 addition_a
2 =WENN(!G7<>!D10;FORMEL("falsch";!H7);FORMEL("wahr";!H7))
3 =FORMEL("";!G9)
4 =FORMEL("";!H9)
5 =RÜCKSPRUNG()
6
7 sub(b)
8 =WENN(!G9<>!D12;FORMEL("falsch";!H9);FORMEL("richtig";!H9))
9 =FORMEL("";!G7)
10 =FORMEL("";!H7)
11 =RÜCKSPRUNG()

Hier wird Information verborgen

Excel gibt »wahr« als WAHR zurück

Ein Makro muß in eine Makrovorlage geschrieben werden. Anschließend muß sein Name abgelegt werden. (Alles ist in Trainer.XLW gespeichert)

Schreiben Sie noch das Makro sub(b)

Scheinbar kannte das Mittelalter nur eine wirkliche Anwendung für die aufkeimende Mathematik: die Berechnung des Osterdatums.
Für die Jahre nach 1582 verwendet man zur Berechnung des Datums des Ostersonntags meist ein auf ALOYSIUS LILIUS und CHRISTOPH CLAVIUS zurückgehendes Rezept. [1] (Ostern ist der erste Sonntag nach dem ersten Vollmond, der am 21. März oder später eintritt.)

Das brauchen Sie :

1. Das fragliche Jahr J
2. Die goldene Zahl G: (J MOD 19)+1
3. Die Jahrhundertzahl C: INT(J/100)+1
4. Korrekturen X: INT(3C/4)-12
             Z: INT(8C+5)/25)-5
5. Sonntagszahl D:INT(5J/4)-X-10
6. Epactzahl E: (11G+20+Z-X) MOD 30
   Wenn E=25 und G>11 -oder wenn E=24, dann erhöhe E um 1
7. Vollmondzahl N: 44-E
   Falls N<21, dann addiere 30 zu N
8. Kriterium N1: N+7-((D+N) MOD 7)
9. Ist N>31, so ist der Ostersonntag am (N-31).April, sonst ist er am N. März.

Mit X werden die Schaltjahre berücksichtigt

Z stimmt Ostern auf die Mondbahn ab

So wird's gemacht:

1. In H2 tragen Sie das Jahr ein.
2. A7: =REST(H$2;19)+1
   B7: =GANZZAHL(H$2/100)+1
   C7: =GANZZAHL(3*B7/4)-12
   D7: =GANZZAHL((8*B7+5)/25)-5
   E7: =GANZZAHL(5*H$2/4)-C7-10
   F7: =11*A7+20+D7-C7
   G7: =REST(F7;30)
   A11: =WENN(G7<0,G7+30,G7)
   B11: =WENN(ODER((UND(G7=25;A7>11));G7=24);G7+1;G7)
   C11: 44-G7

Schwer zu durchschauen, aber es funktioniert

[1]   D.E.Knuth: The Art of Computer Programming Vol.1, p.155 - Reading /Mass.: Addison-Wesley Publ.Comp. 1973

```
D11: =WENN(C11<21;C11+30;C11)
E11: =D11+7-REST(E7+D11;7)
G11: =WENN(E11>31;(E11-31);"")
H11: =WENN(E11<=31;E11;"")
```

Markieren Sie G11 und H11, und setzen Sie die Einträge auf Mitte.

Hier sind einige **Beispiele**:

Beispiele

      1793:   Ostersonntag war am 31.März
      1818:   Ostersonntag war am 22.März
      1993:   Ostersonntag war am 11.April

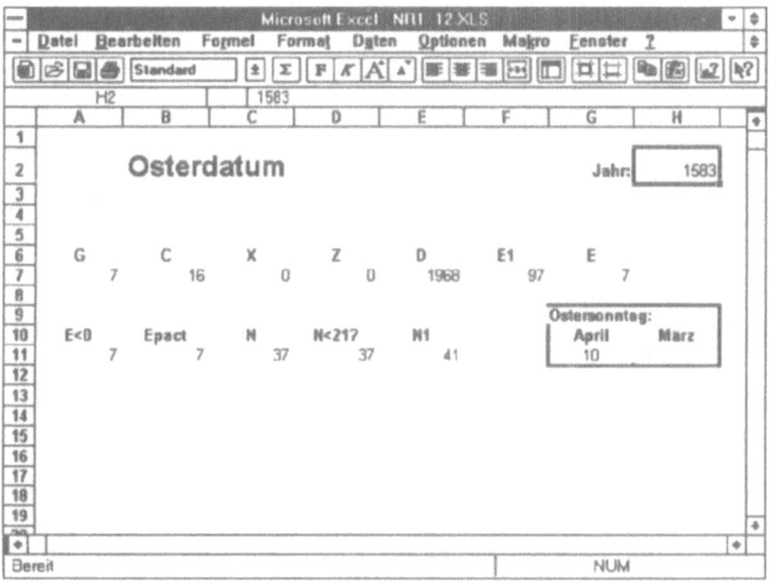

Ein mittelal-
terliches
Osterrezept

Nachdem das Osterdatum keine Schwierigkeiten mehr bereitet, sollten wir uns daranmachen, einen Monatskalender zu basteln. Wir müssen nur wissen, mit welchem Wochentag der Monat beginnt, und wieviele Tage er hat.

Um zu verstehen, wie wir die richtigen Zahlen in die Zellen bekommen, ist ein wenig Vorarbeit zu leisten.

Wenn Sie sich das Arbeitsblatt anschauen, sehen Sie, daß die Tabelle in C10 beginnt und in H16 endet. Dem Kalender liegt das folgende Schema zugrunde:

A steht für den Monatsanfang.

E ist das Monatsende

			k=1	k=2	k=3	k=4	k=5	k=6
	j=1	So		6	13	20	27	
	j=2	Mo		7	14	21	28	
A>	j=3	Di	1	8	15	22	29	
	j=4	Mi	2	9	16	23	30 (=E)	
	j=5	Do	3	10	17	24		
	j=6	Fr	4	11	18	25		
	j=7	Sa	5	12	19	26		

Die Einträge im Kalender stehen in der j-ten Zeile und in der k-ten Spalte: D[j,k]

Dieser Monat beginnt mit Dienstag, d.h. A=3, und hat 30 Tage (E=30). Im allgemeinen sind die erste Spalte und die beiden letzten Spalten nicht voll besetzt. Man hat sich also zu überlegen, *unter welchen Bedingungen in diese Spalten nichts geschrieben werden darf.*
In die erste Spalte darf sicher nichts geschrieben werden, wenn j<A ist. Auf der rechten Seite dieses Schemas (=Matrix) werden die Einträge abgebrochen, wenn die zu notierende Zahl D[j,k]>E ist.

Bis hierhin wissen wir somit:

𝒟as brauchen 𝒮ie:

1. WENN k=1 UND j<A ist, so soll nichts geschrieben werden, sonst aber schreibe man den Wert D[j,k],
2. falls gilt: D[j,k]<=E.
3. Die Berechnung der D[j,k] ist sehr einfach:
$$D[j,k]=j+1-A+(k-1)*7$$

Beispiel:
j=3;   k=2   D[j,k]=3+1-3+(2-1)*7=8

So wird's gemacht:

1. A10: 1; A11: 2;...;A16: 7 (das sind die j-Werte)
2. C9: 1; D9: 2;...;H9: 6 (das sind die k-Werte)
3. C10: =WENN(UND(C\$9=1;\$A10<\$E\$1);"";WENN(\$A10+1 -\$E\$1+(C\$9-1)*7<=\$E\$2;\$A10+1-\$E\$1+(C\$9-1)*7;""))
   In E1 steht der Wert von A(=3), in E2 steht E(=30)
4. Die Formel von C10 bis H16 kopieren. (C10 mit **Strg+C** in Zwischenablage bringen, den Bereich C10:H16 markieren - und mit **Strg+V** die kopierte Formel in die markierten Zellen holen. Einfacher jedoch durch Ziehen des Ausfüllkästchens.)
5. Tragen Sie noch *Montag, Dienstag, ...* in die B-Spalte ein

Soll ein Wert beim "Kopieren nach rechts" nicht geändert werden, so müssen Sie ihm ein \$-Zeichen vorsetzen. Um einen Festwert innerhalb einer Spalte zu kopieren, ist das \$-Zeichen "innen" anzubringen

	A	B	C	D	E	F	G	H	I
1				**Anfang:**	3				
2				**Anzahl:**	30	(Anzahl der Tage im Monat Juni)			
3									
4									
5				**Kalender für Juni 1993**					
6									
7									
8	j-Werte					k-Werte			
9			1	2	3	4	5	6	
10	1	Sonntag		6	13	20	27		
11	2	Montag		7	14	21	28		
12	3	Dienstag	1	8	15	22	29		
13	4	Mittwoch	2	9	16	23	30		
14	5	Donnerstag	3	10	17	24			
15	6	Freitag	4	11	18	25			
16	7	Samstag	5	12	19	26			
17									
18									
19									
20									

Das Hilfskoordinatensystem "j-k" stört natürlich. Ich schlage vor, es nach AA1 zu verschieben, wo man es nicht mehr sieht. Markieren Sie die Kalendermatrix, und kopieren Sie sie in den Zwischenspeicher. Dann brauchen Sie (mit F5) nur nach AA1 zu gehen und einzufügen.

	AA	AB	AC	AD	AE	AF	AG	AH
1		1	2	3	4	5	6	
2	1	-1	6	13	20	27	34	
3	2	0	7	14	21	28	35	
4	3	1	8	15	22	29	36	
5	4	2	9	16	23	30	37	
6	5	3	10	17	24	31	38	
7	6	4	11	18	25	32	39	
8	7	5	12	19	26	33	40	
9								

In AB2 tragen wir die Formel zur Berechnung der D[j,k] ein:
=$AA2+1-$E$1+(AB$1-1)*7. Diese Formel ist von AB2 bis AG8 zu kopieren.

Die Formel in C10 sieht jetzt einfacher aus:

C10:   =WENN(UND(AB$1=1;$AA2<$E$1;"";=WENN(AB2
         <=$E$2;AB2;"")) ; AB2 hat keinen $-Schutz!

	A	B	C	D	E	F	G	H	I
1				Anfang:	3				
2				Anzahl:	30	(Anzahl der Tage im Monat Juni)			
3									
4									
5				Kalender für Juni 1993					
6									
7									
8									
9									
10		Sonntag		6	13	20	27		
11		Montag		7	14	21	28		
12		Dienstag	1	8	15	22	29		
13		Mittwoch	2	9	16	23	30		
14		Donnerstag	3	10	17	24			
15		Freitag	4	11	18	25			
16		Samstag	5	12	19	26			
17									
18									
19									
20									

Sie werden sich vielleicht fragen, ob man den Kalender nicht auch ohne ein zusätzliches j-k-Koordinatensystem aufbauen könnte.
Gewiß kann man das!
Ich zeige Ihnen eine Möglichkeit, die Ihnen gleichzeitig einiges Neue über die EXCEL-Funktionen vermittelt. Ich werde die gesamte Information aus *"Das brauchen Sie"* in eine einzige (Monster)-Formel stecken:

Schreiben Sie die Wochentage in A10:A16, und tragen Sie in B10 folgendes ein:

=WENN(UND(ZELLE("spalte";B10:B10)=ZELLE("spalte";$B10:$
B10);ZELLE("zeile";$B10:$B10)<$E$1+9);"";WENN(ZELLE("zeil
e";$B10:$B10)-8-$E$1+(ZELLE("spalte";B$10:B10)-2)*7<=$E$2;
ZELLE("zeile";$B10:$B10)-8-$E$1+(ZELLE("spalte";B$10:B10)-
2)*7;""))

Kopieren Sie die Formel aus B10 in den Bereich B10:G16

In der Formel bedeuten:

=ZELLE("spalte";B10:B10) die Spaltennummer der Zelle B10; entsprechend bedeutet =ZELLE("zeile";B10:B10) die Zeilennummer der Zelle B10. (Wir hätten zum Wert von A eine 9 addieren müssen. Um dies zu vermeiden, habe ich die Zahlen in den Formeln geändert)

=ZELLE (Infotyp; Bezug)

	A	B	C	D	E	F	G	H	I
1				Anfang:	2	(=Montag)			
2				Anzahl:	30	(30 Tage im Monat November)			
3									
4									
5			Kalender für Monat November 1993						
6									
7									
8									
9									
10	Sonntag		7	14	21	28			
11	Montag	1	8	15	22	29			
12	Dienstag	2	9	16	23	30			
13	Mittwoch	3	10	17	24				
14	Donnerstag	4	11	18	25				
15	Freitag	5	12	19	26				
16	Samstag	6	13	20	27				
17									
18									
19									
20									

Natürlich gibt es auch Algorithmen, mit denen sich die Werte von A und E automatisch berechnen lassen. Ich gehe hier nicht weiter darauf ein. (Jetzt ist gerade Weihnacht und ich denke unwillkürlich an ein Jahr Null- aber ein Jahr Null hat's nie gegeben! Dem Jahr eins vor Christus folgte unmittelbar das Jahr eins nach Christus. Später kam auch das 20. Jahrhundert an die Reihe: es begann am 1.Januar 1901. Die neunziger Jahre begannen übrigens am 1.Januar 1991.)

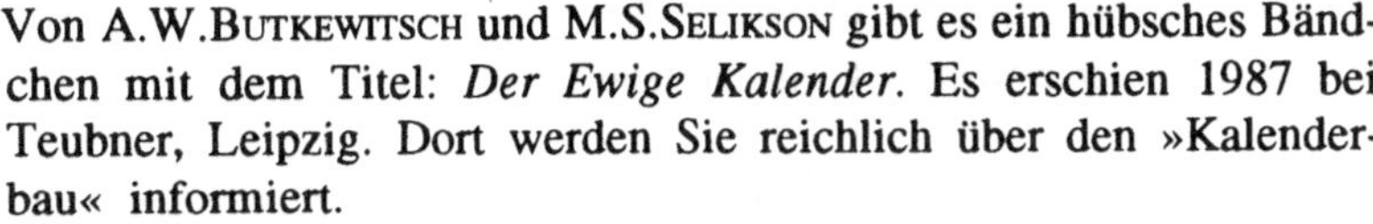

Von A.W.BUTKEWITSCH und M.S.SELIKSON gibt es ein hübsches Bändchen mit dem Titel: *Der Ewige Kalender.* Es erschien 1987 bei Teubner, Leipzig. Dort werden Sie reichlich über den »Kalenderbau« informiert.

Mit Biorhythmus-Diagrammen machen manche Leute Geschäfte. Sie brauchen sich keines zu kaufen: machen Sie sie sich selbst!

Ihr Leben wird von 3 Rhythmen bestimmt. Belasten Sie Ihre Seele nicht, wenn Ihr psychischer Zyklus ein Tief durchläuft!

Nach Auffassung gewisser Lebenstheoretiker wird der Mensch zeitlebens von einem dreifachen Rhythmus begleitet: einem *physischen* Rhythmus mit einer Periode von 23 Tagen, einem *psychischen* Rhythmus mit einer 28-tägigen Periode und einem *intellektuellen* Rhythmus, dessen Periode 33 Tage betragen soll.

Diese drei Zyklen beginnen am Tage der Geburt mit dem gemeinsamen Anfangswert 0. Wir haben demnach folgende Funktionen zu zeichnen:

$$(1) \qquad y = \sin(\frac{2\pi}{T}t)$$

für T=23,28 und 33 Tage. t=Zeitspanne zwischen Geburt und einem vorgegebenen Datum. Nun ist t i.a. eine sehr große Zahl, so daß es sinnvoll ist, von ihr zunächst einmal die verflossenen vollen Perioden abzuziehen. Wir zerlegen daher t in nT und einen Rest t´.

So ähnlich wird Ihr Biorhythmus-Diagramm aussehen

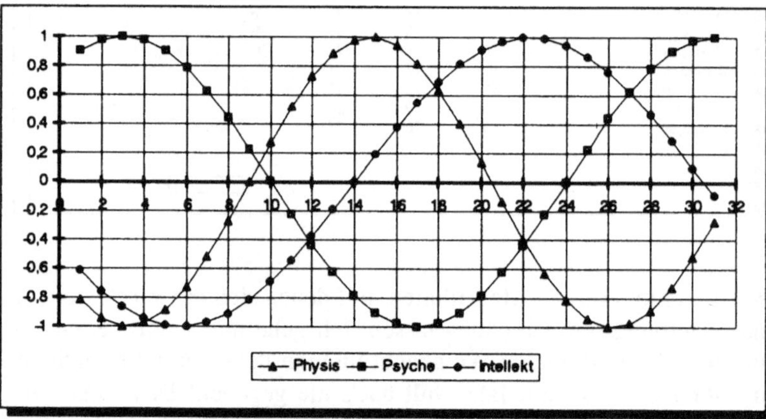

n= Zahl der verflossenen Perioden; n=INT(t/T). Demnach haben wir $\sin(\omega t) = \sin(\omega(nT + t´)) = \sin(2\pi nT/T + 2\pi t´/T)$. Da nun aber gilt: $\sin(2\pi n + 2\pi t´/T) = \sin(2\pi t´/T)$, so haben wir zur Berechnung des Funktionswertes y für den fraglichen Tag die Formel

$$(2) \qquad y = \sin(\omega t) = \sin(\omega t´) = \sin(B) \text{ mit } B := 2\pi A/T$$

zu verwenden, worin A: =REST(t;T) bedeutet.

Mit E3: =DATUM(D1;D2;D3) bestimmen wir die Datumszahl des Tages D3 der Geburt. (D1= Jahr der Geburt, z.B. 52 für das Jahr 1952; D2=Monat der Geburt, z.B. 5 für Mai.)

Mit E6: =DATUM(D5;D6;1) bestimmen wir die Datumszahl des 1.Tages des Monats D6 im Jahr D5. t: =E6-E3 steht in D8.

Nun erlaubt (2) zunächst nur die Berechnung der Biowerte für einen Tag. Wollen wir sie für einen Monat berechnen und grafisch darstellen, so setzen wir: $y = \sin(\omega t + B)$. t´´ bedeutet die Zeit seit dem 1. Tag des Monats. Die Phasenkonstante B muß für jeden der 3 Zyklen berechnet werden. Z.B. gilt: $B_{physisch} = 2\pi A_{physisch}/23$

Der Biorhythmus wird für einen ganzen Monat errechnet und dargestellt

$\mathcal{S}$o wird's gemacht:

Wie gesagt, steht in D1 das Geburtsjahr; in D2 der Monat und in D3 der Tag der Geburt.

In D5 steht das Jahr für den Biorhythmus und in D6 der Monat.

E3:   =DATUM(D1;D2;D3); E6: =DATUM(D5;D6;1)

D8:   =E6-E3

1. G3:   =2*PI()*REST(D8;23)/23
   G4:   =2*PI()*REST(D8;28)/28
   G5:   =2*PI()*REST(D8;33)/33
2. A11: 1; A12: =A11+1; dies bis A41 kopieren.
3. B11: =SIN(2*PI()*A11/23+G$3)   (physisch)
   C11: =SIN(2*PI()*A11/28+G$4)   (psychisch)
   D11: =SIN(2*PI()*A11/33+G$5)   (intellektuell)
   Die Zellinhalte B11:D11 bis B11:D41 kopieren.
4. GRAFIK:
   - Den Bereich A10:D41 markieren
   - *Einfügen/Diagramm/als neues Blatt.* Im Diagramm-Assistenten wählen Sie im 1.Schritt *Punkt XY* und im 2.Schritt *Nr.2.* Anschließend zweimal *Weiter* und dann im 5. Schritt *Ende.*
   - Einen der Graphen rechtsklicken und *Muster/Linie Benutzerdefiniert* wählen. Bei *Markierung* können Sie die Form der Symbole wählen. Bei jedem Graphen wiederholen.

Die Überschriften der Spalten B, C und D wurden automatisch als Legenden übernommen. Rechtsklick auf die Legende liefert eine Box zur Auswahl der Position

	A	B	C	D	E	F	G	H	I
1			Jahr:	62					
2	Geboren. 12.3 1962		Monat:	3	Datumswerte		Phasen:		
3			Tag:	12	22717		3.824548		
4							0 897598		
5	B -Rhythmus für:		Jahr:	92			3.617592		
6		Mai 1992	Monat:	5	33725				
7									
8			verflossene Tage:	11008					
9									
10	Tag:	Physis	Psyche	Intellekt			Berechnung des Biorhythmus		
11	1	-0 81697	0.9009689	-0.61816					
12	2	-0 94226	0 9749279	-0 75575			für Mai 1992		
13	3	-0 99767	1	-0 86603					
14	4	-0.97908	0.9749279	-0 945					
15	5	-0.88789	0.9009689	-0.98982					
16	6	-0.73084	0.7818315	-0.99887					
17	7	-0 51958	0.6234898	-0.97181					
18	8	-0 2698	0.4338837	-0 90963					
19	9	-2 4E-16	0 2225209	-0.81458					
20	10	0 269797	1 225E-16	-0 69008					

Gelegentlich möchten Sie Daten importieren, z.B. um sie mit EXCELS vielgewandtem Grafikeditor in eine prächtige Gestalt zu bringen, die mit einem Programm wie BASIC, C oder PASCAL erzeugt wurden.
Da diese Programme die Daten mit Zeichen trennen, auf die EXCEL i.a. nicht eingestellt ist, muß man vor dem Import eine Umwandlung der Trennzeichen -und einen Line Feed- durchführen. EXCEL wird diese Daten dann im CSV-Format akzeptieren.
Als *Beispiel* habe ich mit einem Turbo Pascal (V oder VI)-Programm die Koordinaten einer Herzkurve (Kardioide) berechnet.
Zwecks grafischer Darstellung sollen diese Daten nach EXCEL importiert werden.

Das brauchen Sie:

1. Ein Turbo Pascal-Programm zur Erzeugung der Daten
2. Ein Pascalprogramm, das die Daten durch Semikola trennt und das je zwei Koordinatenpaare durch einen Zeilenvorschub separiert. Die Koordinaten werden anschließend in einer CSV-Textdatei gespeichert.

So wird's gemacht:

1. Zunächst benötigen Sie ein PASCAL-Programm, um Die Punktkoordinaten zu berechnen und in einer Datei (*Kardio.Dat*) abzuspeichern. Das folgende Programm *Datei_Aufbau* kann dabei eingesetzt werden:

```pascal
PROGRAM Datei_Aufbau;
USES Crt;
TYPE
   Koordinaten = RECORD
        x  : real;
        y  : real;
      END;
    PunktDatei = FILE OF Koordinaten;
VAR
        Punkte     : Koordinaten;
        Datei      : PunktDatei;
        Dateiname  : STRING[30];
        i          : INTEGER;
        t          : REAL;
```

```pascal
PROCEDURE Berechnen;
VAR

        r: REAL;
BEGIN
          WITH Punkte DO
            BEGIN
               r:=1-COS(t);
               x:=r*COS(t);
               y:=r*SIN(t)
            END
END;


BEGIN                          {Hauptprogramm}
CLRSCR;
     WRITE('Name der Datei: ');
     READLN(Dateiname); {z.B.Kardio.Dat}
     ASSIGN(Datei,Dateiname);
     REWRITE(Datei);
       t:=0;
       FOR i:=1 TO 22 DO
            BEGIN
               Berechnen;
               WRITE(Datei,Punkte);
               t:=t+0.15
            END;
       t:=0;
       FOR i:=1 TO 22 DO
            BEGIN
              Berechnen;
              WRITE(Datei,Punkte);
              t:=t-0.15
            END;
       CLOSE(Datei)
END.
```

Als Dateiname könnte Kardio.Dat verwendet werden

2. Nun muß die von *Datei_Aufbau* erzeugte Datei, z.B. mit dem Namen *Kardio.Dat*, umgewandelt werden in eine Textdatei vom Typ CSV, die Excel lesen kann. Zwischen die Koordinaten sind Semikola zu setzen, damit Excel beide Koordinaten in getrennte Spalten schreibt. Ferner muß nach Eingabe zweier Koordinaten mit Hilfe von WRITELN ein Zeilenvorschub erzwungen werden. Das folgende Programm *Umwandeln_Pascal_Excel* liest die Daten aus *Kardio.Dat* ein und schreibt sie mit Semikola und Line Feed in eine CSV-Text-Datei, die z.B. den Namen *Kardio.CSV* haben könnte.

Die Pascaldatei muß umgewandelt werden

Mit diesem Programm transformieren Sie eine Pascaldatei in eine EXCEL-Textdatei

```pascal
PROGRAM Umwandeln_Pascal_Excel;
USES Crt;
TYPE
        Koordinaten = RECORD
                x: REAL;
                y: REAL
                END;
        PunktDatei = FILE OF Koordinaten;

VAR
        Punkte        : Koordinaten;
        Datei         : Punktdatei;
        TextDatei     : TEXT;
        Dateiname     : STRING[30];

PROCEDURE Umwandeln;
    BEGIN
            WITH Punkte DO
              BEGIN
              WRITE(TextDatei, x:7:5,';');
              WRITELN(TextDatei, y:7:5)
              END
    END;

BEGIN                         {Hauptprogramm}
        CLRSCR;
        WRITE('Name der Punktedatei: ');
        READLN(Dateiname);
        ASSIGN(Datei,Dateiname);
        RESET(Datei);
        WRITELN;
        WRITE('Name der CSV-Text-Datei: ');
        READLN(Dateiname);
        ASSIGN(TextDatei,Dateiname);
        REWRITE(TextDatei);
        WHILE NOT EOF (Datei) DO
              BEGIN
                  READ(Datei,Punkte);
                  Umwandeln
              END;
        CLOSE(TextDatei)
END.
```

Dateiname z.B. Kardio.CSV

3. Bevor Sie die Textdatei -mit dem Namen *Kardio.CSV*- in EXCEL einlesen, ist noch eine Einstellung vorzunehmen:

Da Pascal den Punkt als Dezimalzeichen verwendet, ist auch EXCEL über die Windows-Systemsteuerung auf den Punkt zu bringen. (Tippen Sie ganz oben links auf das »Briefkasten«-Symbol. Wählen Sie *Wechseln zu/Programm Manager*. In der Hauptgruppe suchen Sie sich die *Systemsteuerung*. Alsdann *Ländereinstellungen/Zahlenformat*.) Hier setzen Sie den Punkt als Dezimalzeichen fest.

EXCEL muß auf den Dezimalpunkt umgestellt werden

4. Nun kommt der eigentliche Import: *Datei/Öffnen/Dateityp/ Textdateien(*.prn; *.txt; *.csv)*. Jetzt ist der Dateiname der CSV-Textdatei einzugeben, z.B. D:\TP5\ BUCH\ KARDIO.CSV.
Sie werden sehen, wie EXCEL Ihre Punktkoordinaten hereinholt: die X-Koordinaten in Spalte A, die Y-Koordinaten in Spalte B.
Speichern Sie die Datei sogleich im EXCEL-Standardformat ab (*Microsoft Excel- Arbeitsmappe*).

Die CSV-Datei als Standard-Datei speichern

5. Jetzt zum **Graphen**:

Markieren Sie den Bereich A1:B44, und klicken Sie das Symbol des Diagramm-Assistenten an. Mit der Maus einen Rahmen aufziehen und ein *Punkt[XY]*-Diagramm, *Variante 2* erstellen. Das war´s.

	A	B	C	D	E	F	G
1	0	0					
2	0.0111	0.00168					
3	0.04267	0.0132					
4	0.08964	0.0433					
5	0.14416	0.09862					
6	0.19632	0.18289					
7	0.23521	0.2964					
8	0.24999	0.43582					
9	0.23105	0.59431					
10	0.17104	0.76203					
11	0.06573	0.92693					
12	-0.08538	1.07574					
13	-0.27882	1.19511					
14	-0.50721	1.27284					
15	-0.75972	1.299					
16	-1.02278	1.26684					
17	-1.28114	1.17355					
18	-1.51904	1.02059					
19	-1.72142	0.81376					
20	-1.87514	0.56282					
21	-1.97008	0.28083					
22	-1.99989	-0.01681					
23	0	0					
24	0.0111	-0.00168					

Hier ist die Kardioide, die Herzkurve

2 Von der Pflege der Finanzen

2.1   Finanzielle Grundkost 1

2.2   Finanzielle Grundkost 2

2.3   Ratenkauf und Kredit

2.4   Barwert, Diskont, Skonto ... and all that

2.5   Wie vergleicht man Angebote

2.6   Leasen oder nicht leasen, das ist die Frage

2.7   Ein Tilgungsplan mit Annuitätentilgung

2.8   Der Weg zum Eigenheim

Hat man Geld, so muß man es pflegen. Hat man kein Geld, so muß man lernen, mit anderer Leute Geld umzugehen.
Wir stellen zunächst Grundrezepte zusammen, die Ihnen helfen werden, ein Feinschmecker in Sachen Geld zu werden.

Einfache Zinsen

Wieviel Zinsen werden Ihnen 7000DM in einem Zinszeitraum vom 4.5.93 bis zum 18.7.99 zu 6,5% bringen?

Das brauchen Sie:

1. Die Formel für Tageszinsen: $Z = \dfrac{K \cdot p \cdot t}{100 \cdot 360}$
2. Die Funktion =TAGE360(*Anfangsdatum;Enddatum*)

So wird's gemacht:

1. Zellzeiger auf A1
   Eingabe: =TAGE360("4.5.93";"18.7.99")
2. A2: 7000   A3: 6,5
3. B1: =A1*A2*A3/36000
4. Ergebnis: 2823,53DM (bei 2234 Tagen)

Üblicherweise werden im Bankwesen die Monate mit 30 und die Jahre mit 360 Tagen gerechnet. Man hat daher mit der Funktion TAGE360 zu rechnen. Mit =DATUM(99;7;18)-DATUM(93;5;4) hätten sich 2266 Tage ergeben, anstatt 2234. Die Funktion DATUM zählt das Jahr mit 365 Tagen. Daß die Zinsen i.a. auch verzinst werden, haben wir noch nicht berücksichtigt- wird aber gleich nach- geholt.
Formatieren Sie A1 mit */TZ Zahlen Format* 0

Zinseszinsen.

Auf welchen Betrag werden 7000 DM bei 6% Verzinsung in 7 Jahren anwachsen, wenn Zinseszinsen berechnet werden?

Das brauchen Sie:

Die Zinseszinsformel: $K_t = K_0\left(1 + \dfrac{p}{100}\right)^t$

K_0 ist das Anfangskapital, t ist die Zeit in Jahren

So wird's gemacht:

1. A1: 7   A2: 7000   A3: 6
2. B1: =A2*(1+A3/100)^A1
3. Ergebnis: 10 525,41 DM

Bei manchen Geschäftskonten können auch Verzinsungen nach einem Monat oder sogar nach einem Tag vereinbart werden. Hier verwenden Sie dann die Formel: $K_t = K_0(1 + \dfrac{p}{m \cdot 100})^{m \cdot t}$, wobei m=12 (monatlich) bzw. m=360 (täglich) zu setzen ist.

Kapitalverdoppelung

Wie lange dauert es, bis sich ein Betrag von 10 000 DM bei einer jährlichen Verzinsung von 5% verdoppelt hat?

Das brauchen Sie:

1. Zeit bei einfachen Zinsen: $t = \dfrac{Z \cdot 100 \cdot 360}{K \cdot p} = \dfrac{36000}{p}$

2. Zeit bei Zinseszinsen: $t = \dfrac{\log K_t - \log K_0}{\log(1 + \frac{p}{100})} = \dfrac{\log 2}{\log(1 + \frac{p}{100})}$

So wird's gemacht:

1. A1:   36000   A2:   5
2. B1:   =A1/A2   Ergebnis: 7200 Tage (20 Jahre)
3. B2:   =LOG(2)/LOG(1+A2/100) ; Erg.: 14,2 Jahre

In beiden Fällen ist die Verdoppelungszeit unabhängig vom Kapital. Mit LOG liefert EXCEL den Logarithmus zur Basis 10. Mit LN erhält man den natürlichen Logarithmus. EXCEL bietet für diese Aufgabe die Funktion =ZZR, vergl. S.39,

    =ZZR(5%;;-10000;20000)=14,206

Im Zusammenhang mit Zinsgewinn treten speziell bei monetären Einsteigern immer wieder dieselben Fragen auf. EXCEL soll bei diesen Problemen für noch mehr Klarheit sorgen.

Der Zinssatz

Wie hoch muß der Zinssatz sein, damit ein Kapital von 30 000 DM in 8 Jahren auf 50 000 DM anwächst? (Zinseszins)

Das brauchen Sie:

1. Die Funktion =ZINS(*Zzr;Rmz;Bw;Zw;F;Schätzwert*)

   Zzr = Zahlungszeitraum; Rmz = Raten; Bw = Barwert;
   Zw = Zuk.Wert; F = Fälligkeit; Schätzwert (kann fehlen)
   F hat für Zahlungen am Ende einer Periode den Wert 0;
   bei Zahlungen am Anfang ist F = 1. Lassen Sie F weg,
   so wird es mit 0 angesetzt. Wenn die Rechnung konver-
   giert, kann der Schätzwert fehlen.

So wird's gemacht:

1. A1:   8   A2:   30000 A3:   50000
2. B1:   =ZINS(A1;;-A2;A3)*100
3. Ergebnis: 6,59, also rund 6,6%

Geben Sie die Laufzeit in Monaten an, so erhalten Sie den monatlichen Zinssatz.
Mit ZINS können Sie auch den Zinssatz bei *Ratenzahlungen* ausrech-
nen (*Zahlungen, die Sie tätigen, sind negativ einzusetzen*).
Z.B.: Wenn ein Auto im Wert von 28 000 DM in monatlichen Raten
von 800 DM in einer Zeitspanne von 5 Jahren bezahlt werden soll,
so beträgt der monatliche Zinssatz:
$$=ZINS(5*12;-800;28000;0;0) = 1,97\%$$

Wartezeit bei jährlicher Einzahlung

*Sie wollen auf ein neues Auto sparen und zahlen zu Beginn
eines jeden Jahres 4000 DM ein. Ihr Konto wird am Jahresanfang mit 5,8% verzinst. Wie lange wird es dauern, bis Sie
45 000 DM angespart haben? Verkürzt sich die Zeit erheb-
lich, wenn Sie zu Beginn schon ein gewisses Kapital auf
dem Konto stehen haben?*

Das brauchen Sie:

1. Die Funktion =ZZR(*Zins;Rmz;Bw;Zw;F*)
   Bedeutung der Parameter bitte vorige Seite nachsehen!
   Die Parameter Zw und F sind optional; wenn sie fehlen,
   werden sie mit 0 angenommen. F ist 0, wenn Zahlungen
   am Ende einer Zahlungsperiode erfolgen. Bei Cash-Flow
   am Anfang der Periode ist F = 1.

So wird's gemacht:

1. A1:   0,058; A2: 4000; A3: 2000 (aktueller Saldo)
   A4:   45000
2. B1:   =ZZR(A1;-A2;-A3;A4;1)
3. Ergebnis: 8,04 Jahre;
   Wenn Ihr aktueller Saldo null ist, so müssen Sie 8,52
   Jahre warten.

Beträge, die Sie einzahlen, müssen mit einem negativen Vorzeichen
versehen werden. Beträge, die Sie erhalten, sind positiv.

Endwert bei jährlicher Einzahlung

*Sie zahlen 8 Jahre lang jeweils am Jahresanfang 2000 DM
in ein Konto ein, das jährlich mit 7,5% verzinst wird. Wie
hoch ist Ihr Sparguthaben nach dieser Zeit, wenn vor der
ersten Einzahlung schon 1500 DM auf dem Konto standen?*

Das brauchen Sie:

1. Die Funktion =ZW(*Zins;Zzr;Rmz;Bw;F*)

   Bw ist der aktuelle Saldo, F ist hier 1

So wird's gemacht:

1. A1:   0,075;   A2: 8; A3: 2000; A4: 1500
2. B1:   =ZW(A1;A2;-A3;-A4;1)
3. Ergebnis: 25 134,91 DM

Wie kommen Sie an einen neuen Fernsehapparat? Sollen Sie das Ratenkaufangebot Ihres Fachhändlers annehmen, oder nehmen Sie einen Kleinkredit bei der Bank auf -oder brauchen Sie etwa keinen Kredit?

Das sind die Angebote

Das Fernsehgerät kostet 2800DM. Der Händler macht Ihnen das folgende Angebot: 17 Monatsraten zu je 176 DM und eine letzte Rate von 171,50 DM.
Ihre Bank bietet Ihnen einen Kleinkredit mit 18 monatiger Laufzeit und 0,6% Zinsen pro Monat an. Eine Bearbeitungsgebühr vom 2% wird außerdem verlangt.

Monatsraten und effektiver Jahreszins

Welches Angebot ist für Sie günstiger?
Wie hoch sind die monatlichen Raten bei der Bank? Wie groß ist der effektive Jahreszins?

Das brauchen Sie :

1. Kreditkosten für Ratenkauf: *Raten*Anzahl+letzte Rate - Kreditbetrag*
2. Kreditkosten der Bank: *Laufzeit*Kreditbetrag*Zinssatz +2% vom Kreditbetrag*
3. Effektiver Jahreszinssatz: *24*Kreditkosten in % / (Laufzeit + 1)*
4. Mit =RUNDEN(Rate;0) runden Sie die monatlichen Raten auf ganze DM. In der letzten Rate sind die Pfennigbeträge enthalten.

So wird's gemacht:

1. Eintrag des Haupttitels in B2. Die Zwischentitel stehen in B4 und D4. Die übrigen Texteinträge besorgen Sie bitte nach der Vorlage.

2. G4:   2800   B6:   17   E6:   18   B7:   176
   E7:   0,006 (oder 0,6%)   B8:   171,5 E8:   0,02
3. Formeln:

   E11: =G4*E7*E6
   G11: =RUNDEN((G4+E14)/E6;0)
   E12: =G4*E8

```
G12:  =G4+E14-(E6-1)*G11
B14:  =B6*B7+B8-G4
E14:  =E11+E12
G14:  =(E7*E6+E8)*2400/(E6+1)
```

4. **Ergebnis:** Bei der Bank sind die Kreditkosten etwas geringer (außerdem erhalten Sie beim Händler 2% Rabatt, wenn Sie bar zahlen).
   Monatliche Raten: 175 DM, letzte Rate 183,40 DM.
   Der effektive Jahreszins beträgt 16,17%

Da die Tabelle mit Formeln arbeitet, können Sie die Daten nach Belieben abändern und Raten und effektive Jahreszinsen berechnen.

	A	B	C	D	E	F	G	H
1								
2		Ratenkauf oder Kleinkredit?						
3								
4		Ratenkauf		Kleinkredit		Betrag:	2800,00	
5								
6	Laufzeit:		17,00 Raten	Laufzeit:	18,00 Monate			
7	mon. Rate:	176,00		Zins p.Mon.:	0,0060			
8	letzte Rate:	171,50		Bearbeitung:	0,02			
9								
10								
11				Nom.Zinsen:	302,40	mon.Raten:	175,00	
12				Gebühren:	56,00	letzte Rate:	183,40	
13								
14	Kreditkosten:	363,50		Kreditkosten:	358,40	eff.J.Zins:	16,17	
15								
16								

Barwert

Diskont

Das Skonto ist eine vereinfachte Form des Diskonts

Aufgrund einer Erbschaft oder einer sonstigen guten Tat soll Ihnen in 40 Jahren ein Kapital von 131 100 DM ausgezahlt werden. Das Geld liegt sicher mit 5.5% Verzinsung auf Ihrer Bank. Sie nähern sich dem 50. Geburtstag und werden verständlicherweise unruhig. Welchen Wert hat das Geld wohl heute, welches ist sein *Barwert*?

Ihr Freund ist glücklicher: seine Erbschaft in Höhe von 72000 DM ist am 30. November zahlbar. Die Bank zahlt ihm seinen Schatz bereits am 14. Mai unter Anrechnung von 5% *Diskont* aus.

Zu allem Unglück erhalten Sie noch eine Rechnung über 2850 DM, die Sie sofort mit 3% *Skonto*, nach 30 Tagen mit 2% Skonto oder nach 3 Monaten ohne Skonto, zahlen können. Was werden Sie tun?

Barwert

𝒟as brauchen 𝒮ie :

Wegen der Parameter von BW vergl. 2.2

1. Die Formel für den Barwert bei einer einmaligen Zahlung:

$$K_0 = K_n(1 + \frac{p}{100})^{-n}$$

K_0= Barwert, K_n=Kapital nach n Jahren, p= Zinssatz p.a.
2. oder die EXCEL-Funktion =BW(*Zins;Zzr;Rmz;Zw;F*)

𝒮o wird's gemacht:

1. In A1 die K_0-Formel: 131100*(1+5.5/100)^-40
   Ergebnis: Ihre Erbschaft hat heute einen Wert von DM 15 399,42 -wollen Sie nicht doch lieber warten?
   (Die Berechnung des Wertes eines Geldbetrags zu einem früheren Zeitpunkt heißt *Diskontieren*.)
2. oder: =BW(5,5%;40;;-131100;0) = DM15 399,42

Diskont

𝒟as brauchen 𝒮ie:

1. Die Funktion TAGE360(*Anfangsdatum;Enddatum*)
2. Die Formel für Diskont: $z = \dfrac{K \cdot t}{36000/p + t}$

   p=Diskontsatz; t=Tage

So wird's gemacht:

    A1:   =TAGE360("14.5.93";"30.11.93") (liefert 196 Tage)
    A2:   72000 (Kapital)
    A3:   5   (Diskontsatz)
    A4:   36000
    B1:   =(A1*A2)/(A4/A3+A1) (Zinsen=Diskont)
    B2:   =A2-B1   (=70 102 DM sind auszuzahlen)

Das Ergebnis

Skonto

Das brauchen Sie:

1. Sie benötigen den Zinssatz, p%, den Sie zugrundelegen
   müssen. Wählen Sie 12%

So wird's gemacht:

1. Im ersten Fall zahlen Sie sofort 0,97 K; K=Rechnungs-
   betrag = 2764,50 DM

   Erster Fall

2. Im zweiten Fall zahlen Sie in 30 Tagen 0,98 K. Der heu-
   tige Wert (*Barwert*) dieser Summe beträgt:
   $$0,98 \cdot K/(1 + \tfrac{p}{1200}) = 2765,35 \text{ DM}$$

   Zweiter Fall

3. Im dritten Fall zahlen Sie eine Summe mit dem Barwert
   $$K/(1 + \tfrac{p}{400}) = 2766,99 \text{ DM}$$

   Dritter Fall

4. *Das Ergebnis*: bei kleinen Zinssätzen (<10%) ist es günstiger, sofort zu zahlen.

   Es ist besser, gleich zu zahlen..

Disagio (*ital.*: Unbequemlichkeit- für Sie!)

In Rezept 2-3 wurde der *effektive* Jahreszins eingeführt. Bei Hypo-
theken, vergl. Rezept 2-7, hat man nicht nur Zinsen zu zahlen, sondern noch ein *Disagio* : beträgt es z.B.: 5%, so erhalten Sie von den
bewilligten 100 000 DM nur 95 000 . Der *Auszahlungskurs* beträgt
also 95%. Der sich hier ergebende *effektive* Jahreszins berechnet sich
wie folgt:

Man muß Steuervor- teile im Auge behalten

$$p_{\mathit{eff}} = \frac{100 \cdot \mathit{Zinssatz}(\%)}{\mathit{Auszahlungskurs}(\%)} + \frac{\mathit{Disagio}(\%)}{\mathit{Laufzeit}(\mathit{Jahre})}$$

Beim Vergleich verschiedener Angebote bei Kauf, Verkauf und Leasing ist es oft sinnvoll, die *Barwerte* zu berechnen. Wir betrachten drei Fälle.

Der Hausverkauf

Sie wollen eines Ihrer Häuser verkaufen. Zwei Angebote haben Sie vorliegen:

Angebot A:　　200 000 DM sofort
　　　　　　　100 000 DM nach einem Jahr und
　　　　　　　150 000 DM nach 3 Jahren
Angebot B:　　220 000 DM nach einem Jahr und
　　　　　　　250 000 DM nach 4 Jahren

Die Angebote sollen bei einem Zinssatz von 8% miteinander verglichen werden.

Das brauchen Sie :

1. Die Barwertformeln aus Rezept 2.4

So wird's gemacht:

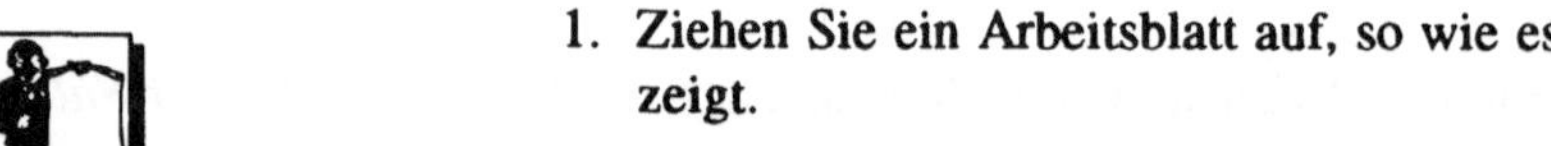

1. Ziehen Sie ein Arbeitsblatt auf, so wie es die Abbildung zeigt.

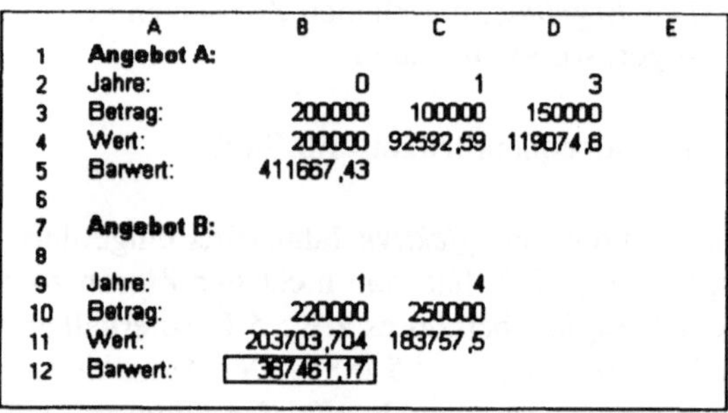

	A	B	C	D	E
1	**Angebot A:**				
2	Jahre:	0	1	3	
3	Betrag:	200000	100000	150000	
4	Wert:	200000	92592,59	119074,8	
5	Barwert:	411667,43			
6					
7	**Angebot B:**				
8					
9	Jahre:	1	4		
10	Betrag:	220000	250000		
11	Wert:	203703,704	183757,5		
12	Barwert:	387461,17			

2. Sofortzahlung zählt als 0 Jahre
3. B4:　　=B3*(1+0,08)^-B2　(Ko-Formel)

Formel in B4 nach C4 und D4 kopieren

4. B5: hier steht die Summe =B4+C4+D4, also das auf *heute* diskontierte Angebot.
5. Die K_0-Formel kopieren Sie jetzt aus B4 nach B10 und C10, ferner die Formel in B5 nach B11 kopieren.
6. *Ergebnis:* Mit einem Barwert von 411 667 DM gegenüber 387 461 DM ist Angebot A der Favorit.

A hat einen höheren Barwert als B

Der Staubsaugerkauf

Der Mann an der Tür bietet Ihnen einen Spitzenstaubsauger an: drei Jahre lang monatlich 15 DM, 1.75 % monatlich. Ihre Nachbarin sagt: bei MAKA wird der gleiche Staubsauger für 325 DM angeboten.

Ratenzahlung oder Barzahlung?

Das brauchen Sie:

1. Die Funktion =BW(*Zins;Zzr;Rmz;Zw;F*)

So wird's gemacht:

Barwert bei Ratenzahlung

1. Sie haben nur den **Barwert** der monatlichen Zahlungen zu bestimmen:
   A1: =BW(1,75%;36;-15;0;0) = DM 398,14
2. *Ergebnis:* Sagen Sie dem Staubsaugermann, daß sein Angebot uninteressant ist, da er Raten mit einem Barwert von 398,14 DM verlangt. (Sie werden sich allerdings überlegen, ob diese bescheidenen Raten überhaupt auffallen werden. Eine Barzahlung von 325 DM sticht schon eher ins Auge.)

Raten mögen unwirtschaftlich sein, aber sie tun nicht (so) weh

Die Funktion BW berechnet die Summe der Barwerte der einzelnen Raten:

$$K_0 = R \sum_{i=1}^{n} (1 + \frac{p}{100})^{-i} = R\left[\frac{1-(1+p/100)^{-n}}{p/100}\right]$$

R= mtl. Rate, p= mtl. Zins, n=Anzahl der Raten. In EXCEL-Notation:

=A1*(1-(1+B1/100)^-C1)/(B1/100),

mit R in A1, p in B1 und n in C1

Manch unruhiger Autokäufer steht in diesen Zeiten vor der brennenden Frage, ob er einen Leasing-Vertrag abschließen soll oder, ob es nicht günstiger ist, mit geliehenem Geld als Barzahler aufzutreten -dabei Skonto und Rabatt genießend. Eine grobe Entscheidungshilfe soll das folgende Rezept sein. (Banken und Händler kennen viele Wege, verlustfrei mit Ihnen zu handeln.)

Das Leasing-Angebot:

Das Händler-angebot

Für einen Wagen mit einem Listenpreis von 24 578 DM (Endpreis nach Zuschlag von Überführungs- und Anmeldekosten: 25158 DM) zahlen Sie 3 Jahre lang monatlich 305 DM. Ihr gebrauchter Wagen wird mit 5500 DM in Zahlung genommen. Die jährliche Kilometerpauschale beträgt 15000 km. 55% des Listenpreises wird bei 15000 km/Jahr als Restwert festgelegt. (Bei 20 000 km/Jahr sind es 50%.)

Bankkredit:

Das bietet die Bank

Sie zahlen bei einer Laufzeit von 36 Monaten 15% effektiven Jahreszins, der die Bearbeitungsgebühren bereits enthält.

Das brauchen Sie :

1. Die Funktion =WENN(*Bedingung;WennJa;WennNein*)
2. Die Funktion =RMZ(*Zins;Zzr;Bw;Zw;F*); Zw und F sind wieder optional, vergl. 2.2

So wird's gemacht:

1. Erstellen Sie ein Formular mit den Texteinträgen gemäß der Abbildung. Die A- und D-Spalten wurden auf 15 Zeichen erweitert.

So geht´s beim Leasing

2. B9:   =WENN(B7=15000;F3*0,55;F3*0,5)
    C10:   =B10*F4 (Skonto)
    C11:   =B11*F4 (Rabatt)
    B14:   =B12*B6+B13   (Leasing-Kosten)
    B15:   =B14/B6 (Kosten pro Monat)

3. E11: =F4-(C10+C11+B13) (notwendiger Kredit)
   E12: =RMZ(E7/E12;E6;-E11) (mtl. Raten)
   E14: =E12*E6-E11   (Kreditkosten)
   E15: =(E12*E6+B13-B9)/E6 (Kosten pro Monat)

So sieht´s bei der Bank aus

4. Ergebnis:
   Die monatliche Belastung ist bei der Bank offensichtlich geringer. Man sollte jedoch noch andere Faktoren berücksichtigen (Wartungskosten, Versicherung usw.), ehe man sich endgültig entscheidet. Vergessen Sie nicht, daß die von Händler und Bank errechneten Kosten nicht unbedingt genau mit denen des Arbeitsblatts übereinstimmen müssen. Aber einen vernünftigen Anhalt sollten Sie jetzt schon haben.

Der Vergleich

Die Höhe der Raten können Sie auch mit der folgenden Formel errechnen:

$$R = \frac{p \cdot \frac{K}{n}}{1 - (\frac{p}{n} + 1)^{-n \cdot t}}$$

R=Höhe der Raten;   p= Zinssatz p.a.; K= Kapital; n= Anzahl der Zahlungen pro Jahr; t= Anzahl der Jahre
Als EXCEL-Formel: =(E7*E11/12)/(1-(E7/12+1)^-(12*3))

	A	B	C	D	E	F	G
1	Leasen oder mit Bankkredit kaufen ?						
2							
3					Listenpreis:	24578,00	
4		Leasing		Bankkredit	Endpreis:	25158,00	
5							
6	Laufzeit:	36 Monate		Laufzeit:	36 Monate		
7	km/Jahr:	15000		eff.J.Zins:	0,1500		
8	(15000/20000)						
9	Restwert:	13517,90		Errechnete Werte:			
10	Skonto:	0,03	754,74				
11	Rabatt:	0,05	1257,90	benötigter Kredit:	17645,36 DM		
12	mtl.Rate:	305,00		mtl. Rate:	611,68		
13	Anzahlung:	5500,00					
14	Leasing-Kosten:	16480,00		Kreditkosten:	4375,20 DM		
15	Kosten/Monat:	457,78 DM		Kosten/Monat:	388,96 DM		
16							
17							

Jahresrate = Annuität

Zinsen muß man plastisch vor sich sehen, um sich an ihrer Entwicklung so recht erfreuen zu können. Wir wollen eine kleine Hypothek von 100 000 DM aufnehmen und sie in 22 Jahren zurückgezahlt haben. Die Bank verlangt, um sich wohl zu fühlen, von Ihnen eine kleine Belästigung (*disagio*) von 4%. Sie erhalten also nur 96 000 DM. Der jährliche Zinssatz soll 12% betragen, und die Tilgung sei 1%.
Im ersten Jahr zahlen Sie kecke 12 000 DM Zinsen und drücken damit Ihre Schuld um...-nein, nicht 12 000 DM, nur um 1000 DM. Im zweiten Jahr geht das dann so weiter. Aber schauen Sie es sich anhand einer *Tilgungstabelle* für gleichbleibende Annuitäten an!

Das brauchen Sie :

1. Jahresrate = (Zinssatz + jährl.Tilg.satz)/100 * Hypothek
2. Zinsen = Zinssatz*Restschuld/100
3. Tilgung = Jahresrate - Zinsen
4. Restschuld = Restkredit - Tilgung

So wird's gemacht:

1. Tragen Sie die Labels so ein, wie bei der folgende Abbildung gezeigt.

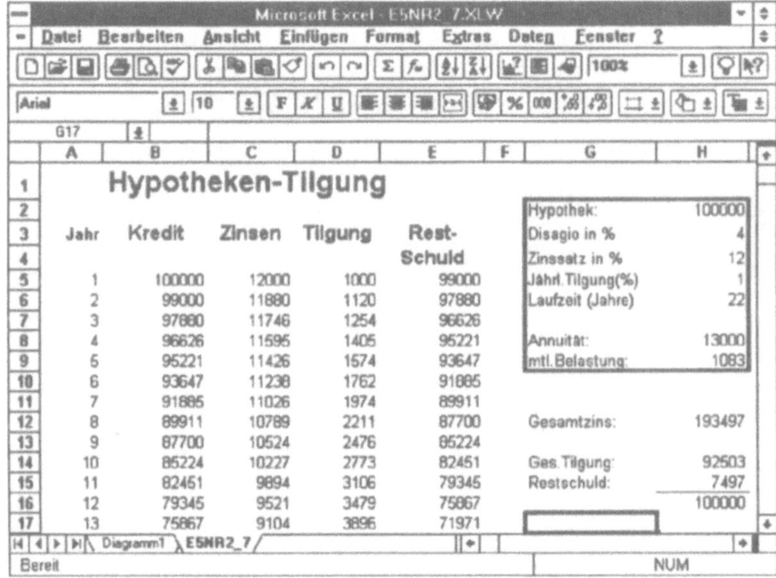

Jahr	Kredit	Zinsen	Tilgung	Rest-Schuld
1	100000	12000	1000	99000
2	99000	11880	1120	97880
3	97880	11746	1254	96626
4	96626	11595	1405	95221
5	95221	11426	1574	93647
6	93647	11238	1762	91885
7	91885	11026	1974	89911
8	89911	10789	2211	87700
9	87700	10524	2476	85224
10	85224	10227	2773	82451
11	82451	9894	3106	79345
12	79345	9521	3479	75867
13	75867	9104	3896	71971

Hypothek:	100000
Disagio in %	4
Zinssatz in %	12
Jährl.Tilgung(%)	1
Laufzeit (Jahre)	22
Annuität:	13000
mtl.Belastung:	1083
Gesamtzins:	193497
Ges.Tilgung:	92503
Restschuld:	7497
	100000

2. Geben Sie eine 1 in A5 ein, und wählen Sie **/BAH** (Reihe berechnen). Wählen Sie: *Spalten, Inkrement 1, Endwert 22*

   Füllen der Spalten mit /BAH

3. B5: =H$2;   C5: =B5*H$4/100,   D5: =H$8-C5
   E5: =B5-D5
   C5:E5 bis C26:E26 kopieren. (C5:E26 markieren, **Strg+U** aktivieren oder durch Ziehen des Ausfüllkästchens.)   In B6 muß =E5 eingetragen werden; B6 bis B26 kopieren.

   Kopieren der Einträge

4. GRAFIK:
   Zuerst *Mehrfachmarkierung* mit gedrückter **Strg**-Taste oder mit der **F8 F5**-Technik:
   Die Spalten A, C und D müssen markiert werden:
   Spalte A: **F5**: A5 ☑; **F8 F5**: A26 ☑; nach dem Markieren mit Umschalttaste+**F8** Markierung fixieren.
   Spalte C: **F5**: C5 ☑; **F8 F5**: C26 ☑; Umschalttaste+**F8**
   Spalte D: **F5**: D5 ☑; **F8 F5**: D26 ☑; Umschalttaste+**F8**

   Markieren mit F8 F5-Technik

5. **F11** (oder **/ED** *als neues Blatt*);
6. Wählen Sie *3D-Linien*, Variante 2. Im 4.Schritt *1 Spalte als Rubrikenachsenbeschriftung (X)* verwenden.
   Wenn Sie einen Graphen anklicken und *Datenreihen formatieren* wählen, so haben Sie die Möglichkeit, die Namen der Legenden festzulegen. Z.B. indem Sie *Reihe 1* mit »Zinsen« und *Reihe 2* mit »Tilgung« bezeichnen.
   (Sie könnten den Text auch eintippen, mit einem Rahmen versehen (Rechtsklick: *Muster*) und verschieben, wohin Sie wollen.)

   F11 *holt den Diagramm-Assistenten*

   Beschriftung und 3D-Linien einstellen

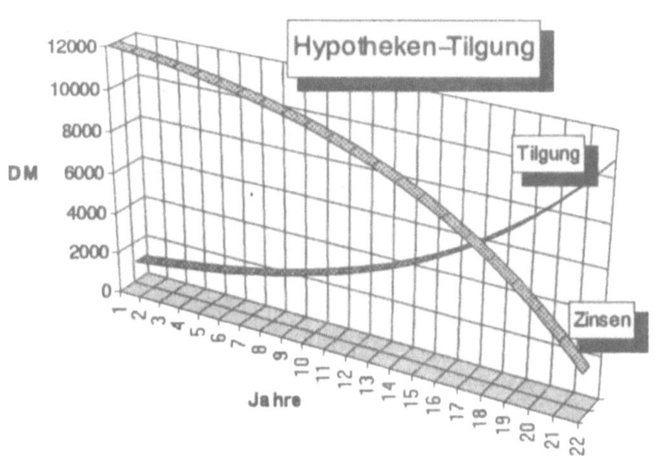

Der Weg zum Eigenheim kann sehr mühsam sein, auf jeden Fall ist er teuer. Wie man zu ungefähren Abschätzungen der Kosten und Belastungen kommen kann, zeigt Ihnen dieses Rezept. Es geht davon aus, daß Sie Eigenkapital haben und daß Sie sich den Rest bei einer Bank leihen. Die wesentlichen Nebenkosten wie Maklerprovision, Notargebühren und Grunderwerbssteuer werden berücksichtigt[1]. Auch an die Steuervergünstigung wird gedacht. Hierbei wird die Summe aus Hauspreis und halbem Grundstückspreis - höchstens aber DM 300000 - zugrunde gelegt. Sie müssen dabei allerdings Ihren Grenzsteuersatz mit eingeben. (Beim Tarif von 1990 betrug der Grenzsteuersatz für ein zu versteuerndes Einkommen von 95000 DM 31% .)

Das brauchen Sie:

1. Kaufpreis, Anteile für Grundstück und Haus, usw.
2. Die Funktion =ZZR(*Zins;Rmz;Bw;Zw;F*). Sie erhalten als Funktionswert die Laufzeit des Kredits in Jahren

So wird's gemacht:

1. Bereiten Sie eine Arbeitsmappe mit wenigstens 2 Seiten vor.

Das Arbeitsblatt:

OBJEKT

	A	B	C	D	E
2	Erste Schritte auf dem Weg zum Eigenheim				
3					
4	Daten				
5					
6	Typ	1.Fam.Haus		Weitere Erwerbskosten	
7	Straße	Kanzlerweg 5			
8	Ort	Bonn		Maklerprovision %:	0,04
9	Lage	Vorortlage		Notaranteil %:	0,01
10				Steuer %:	0,02
11					
12				Maklerprovision:	21700,00
13	Kaufpreis:	620000,00		Grunderwerbssteuer:	12400,00
14				Notar/Grundbuch:	5580,00
15	Anteil Grundstück	0,35			
16	Anteil Gebäude	0,65		Summe Nebenkosten:	39680,00
17	Kaufpreis Grundstück:	217000,00		Gesamtkosten:	659680,00
18	Kaufpreis Gebäude:	403000,00			
19				Monatl. Belastung:	4022,20
20					

---

[1] W. SCHUCHARDT: Quattro Pro zum Mitmachen, WIN 9/92, S.128

Geben Sie den Blättern die Namen OBJEKT und BELASTUNG.
Mit **F12** legen Sie dann eine Arbeitsmappe HAUS.XLW an.

2. Auf der OBJEKT-Seite tragen Sie Kosten und Nebenkosten ein.
    Der Grundstücksanteil wurde mit 35% angenommen, so daß in
    B16 einzutragen ist: =1-B15. B17: =B13*B15; B18: =B13*B16
3. Maklerprovision (=0,035) usw. stehen im Bereich E8:E10;
    E12: =B13*E8; E13: =E10*B13; E14: =E9*B13
    E17: =B13+E16;
    E19: BELASTUNG!$E$16
4. Das Blatt BELASTUNG enthält einen vereinfachten *Finanzie-rungsplan.* B4: =OBJEKT!$E$17-$B$3
    B11: =$B$4*B9; B12: =$B$4*B10
    B14: =ZZR(B9;-B12;;$B$4;0) (Laufzeit des Kredits)
    B15: =(B11+B12)/12; B17: =B15*B14*12
5. E8:
    =WENN(OBJEKT!$B$18+OBJEKT!$B$17*0,5<=300000;OBJE
    KT!$B$18+OBJEKT!$B$17*0,5;300000)
    E10: =E8*0,05; E11: =E10*E5; E13: =E11/12
6. **E16: =B15-E13**

Variieren Sie die Daten, und spielen Sie die verschiedenen Szenarien
durch. Während Sie dabei zwischen Schrecken und Freude schwanken, sollten Sie nicht vergessen, daß sich die angenommenen Daten
schnell ändern können, -natürlich zum Besseren hin.

	A	B	C	D	E
1	Finanzierungsplan				
2					
3	Eigenkapital:	150000,00		Steuervorteile	
4	Kreditsumme:	509680,00			
5				Grenzsteuersatz	0,35
6					
7		Bankangebot		Steuerbegünstigter	
8				Teil d.Kaufpreises:	300000,00
9	Zinssatz:	0,09			
10	Tilgungssatz:	0,02		Abschreibung /Jahr:	15000,00
11	Zinsen pro Jahr:	45871,20		Steuervorteil 10e/Jahr:	5250,00
12	Tilgung pro Jahr:	7645,20			
13				Steuervorteil/Monat:	437,50
14	Laufzeit:	22,58			
15	Monatl. Belastung:	4459,70			
16				Effektive Belastung/Monat:	4022,20
17	Gesamtbelastung:	1208411,35			
18					

Arbeitsmappe
HAUS.XLW
anlegen

F12 = *Spei-chern unter*

Die Kenn-zeichnung mit
DM *erhalten*
Sie mit Zah-lenformat/
Währung

Arbeitsblatt:

BELASTUNG

3 Excel für's Büro

3.1 Das Einrichten einer einfachen Datenbank

3.2 Erste Arbeiten mit der Datenbank

3.3 Eine Umsatztabelle bearbeiten

3.4 Bilder Ihres Umsatzes

3.5 Währungsrechnung mit einer Datenbank der Wechselkurse

3.6 Das Mahnwesen

3.7 Hilfen für Abschreiber (AFA)

3.8 Abschreibung mit degressiv-linear-Wechsel

3.9 Break-even-Analyse: linearer Fall

3.10 Break-even-Analyse: grafisch ausgewertet

3.11 Break-even-Analyse: nichtlinearer Fall

3.12 Break-even-Punkte beim nichtlinearen Fall

3.13 Die summarische Verzinsung

3.14 Diskontrechnung im Wechselverkehr

3.15 Handelskalkulation (Verkaufspreisberechnung)

3.16 Rückwärtskalkulation

3.17 Differenzkalkulation

3.18 Die Kostenrechnung

3.19 Kostenvergleich im Einzelhandel

3.20 Kontokorrentrechnung

3.21 Der Szenario Manager beim Angebotsvergleich

3.22 Deckungsbeitrag und Erfolgsrechnung

3.23 Paretodiagramm und ABC-Analyse

3.24 Beschaffung und Lagerhaltung

3.25 Zeitreihenanalyse

3.26 Löhne und Lohnkosten autoformatiert

3.27 BAB (Betriebsabrechnungsbogen)

3.28 Umsatzvergleich von Filialen mit 3D-Effekt

3.29 Der Urlaubsplaner

Grundlage eines Unternehmens ist eine **Datenbank**. Sie dient der Umsatzpflege und der gezielten Wechselwirkung mit den Kunden. Legen Sie sich zunächst eine *Stammdatei* an mit Namen, Anschrift, Telefon und Telefax des Kunden und eventuell dem Namen einer Kontaktperson. (Stammdaten sind Informationen, die über längere Zeit konstant bleiben, wie z.B. die Anschriften von Kunden.)

Kriterien- und Zielbereich gehören zur Datenbank

Das brauchen Sie :

1. Eine *Datenbank*, einen *Kriterien-* und einen *Zielbereich*

So wird's gemacht:

1. Die folgende Tabelle stellt eine *Datenbank* dar. Jede EXCEL- Datenbank muß mit einer Zeile mit *Feldnamen* beginnen. Dies sind bei uns die 5 Einträge in Zeile 3: **Name**, **Straße**, **Ort**, **Telefon**, **Telefax**.

   Die eigentliche Datenbank erstreckt sich von A3 bis E13, d.h. sie enthält amEnde der Eintragungen noch eine Leerzeile. (Die Leerzeile benötigen Sie, wenn Sie weitere Datensätze aufnehmen wollen, ohne dabei den Bereich der Datenbank jedesmal neu definieren zu müssen, vergl. weiter unten unter 4.)

   Jede Zeile der Datenbank ist ein *Datensatz* (Record).

   Sie können die Datensätze einfach eintippen oder aber die *Maske* aus dem Menü *Daten* einsetzen, -dann müssen Sie jedoch vorher A3:E13 markieren. Verwenden Sie eine Spaltenbreite von 15 Zeichen.

   Nach Eingabe der Daten markieren Sie den Bereich A3:E13 und wählen *Einfügen/Namen festlegen,* um dem ausgewählten Bereich den Namen »Datenbank« zu geben.

Stammdaten Ihrer Datenbank

	A	B	C	D	E
1		Datenbank Kunden		(Stammdaten mit 5 Feldnamen)	
2					
3	Name	Straße	Ort	Telefon	Telefax
4	Zander Brot	Kleine Hohl 17	2000 Hamburg 1	040/438856	040/438857
5	Stem AG	Steinstarße 145	3000 Hannover 8	0502/100960	0502/100967
6	Rehm Bücher	Hertzstraße 123	7000 Stuttgart 11	070/56445	070/56447
7	Peters Vers.	Am Turmhof 3	8000 München	089/4523-436	089/4523-439
8	Müller Ed.	Bunsenweg 89	4000 Düsseldorf 1	0211/294755	0211/294757
9	LABU-Systems	Badener Straße 1	7500 Karlsruhe 1	0721/356478	0721/356788
10	Haverland OHG	Isarweg 67	8000 München	089/1196645	089/119653
11	Geodat	Hardt-Höhe 24	5020 Salzburg	0662/455678	0662/455670
12	Bender GmbH	Bundesstraße 12	4770 Soest	02921/708	02921/87900
13					

Den Bereich A3:E13 können Sie jederzeit mit **F5 Datenbank** »anspringen«. (*Einfügen/Namen festlegen* erreichen Sie einfacher mit **Strg+F3**.)

2. Um aus Ihrer Datenbank gezielt Kunden nach bestimmten Kriterien auswählen zu können, z.B. alle Kunden, die in München wohnen, oder alle Kunden, deren Namen mit Buchstaben anfangen, die zwischen "G" und "S" liegen, usw., müssen Sie einen *Kriterienbereich* festlegen. Kopieren Sie zunächst die Spaltenüberschriften, die *Feldnamen*, von Zeile 3 (A3:E3) nach A20:E20
(Da Sie schon dabei sind, sollten Sie die Feldnamen gleich noch nach A24:E24 kopieren, dort werden sie anschließend für den *Zielbereich* gebraucht. Im Zielbereich benötigen Sie aber eigentlich nur die wirklich interessierenden Feldnamen.)
Markieren Sie den Bereich A20:E21, also die Feldnamen und eine zusätzliche Zeile, und geben Sie ihm mit **Strg+F3** den Namen »Suchkriterien«.

Kriterienbereich außerhalb der Datenbank anlegen, z.B. auch daneben

3. Zur Anzeige der gefundenen Kunden brauchen Sie einen *Zielbereich,* der nicht über der Datenbank liegen darf. Dazu haben Sie bereits A24:E24 reserviert. Markieren Sie jetzt den Bereich A24:E24, und geben Sie ihm den Namen »Zielbereich«. Der Name »Zielbereich« bezieht sich dann auf den gesamten Tabellenbereich unterhalb der Feldnamen in Zeile 24. Mit **F5 Zielbereich** können Sie schnell in den Zielbereich gelangen.

Der Zielbereich soll neben oder unter der Datenbank liegen

4. Wollen Sie *weitere Kunden* (Datensätze) aufnehmen, so verwenden Sie am besten die *Maske* aus dem Menü *Daten.* Zu Beginn klicken Sie *Neu* an. Den Datensatz selbst geben Sie mit der EINGABETASTE in die Datenbank ein. *Die Dantenbank wird automatisch erweitert* (wegen der Leerzeile am Ende!). Überzeugen Sie sich davon: **Strg+F3** und »Datenbank« anklicken.

Einfügen weiterer Datensätze

	A	B	C	D	E
10	Haverland OHG	Isarweg 67	8000 München	089/1196645	089/119653
11	Geodat	Hardt-Höhe 24	5020 Salzburg	0662/455678	0662/455670
12	Bender GmbH	Bundesstraße 12	4770 Soest	02921/708	02921/87900
13					
14					
15					
16					
17					
18					
19			Kriterienbereich		
20	Name	Straße	Ort	Telefon	Telefax
21	Peters Vers				
22					
23			Zielbereich		
24	Name	Straße	Ort	Telefon	Telefax
25	Peters Vers.	Am Turmhof 3	8000 München	089/4523-436	089/4523-439
26					
27					

Kriterien- und Zielbereich der Stammdatei

Hat man sich mühsam die Daten zusammengetragen, so sollen sie auch *geordnet* werden. Dann möchten Sie vielleicht wissen, wieviele Ihrer Kunden in Kleinplittersdorf wohnen, oder... kurz gesagt: Sie wollen Ihre Datenbank *befragen*.

Das brauchen Sie :

1. Eine Möglichkeit, die Daten zu *sortieren*
2. Techniken der *Abfrage*

So wird's gemacht:

Es gibt maximal drei Sortierschlüssel

1. Laden Sie zunächst das Arbeitsblatt aus dem letrzten Rezept (3.1).
   Datenbank (A4:E12) markieren (am einfachsten mit **F5 Datenbank**). *Daten/Sortieren* anklicken. (EXCEL kann den Datenbankbereich aber auch automatisch erkennen!)
   Als ersten *Sortierschlüssel* (Sie sehen, es gibt 3) wählen Sie den *Namen*. Als 2. Sortierschlüssel können Sie den *Ort* wählen. (So können Sie zwischen zwei gleichnamigen Kunden an verschiedenen Orten unterscheiden!) Achten Sie darauf, daß der Eintrag *Liste enthält Zeilenkopf* angekreuzt ist. Sie können die Daten jetzt in steigender oder in fallender Ordnung sortieren.

Dialogbox zum Datensortieren

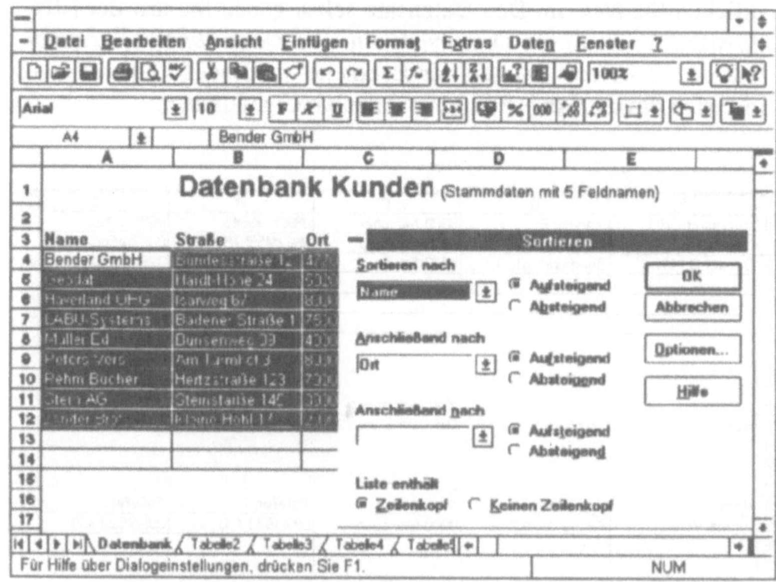

2. Jetzt stelle ich einige Möglichkeiten zusammen, die Datenbank mit *Daten/Filter/Spezialfilter* abzufragen. Entscheiden Sie sich für *An eine andere Stelle kopieren*, so werden die ausgefilterten Daten im »Zielbereich« aufgelistet. (Probieren Sie aus, was geschieht, wenn Sie *Liste an gleicher Stelle filtern* ankreuzen!)

- Wenn Sie in A21 eintragen: Haverland OHG, so erscheint nach Drücken der EINGABETASTE (=OK) in Zeile 25 des Zielbereiches der gesamte »Haverland OHG«-Datensatz.

- Setzen Sie in A21: >P, so erhalten Sie im Zielbereich alle Namen, die auf P folgen: Peters Vers., Rehm Bücher, Stern AG, Zander Brot (die Meldung *Zielbereich ist nicht groß genug...* quittieren Sie mit **Ja**).

- Tragen Sie zunächst in F20 nochmals den Feldnamen »Name« ein, und definieren Sie den Kriterienbereich neu (A20:F21). Setzen Sie in A21 >G, in F21 <S und in C21 8000 München, so liefert *Daten/Filter/Spezialfilter* im Zielbereich nur Haverland OHG und Peters Vers. (">G UND <S" bezieht sich auf *ein* Feld. Sie mußten daher ein zweites Mal das Feld »Name« anlegen. Bei einer ODER-Verknüpfung, die sich auf ein einziges Feld bezieht, muß eine zweite *Zeile* im Kriterienbereich angelegt werden.)

- Mit dem Namen »Ort« in F20 liefern >5000* in C21 und <7999* in F21 die Kunden LABU Systems und Müller Ed.

Verwenden Sie Spezial-filter aus dem Menü Daten

Alle Namen zwischen G und S in 8000 München

*Der * steht stellvertretend für weitere Zeichen*

	A	B	C	D	E	F
16						
17						
18						
19			Kriterienbereich			
20	Name	Straße	Ort	Telefon	Telefax	Name
21	>G		8000 München			<S
22						
23						
24	Name	Straße	Ort	Telefon	Telefax	
25	Haverland OHG	Isarweg 67	8000 München	089/1196645	089/119653	
26	Peters Vers.	Am Turmhof 3	8000 München	089/4523-436	089/4523-439	
27						
28						
29						

Bei einer UND-Ver-knüpfung in einem Feld ist eine weitere Spalte nötig

	A	B	C	D	E	F
16						
17						
18						
19			Kriterienbereich			
20	Name	Straße	Ort	Telefon	Telefax	Name
21	>G		7000*			<S
22			8000*			
23						
24	Name	Straße	Ort	Telefon	Telefax	
25	Haverland OHG	Isarweg 67	8000 München	089/1196645	089/119653	
26	Peters Vers.	Am Turmhof 3	8000 München	089/4523-436	089/4523-439	
27	Rehm Bücher	Hertzstraße 123	7000 Stuttgart 11	070/56445	070/56447	
28						
29						

Bezieht sich ODER auf ein Feld, so ist eine weitere Zeile im Kriterien-bereich nötig

Aus der Stammdatei ist schnell eine *Umsatzdatei* erstellt. In derselben Arbeitsmappe können Sie die Umsatzdatei zusammen mit dem Arbeitsblatt der Kriterien- und Zielbereiche anlegen. Zusammen mit einem Textverarbeitungsprogramm lassen sich dann Serienbriefe erstellen, in denen die erfolgreichen Umsätzler (Umsatz über dem Mittelwert) beglückwünscht - und umsatzscheue Kunden (Umsatz 30% unter dem Mittelwert) zu einem Seminar über *zeitgemäße Verkaufsstrategie* eingeladen werden.

Das brauchen Sie :

1. Eine Datenbank mit Stammdaten
2. Umsatzdaten
3. Ein Abfrage-Makro

So wird's gemacht:

*Umsatzta-
belle erstel-
len*

1. Verwenden Sie wieder die Datenbank aus 3.1
2. Legen Sie eine Arbeitsmappe mit zwei Blättern an: *Kunden* und *Modul1*. In Modul1 befindet sich ein Visual Basic-Makro zur Bearbeitung der Daten.
3. Übernehmen Sie die Anschriften aus 3.1, und tragen Sie in *Kunden* D6:G14 die Umsätze ein, vergl. Abb. 1

*3 Kriterien-
bereiche defi-
nieren*

4. Die Datenabfrage können Sie nach Abbildung 2 aufbauen: 3 Kriterien- und 3 Zielbereiche. Die Kriterienbereiche, es kann nur immer einer aktiv sein, sind mit ÜBER, UNTER und WEDERNOCH bezeichnet worden. ÜBER: *Kunden* K4:K5; UNTER: *Kunden* M4:M5 und WEDERNOCH: *Kunden* O4:O5.
Auf demselben Arbeitsblatt wurden auch die drei Zielbereiche untergebracht: DARÜBER: *Kunden* K9:L9; DARUNTER: *Kunden* M9:N9; NOCHWEDER : *Kunden* O9:P9. (Man darf einen Namen nicht zweimal verwenden!)

*3 Zielberei-
che festlegen*

*Die Abfra-
geformeln*

5. Die eigentlichen Abfragen stehen in K5, M5 und in O5 :
K5: =H6>$H$17   (Sind Sie ein erfolgreicher Kunde?)

M5: =H6<$H$17*0,7 (30% unter dem Mittelwert!)

O5: =UND(H6<$H$17;H6>$H$17*0,7)

(Das sind die Kunden, die weniger als 30% unter dem Mittelwert liegen; sie sind weder »gut« noch eigentlich »schlecht«.)

6. Mit **Strg+F3** definieren Sie die Datenbank: *Name:* Datenbank
   Zugeordnet zu: =Kunden!$A$5:$H$14

Beispiel:

Im Blatt *Kunden* markieren Sie den ersten Kriterienbereich: K4:K5; mit **Strg+F3** legen Sie den Namen »Suchkriterien« fest. Markieren Sie den Bereich K9:L9, und geben Sie ihm den Namen »Zielbereich«.
Zellzeiger nach K5 und *Daten/Filter/Spezialfilter* anklicken. *An eine andere Stelle kopieren* auswählen. *Keine Duplikate* ankreuzen. OK. *Listenbereich*: Datenbank; *Kriterienbereich*: Über; *Ausgabebereich*: Darüber. (*Über* ist der Bereich K4:K5, *Darüber* ist K9:L9.) Sie erhalten Namen und Anschrift von 5 erfolgreichen Kunden.
Jetzt können Sie zum nächsten Kriterienbreich gehen: M4:M5 markieren, usw. Diese Arbeit erledigt allerdings ein Makro.

Die dreimalige Datenbankabfrage wird von einem V Basic-Makro erledigt, das sich auf der Begleitdiskette befindet

	A	D	E	F	G	H	I	J
				Umsätze 1992				
				Quartale				
5	Name	1	2	3	4	Summe	Prozent	Mittel
6	Bender GmbH	550	860	1240	3470	6120	5,57	12206
7	Geodat	4500	4560	4340	7640	21040	19,15	12206
8	Haverland OHG	2650	2120	3450	4870	13090	11,92	12206
9	LABU-Systems	2340	2800	4570	8500	18210	16,58	12206
10	Müller Ed.	3050	3600	2560	5670	14880	13,55	12206
11	Peters Vers.	1340	1280	1350	3120	7090	6,45	12206
12	Rehm Bücher	3250	3900	2870	5340	15360	13,98	12206
13	Stern AG	1430	1200	1380	4630	8640	7,87	12206
14	Zander Brot	870	900	1200	2450	5420	4,93	12206
15		19980	21220	22960	45690	109850	100	
16								
17					Mittel:	12206	11,11	

Umsätze von Kunden

Zelle H17: =H15/ANZAHL(H6:H14)

	K	L	M	N	O	P
2	Makro **Strg+m**					
3						
4	Ober		Unter		Wederueck	
5	FALSCH		WAHR		FALSCH	
6						
7			Zielbereiche			
8	Darüber		Darunter		Nochweder	
9	Name	Straße	Name	Straße	Name	Straße
10	Geodat	Hardt-Höhe 24	Bender GmbH	Bundesstraße 12	Stern AG	Steinstarße 145
11	Haverland OHG	Isarweg 67	Peters Vers.	Am Turmhof 3		
12	LABU-Systems	Badener Straße 1	Zander Brot	Kleine Hohl 17		
13	Müller Ed.	Bunsenweg 89				
14	Rehm Bücher	Hertzstraße 123				
15						

Nach Umsatz sortierte Kunden

Bei der grafischen Veranschaulichung Ihres Umsatzes sollten Sie sorgfältig den Grafik-*Typ* auswählen. Er soll ins Auge stechen und das vermitteln, was Sie eigentlich sagen wollten. Ich stelle Ihnen hier zur Auswahl: ein Kreisdiagramm (dreidimensional) und ein Balkendiagramm - zusammen mit der Mittelwertslinie.

Das brauchen Sie :

1. Eine Datenbank mit prozentualen Anteilen

So wird's gemacht:

1. Laden Sie das Arbeitsblatt *Umsatz* aus 3.3, und fügen Sie in I6:I14 noch eine Prozentspalte an.
   In I6 steht die Formel =H6/H$15*100. In H15 befindet sich der Mittelwert =MITTELWERT(H6:H14). Kopieren Sie die Formel in I6 bis hin zu I14.
   In die Zellen J6:J14 ist der Zahlenwert des Mittelwertes einzutragen, also neunmal 12206.

2. 3D-KREISDIAGRAMM

3D-Kreisdia-
gramm
anlegen

Sie müssen in der Umsatztabelle die Namen- und die %-Spalte markieren (wir markieren hier mal nicht mit der Maus und bei gedrückter **Strg**-Taste, sondern mit der **F8 F5**-Methode, die bei weiten Sprüngen in umfangreichen Tabellen zu empfehlen ist).

    F5:   A6   ☑
    F8 F5:   A14   ☑; damit ist A6:A14 markiert
UMSCHALTTASTE+**F8**; dies fixiert die Markierung
    F5:   I6   ☑
    F8 F5:   I14   ☑
UMSCHALTTASTE+**F8** drücken

3D-Diagram-
me lassen
sich drehen

Aktivieren Sie den Diagrammassistenten, und wählen Sie ein 3D-Diagramm. Sie können den Blickwinkel ändern, und mit *Datenbeschriftung* lassen sich die Prozentzahlen hinzufügen.

3. VERBUNDDIAGRAMM

Balkendia-
gramm
zusammen
mit Linien-
diagramm

Sie verfahren ähnlich wie vorhin:
    F5:   A6   ☑
    F8 F5:   A14   ☑
    UMSCHALTTASTE+**F8**
    F5:   H6   ☑
    F8 F5:   H14   ☑

UMSCHALTTASTE+**F8**
F5:   J6   ☑
F8 F5:   J14   ☑
UMSCHALTTASTE+**F8**

Beim 2.Schritt im Diagrammassistenten wählen Sie ein *Verbunddiagramm*. Beim 3.Schritt klicken Sie die *Variante 1* an. Um die horizontale Achse richtig zu beschriften, klicken Sie zunächst zweimal mit der linken Maustaste ins Diagramm. Dann klicken Sie mit der rechten Maustaste auf die horizontale Achse und wählen *Achsen formatieren/Ausrichtung.*

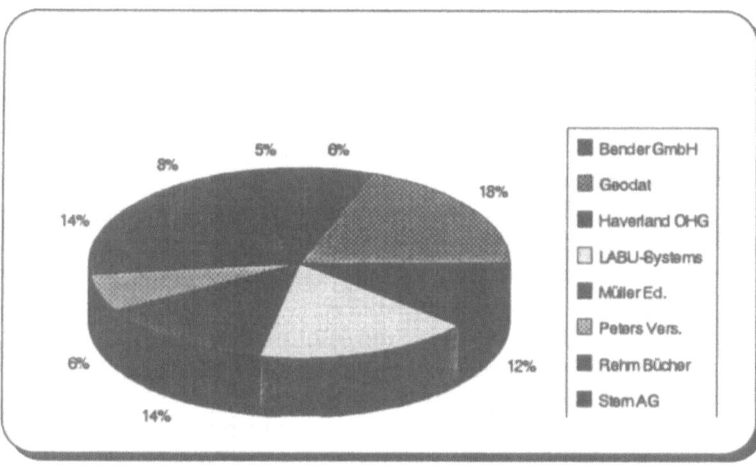

Ein 3D-Kreisdiagramm ist oft beeindruckender als ein 2D-Diagramm

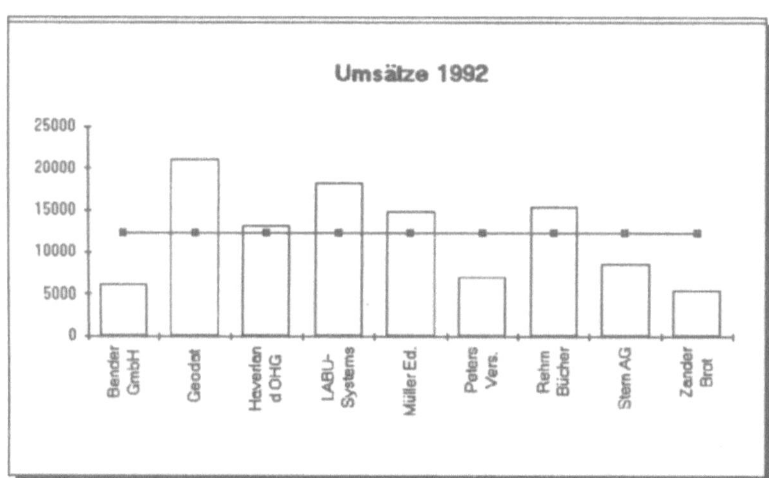

Balkengrafik mit überlagerter Liniengrafik

Das jetzt folgende Rezept könnte beim Divisenschalter einer Bank eingesetzt werden.

Es soll dazu dienen, einem urlaubssüchtigen Kunden die DM in Dollar oder Drachmen oder... einzutauschen. Die Kurstabelle behandeln wir dabei als *Datenbank*. Abrechnungsbeleg und Datenbank sollen je auf einer eigenen Seite in einer Arbeitsmappe stehen.

Das brauchen Sie :

1. Die Funktionen HEUTE, JETZT, SVERWEIS
2. Datenbank mit Kriterien- und Zielbereich

So wird's gemacht:

1. Legen Sie eine Arbeitsmappe mit 2 Blättern, A und B, für Beleg und Datenbank an.
2. **Einträge für Blatt A**: (Die Arbeitsmappe enthält 2 Blätter: A,B)
    B6   =SVERWEIS(B!A16;B!A2:C13;3)
             Die Datenbank muß steigend sortiert ein!

Die Kurse beziehen sich auf 100 Einheiten- außer bei Dollar und Engl. Pfund

B7:   =B!B20 (=Zelle B20 auf Blatt B)

A:B8 wird vom Eingabe-Makro ausgefüllt,- ebenso B:A16

B10: =RUNDEN(WENN(ODER(B6="Dollar";B6="Engl.Pfund") ; B8/B7;B8*100/B7);2)

B11: =RUNDEN(B10*0,02;2);   B13: =B10-B11

B16: =HEUTE() mit dem Datumsformat TT-MMM-JJ (rechts-klicken).

B17: =JETZT() mit dem Zeitformat H:MM AM/PM

C10,C11,C13: =B!A16

Blatt A (Belegblatt) der Arbeits- mappe Bank

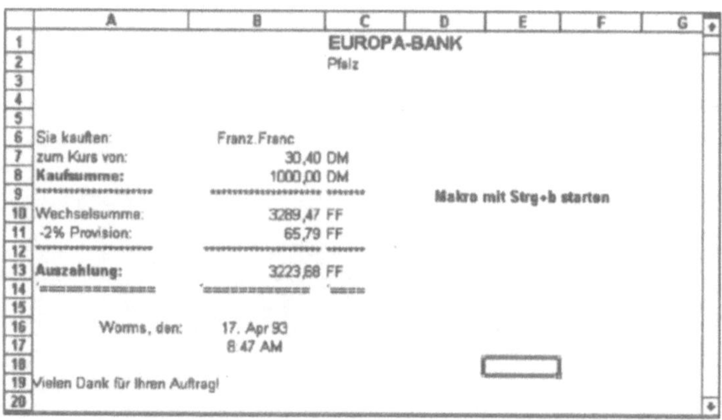

	A	B	C	D	E	F	G
1			EUROPA-BANK				
2			Pfalz				
3							
4							
5							
6	Sie kauften:	Franz.Franc					
7	zum Kurs von:	30,40 DM					
8	Kaufsumme:	1000,00 DM					
9	******************	************************ ******					
10	Wechselsumme:	3289,47 FF		Makro mit Strg+b starten			
11	-2% Provision:	65,79 FF					
12	******************	************************ ******					
13	Auszahlung:	3223,68 FF					
14	=================	==================== =====					
15							
16	Worms, den:	17. Apr 93					
17		8:47 AM					
18							
19	Vielen Dank für Ihren Auftrag!						
20							

3. **Einträge für Blatt B**:
   A1 bis C13 einfach aus der Abbildung übernehmen- aber mit aktuellen Wechselkursen!
4. A1:B1 nach A15:B15 und A19:B19 kopieren (Kriterien- und Zielbereiche).
5. Datenbank einrichten. *Datenbamnk:* A1:C13; *Kriterienbereich:* A15:B16; *Zielbereich:* A19:B20.
   Markieren Sie diese Bereiche, und geben Sie ihnen mit **Strg+F3** Namen, vergl. 3.1
6. Die Arbeitsmappe wird von einem *Makro* gesteuert. Das Visual Basic-Makro befindet sich auf der Begleitdiskette in der Mappe BANK.XLS, das kürzere EXCEL4-Makro ist abgebildet. Beide Makros übernehmen auch die Einrichtung der Datenbank. Legt man die Datenbank von Hand fest, wie in Punkt 5, so können die Makrozeilen A9 bis A14 fehlen.

Wechselkurse werden als Datenbank verwaltet

Das V Basic-Makro ist recht umfangreich

Blatt B der Arbeitsmappe Bank.XLW

	A	B	C	D	E	F	G
1	WÄHRUNG	KURS					
2	DKR	27,10	Dänische Kronen		Daten vom 6.4.93		
3	DM	100	Deutsche Mark		'(Testfall)		
4	DOL	1,66	Dollar				
5	DR	0,88	Griech.Drachmen				
6	FF	30,40	Franz Franc		{100 FF entsprechen 30.40DM}		
7	HFL	90,30	Niederl.Gulden				
8	NKR	24,50	Norwegische Kronen				
9	PFD	2,54	Engl.Pfund				
10	PTAS	1,46	Span. Peseten				
11	SFR	109,70	Schweizer Franken				
12	SKR	22,20	Schwedische Kronen				
13							
14	Kriterien:						
15	WÄHRUNG	KURS		Die Datenbank muß in aufsteigender Folge sortiert sein!			
16	DM						
17							
18	Ausgabe:						
19	WÄHRUNG	KURS					
20	DM	100					

Ausführliches Makro zum Betreiben der Wechselstube. Das Makro ist in die Arbeitsmappe eingebunden

```
bank (b)                                Makro "bank" mit Strg+b starten
=AKTIVIEREN("b")
=AUSWÄHLEN(!A16)
=FORMEL(EINGABE("Welche Währung?" 2))
=AKTIVIEREN("a")
=AUSWÄHLEN(!B8)
=FORMEL(EINGABE("Welcher Betrag?";1))   Kaufsumme in A:B8 eintragen
=AKTIVIEREN("b")
=AUSWÄHLEN("Z16S1")                      Suchkriterium in A16
=SUCHEN.KOPIEREN(WAHR)                   Währung und Kurs nach Zeile 20 kopieren
=AKTIVIEREN("a")
=AUSWÄHLEN(!A1)                          Zellzeiger in A1 von Blatt A
=RÜCKSPRUNG()


Datenbank muß vorher angelegt sein
```

Sie mögen´s nicht, wenn Ihre Kunden nicht fristgerecht zahlen. Also legen Sie sich eine *Mahnkartei* an, die Sie jeden Morgen überfliegen. Der Fälligkeitstermin liegt 30 Tage nach dem Kaufdatum. Sie schicken eine 1. Mahnung, wenn das Fälligkeitsdatum um 7 Tage überschritten wurde. Sind mehr als 15 Tage verstrichen, schicken Sie die 2. Mahnung. Überschreitungen von mehr als 30 Tagen werden mit einem einschüchternden Mahnbescheid geahndet.

Das brauchen Sie :

1. Eine Mahnkartei mit Fälligkeitsterminen
2. Eine geschachtelte WENN-Abfrage

So wird´s gemacht:

1. Verwenden Sie erneut die Daten aus der Stammdatei in Rezept 3.1 (Sie könnten auch die Arbeitsmappe aus 3.3 hervorholen und ein weiteres Blatt mit dem Titel *Mahnungen* einfügen.)
   Die Spalten A,B,C sollten 15 Zeichen breit sein.
   Gehen Sie ins Arbeitsblatt mit den Stammdaten, z.B. 3.3, und markieren Sie A5:C14, dann können Sie die Daten mit **Strg+C** in die Zwischenablage kopieren.
2. Bringen Sie den Zellzeiger nach *Mahnungen*: A5. Mit **Strg+V** übernehmen Sie dann die Kundennamen und Anschriften in das Mahnungsblatt. Die fehlenden Einträge für Rechn.Nr. und Datum (D6:E14) entnehmen Sie bitte aus der folgenden Abbildung. E6:F14 markieren, rechtsklicken, *Zellen formatieren/Zahlen/Datum.* Wählen Sie die Datumsmaske TT.MM.JJ
3. G3:   =HEUTE() ; mit TT.MM.JJ formatieren (ist im Arbeitsblatt der Begleitdiskette durch den Festwert 6.7.92 ersetzt worden).
4. F6:   =E6+30; bis Zeile 14 kopieren (Fälligkeitsdatum)
   G6:   =$G$3-F6; bis Zeile 14 kopieren (Tage bis/über Fälligkeit)

Die WENN-
Funktion

5. In H6:H14 sind die =WENN(Bedingung; WennJa; WennNein)-Funktionen einzutragen. In diesem Beispiel sind sie folgendermaßen geschachtelt:

   WENN(B1;J1;WENN(B2;J2;WENN(B3;J3;"")))

   In H6 tragen Sie demnach ein:

=WENN(UND(G6>7;G6<=15);"1.Mahnung";WENN(UND(G6>
15;G6<=30);"2.Mahnung";WENN(G6>30;"Mahnbescheid";"")))

Kopieren Sie diese Bedingung bitte bis H14.

Negative Zahlen in der G-Spalte zählen die Tage, die bis zum
Fälligkeitstermin noch fehlen. Positive Tagesangaben geben an,
um wieviel das Zahlungsziel von 30 Tagen bereits überschritten
wurde.

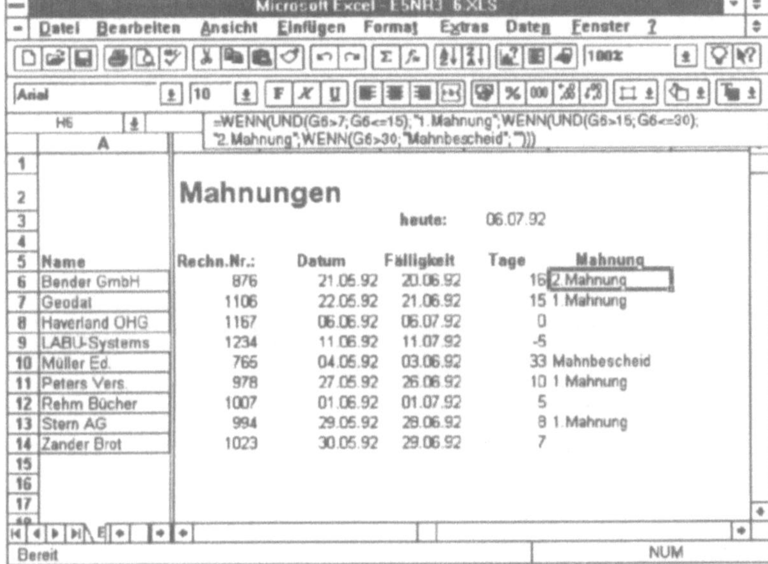

*Die Mahn-
Datei*

Mit Abschreibungen sparen Sie Steuern. Sie können Computer, Drucker, Schreibtische- kurz, alle abnutzbaren, beweglichen Einrichtungsgegenstände über einen bestimmten Zeitraum, meist 4-10 Jahre, abschreiben. AfA bedeutet *Absetzung für Abnutzung*. Sie erfolgt nach einem bestimmten Abschreibungsplan. EXCEL stellt vier Abschreibungsfunktionen zur Verfügung, von denen wir zwei einsetzen werden.

Das brauchen Sie :

> 1. Die Funktion =LIA(Ansch_Wert;Restwert;Nutzungsdauer)
> 2. Die Funktion =GDA(Ansch_Wert;Restwert;Nutzungsdauer; Periode; *Monate*)

So wird's gemacht:

1. Die Labels der Abbildung entsprechend eintragen
2. I1:   10000 (Kosten)
   I2:   1000 (Restwert)
   I3:   10 (Nutzungsdauer)
3. A7:   0; **/BAH**: Spalten; Arithm.; Inkrement: 1; Endwert: 10
4. E7:   =I$1; F7:   =I$1
5. B8:   =LIA(I$1;I$2;I$3) -oder: (I$1-I$2)/I$3; bis B17 kopieren
   C8:   =GDA(I$1;I$2;I$3;A8); bis C17 kopieren
6. E8:   =E7-B8; bis E17 kopieren
7. F8:   =F7-C8; bis F17 kopieren

8. GRAFIK:

LIA= lineare Abschreibung

GDA= geom. degressive Abschreibung

Die X-und die Y-Spalten sind zu markieren

Um ein XY-Diagramm zu erstellen, sind die X-und die Y-Spalten zunächst zu markieren (mit der **F5 F8**-Technik, vergl. 3.4)

F5:	A7	☑
F8 F5:	A17	☑
UMSCHALTTASTE+**F8** drücken; das sind die X-Werte		
F5:	E7	☑
F8 F5:	E17	☑
UMSCHALTTASTE+**F8**; = Y-Werte der lin. Abschr.		
F5:	F7	☑
F8 F5:	F17	☑
UMSCHALTTASTE+**F8**; = Y-Werte der degr. Abschr.		

9. Klicken Sie das Symbol des Diagramm-Assistenten an, und wäh-
    len Sie *Punkt[X,Y]*-Diagramm *Variante 2*.
    Wollen Sie die Symbole für die Punktmarkierungen ändern, so
    klicken Sie zweimal links auf den Graphen (zuerst doppelter
    Linksklick auf den Grafikrahmen). Sie erhalten das Dialogfeld
    Muster. Wählen Sie!
    Wenn Sie eine LEGENDE einfügen möchten, so klicken Sie
    zuerst links, dann rechts auf einen Graphen. Wählen Sie den Ein-
    trag *Datenreihen formatieren*. Aktivieren Sie *Name und Werte*,
    um der Datenreihe einen Namen zu geben: Reihe 1: *linear*. Ver-
    fahren Sie ebenso mit Reihe 2 (=*geom. degressiv*). Mit *Einfü-
    gen/Legende* setzen Sie anschließend die Legende ins Bild.

*Abschrei-
bungstafel*

	A	B	C	D	E	F	G	H	I
1								Kosten:	10000
2		Abschreibungsvergleich						Restwert:	1000
3								Dauer:	10
4		Abschreibung			Buchwert				
5									
6		linear	degressiv		linear	degressiv			
7	0				10000	10000			
8	1	900,00	2000,00		9100,00	8000,00			
9	2	900,00	1600,00		8200,00	6400,00			
10	3	900,00	1280,00		7300,00	5120,00			
11	4	900,00	1024,00		6400,00	4096,00			
12	5	900,00	819,20		5500,00	3276,80			
13	6	900,00	655,36		4600,00	2621,44			
14	7	900,00	524,29		3700,00	2097,15			
15	8	900,00	419,43		2800,00	1677,72			
16	9	900,00	335,54		1900,00	1342,18			
17	10	900,00	268,44		1000,00	1073,74			
18									
19									

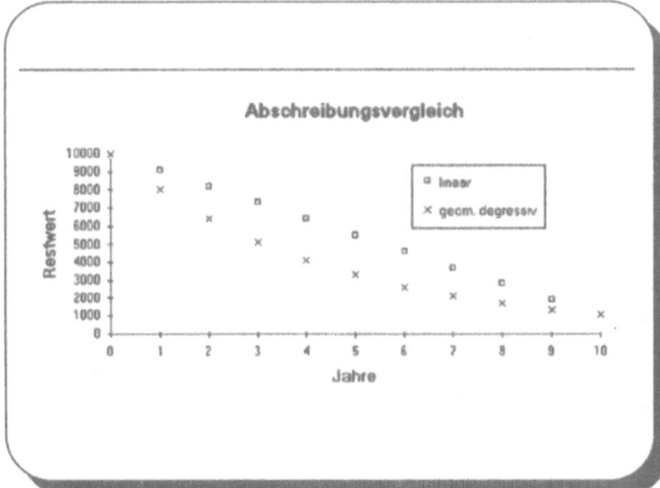

*Vergleich
von linearer
und degres-
siver Ab-
schreibung*

Bei der *linearen* Abschreibung werden entsprechend der Nutzungsdauer jährlich gleichbleibende Beträge abgeschrieben, z.B. 10% von den Anschaffungskosten. Die *degressive* Abschreibung darf das Dreifache der linearen AfA betragen, maximal jedoch 30%.
Um möglichst hohe Abschreibequoten zu erreichen, kann es sinnvoll sein, von der degressiven auf die lineare Abschreibung überzugehen. Das folgende Rezept sieht diese Möglichkeit vor. Die Zeitspalte wird automatisch die richtige Länge erhalten.

Das brauchen Sie :

1. Die Funktion =LIA(*Ansch_Wert;Restwert;Nutzdauer*)
2. Kriterium für den Wechsel von degressiver nach linearer Abschreibung

So wird's gemacht:

Nur lineare Abschreibung (mit =LIA())

1. Die Labels tragen Sie bitte so ein, wie es die 1.Abbildung zeigt
2. H1: 55000 (Kosten); H2: 10 (Lebensdauer); H3: 1 (Schrottwert)
   H5: =100/H$2 (Prozentsatz der Abschreibung)
3. A8: =WENN(H$2="";"";1)   (Wenn keine Zeit angegeben ist, nichts eintragen, sonst eine 1 einsetzen.)
   A9: =WENN(UND(A8<H$2;A8<>"");A8+1;""); bis A36 kopieren. (Wenn A8 kleiner ist als die Nutzungsdauer -und nicht leer ist-, so ist in A9 ein um 1 größerer Wert einzusetzen als in A8, sonst aber ist nichts einzutragen. Mit dieser Maßnahme erhält die Zeitspalte die richtige Länge.)
   B8 bis B36:   =WENN(A8="";"";LIA(H$1;H$3;H$2))
4. E7: =H$1;   E8: =WENN(A8="";"";E7-B8); bis E36 kopieren.

Automatische Berechnung der Spaltenlänge

Degressive und degressiv-lineare Abschreibung
(ohne =GDA() u. ohne =LIA()), vergl. auch [HARTMANN 92; S.218ff]
5. Kosten, Dauer, Schrottwert in C2:C4;   G2: =100/C3
   Der Faktor in E3 kann beliebig gewählt werden. Liefert er in G3 (=G$2*E$3) einen Satz, der *größer* ist als 30, so wird auf 30% geschaltet: G4:   =WENN(G$3>30;30;G$3). Die Rechnung mit dem Faktor 2 entspricht der amerikanischen *double- declining-*Methode, die auch in der Funktion =GDA verwendet wird.
   A11: =WENN(C$3="";"";1);

Die degressive Abschreibung wird mit einem freien Faktor berechnet

A12: =WENN(UND(A11<C$3;A11<>"");A11+1;"");
　　 bis A36 kopieren.
B11 bis B36:　=WENN(A11="";"";(D10-C$4)*G$4/100)
In D10 und G10 steht =C$2;
D11: =WENN(A11="";"";D10-B11); bis D36 kopieren.
G11: =WENN(A11="";"";G10-F11); bis G36 kopieren
6.　F11: =WENN(A11="";"";(G10-C$4)*G$4/100)
　　 F12: =WENN(A12="";"";WENN((G11-C$4)/(C$3-A11)>
　　　　 B12; (G11-C$4)/(C$3-A11);B12))

*Das Wechsel-
Kriterium*

Wenn der durch die restliche Nutzungsdauer geteilte (Restwert-
Schrottwert) größer geworden ist als der Abschreibungsbetrag bei
degressiver Abschreibung, soll zur linearen Abschreibung überge-
gangen werden.

*Lineare Ab-
schreibung*

	A	B	C	D	E	F	G	H
1							Kosten:	55000
2		**Lineare Abschreibung**					Dauer:	10
3							Schrottw.:	1
4								
5							Satz(%)	10,00
6	Jahr	Betrag	Restwert am Ende des Jahres					
7					55000,00			
8	1	5499,90			49500,10			
9	2	5499,90			44000,20			
10	3	5499,90			38500,30			
11	4	5499,90			33000,40			
12	5	5499,90			27500,50			
13	6	5499,90			22000,60			
14	7	5499,90			16500,70			
15	8	5499,90			11000,80			
16	9	5499,90			5500,90			
17	10	5499,90			1,00			
18								

*Degressiv-
lineare Ab-
schreibung*

	A	B	C	D	E	F	G	H
1								
2		Kosten:	10000			lin.Satz(%)	10	
3		Dauer:	10	Faktor:	2	lin.Satz*Fakt.	20	
4		Schrotw.:	1			degr.Satz(%)	20	
5								
6								
7		degressive Abschreibung				degressiv/lineare Abschreibung		
8								
9	Jahr	Rate		Restwert		Rate	Restwert	
10	0			10000,00			10000	
11	1	1999,80		8000,20		1999,80	8000,20	
12	2	1599,84		6400,36		1599,84	6400,36	
13	3	1279,87		5120,49		1279,87	5120,49	
14	4	1023,90		4096,59		1023,90	4096,59	
15	5	819,12		3277,47		819,12	3277,47	
16	6	655,29		2622,18		655,29	2622,18	
17	7	524,24		2097,94		655,29	1966,88	
18	8	419,39		1678,55		655,29	1311,59	linear
19	9	335,51		1343,04		655,29	656,29	
20	10	268,41		1074,63		655,29	1,00	

Der Gewinn G einer Produktion ist die Differenz aus Erlös E und Gesamtkosten K, also: $G=E-K$.

Die Gesamtkosten setzen sich zusammen aus Materialkosten, Löhnen, Kapitalkosten (Zinsen, Abschreibungen), Steuern, usw. Die Gesamtkosten hängen von der Anzahl x der produzierten Objekte ab. Nimmt man ein *lineares Modell* an, so setzt man $K(x) = Ko+mx$.

Ko sind die Fixkosten, m sind die Proportionalkosten pro Objekt.

BEP und BEM

Am **Break-even-Point** (BEP) ist $G(x) = 0$. Der dazu gehörende x-Wert heißt *Break-even-Menge* (BEM).

Als Beispiel sei ein Betrieb gewählt, der Sessel herstellt zu einem Stückpreis von p = 600 DM. Die Fixkosten betragen pro Tag Ko = 800 DM. Die Proportionalkosten pro Stück belaufen sich auf 400 DM.

Das brauchen Sie :

1. Die Eingaben: Ko, p und m
2. $K(x) = Ko + mx$ (Gesamtkosten)
3. $E(x) = px$ (Erlös beim Stückpreis p)
4. $S(x) = Ko/x + m$ (Stückkosten: $K(x)/x$)
5. $Xo = Ko/(p-m)$ (Break-even-Menge)

So wird's gemacht:

1. Füllen Sie mit **/BAH** (*Reihe berechnen*) die A-spalte von A5 bis A35 mit 0,1,...,35 (Spalten, Arithm., Inkr.: 1, Endwert: 30)
2. H3: 600 (p);   H4: 800 (Ko);   H6: 400 (m)
3. B5: =H\$4+H\$6*A5 (= K(x));   C5: =H\$3*A5 (=E(x))
   D5: =C5-B5;   die Zellen B5,C5,D5 bis B35,C35,D35 kopieren.
   (B5,C5,D5 markieren, **Strg+C**; bis Zeile 35 markieren, **Srg+V**.
   Einfacher: B5:D35 markieren, **Strg+U** betätigen.)
4. E6: =H\$4/A6+H\$6   (S(x) = Stückkosten)
5. H9: =H\$4/(H\$3-H\$6)   (Break-even-Menge)

Man sieht, daß die Break-even-Menge bei 4 Stück liegt. Bei einer geringeren Produktion arbeitet der Betrieb mit Verlusten. Bei x > 4 setzt der Gewinn ein. Er steigt linear mit der Stückzahl x an.

Lohnt sich eine neue Maschine?

Durch Einstellung eines neuen Mitarbeiters, bzw. durch Anschaffung einer weiteren Maschine hofft der Betrieb, rationeller zu arbeiten. Die Fixkosten steigen allerdings auf 1200 DM pro Tag an. Dagegen fallen die Proportionalkosten auf 350 DM pro Stück.

EXCEL rechnet Ihnen vor (WAS-WÄRE-WENN-Analyse), daß Sie dann täglich wenigstens 8 Sessel absetzen müßten, um einen höheren Gewinn zu erzielen als vorher. Die Break-even-Menge liegt hier bei 4,8 Stück.

Eine Gegenüberstellung des **Gesamtgewinns G** verdeutlicht dies im einzelnen:

Stückzahl x	Ko=800; m=400	Ko=1200;m=350
0	-800	-1200
1	-600	-950
2	-400	-700
3	-200	-450
4	0	-200
5	200	50
6	400	300
7	600	550
8	**800**	**800**
9	1000	1050
10	1200	1300

Der Gewinn hängt von den Fixkosten und von den Proportionalkosten pro Stück ab

	A	B	C	D	E	F	G	H
1								
2	**Break-even-Analyse**							
3							Stückpreis (p):	600
4	x		K(x)	E(x)	G(x)	S(x)	Fixkosten (Ko):	800
5	0		800	0	-800	#NV	Prop.-Kosten	
6	1		1200	600	-600	1200,00	pro Stück (m):	400
7	2		1600	1200	-400	800,00		
8	3		2000	1800	-200	666,67		
9	4		2400	2400	0	600,00	BEM:	4,0
10	5		2800	3000	200	560,00		
11	6		3200	3600	400	533,33	x=Stückzahl	
12	7		3600	4200	600	514,29	S(x)=Stückkosten	
13	8		4000	4800	800	500,00	p=Stückpreis	
14	9		4400	5400	1000	488,89	K(x)=Gesamtkosten	
15	10		4800	6000	1200	480,00	E(x)=Erlös	
16	11		5200	6600	1400	472,73	G(x)=Gewinn	
17	12		5600	7200	1600	466,67	BEP=Break-even-Punkt	
18	13		6000	7800	1800	461,54	BEM=Break-even-Menge	
19	14		6400	8400	2000	457,14		

Break-even-Analyse für einen Kleinbetrieb

Eine Grafik sagt mehr aus als eine Tabelle. Was liegt also näher, als eine grafische Veranschaulichung der vorigen Analyse zu entwerfen. Im ersten Graphen werden Erlös E(x) und Gesamtkosten K(x) gegen die Stückzahl x aufgetragen. Der zweite Graph stellt die Stückkosten S(x) in Funktion von x dar.

Das brauchen Sie :

1. Die Tabelle zur Break-even-Analyse aus 3.9

So wird's gemacht:

Der E-K-x-Graph

XY-Graph

Mit F11 erhalten Sie ein Diagramm

Markieren der X-Achsenwerte und der beiden Wertebereiche

Objekte lassen sich mit einem Klick der rechten Maustaste formatieren

1. Es soll eine 2D-XY-Grafik angelegt werden. Die Zellen A5:A15 enthalten die Information für die X-Achse.
B5:B15 liefert den ersten Wertebereich, C5:C15 den zweiten. Markieren Sie mit der Maus den Bereich A5:C15.
2. Mit **F11** erhalten Sie ein Diagrammblatt und den Diagramm-Assistenten. Wählen Sie im 2.Schritt ein *Punkt[XY]*-Diagramm. Im 3.Schritt klicken Sie *Variante 2* an. Im 4.Schritt markieren Sie *Spalten* und setzen das ober Zahlenfenster auf 1. Im unteren Fenster tragen Sie 0 ein. Schließlich setzen Sie im 5.Schritt *Legende* auf **Ja** und tragen einen Diagrammtitel sowie zwei Achsenbeschriftungen ein. *Ende.*
3. Um die richtigen Legendentexte einzutragen, klicken Sie mit der rechten Maustaste auf den zu *Reihe 1* gehörenden Graphen. Wählen Sie *Datenreihe formatieren/Name und Werte.* Als Name können Sie dann z.B. »Gesamtkosten K(x)« eintragen. Klicken Sie nun auf den Graphen zu *Reihe 2,* und tragen Sie den Namen »Erlös E(x)« ein.
Um passende Schriftgrößen wählen zu können, haben Sie nur mit der rechten Maustaste auf Titel bzw. Legenden zu klicken. Aktivieren Sie *Diagrammtitel formatieren* usw. Wenn Ihnen der Hintergrund nicht gefällt, so klicken Sie rechts auf den Hintergrund und wählen *Zeichnungsfläche formatieren.* Wenn Sie sich für *Ausfüllen: ohne* entscheiden, so erhält Ihr Diagramm kein Hintergrundmuster. (Mit einem Anklicken der Zeichenfläche erhalten Sie auch einen Eintrag, der Ihnen erlaubt, *Gitternetzlinien* zu zeichnen.) Mit Rechtsklick auf eine Achse holen Sie sich *Achsen*

formatieren/Skalierung, um die zu zeichnenden Intervalle manuell einzustellen.

Der S-p-x-Graph

4. Füllen Sie zunächst E5 mit =NV(), da dort kein Wert steht (Division durch Null). Um die p-Gerade zeichnen zu können, ist eine Werteserie mit dem p-Wert anzulegen; füllen Sie F5:F35 mit 600.

5. Verfahren Sie jetzt wie vorhin beim E-K-x-Graphen.
   X-Achse: A5:A35; 1.W.B.: E5:E35; 2.W.B.: F5:F35 (*Mehrfachmarkierung* mit Maus bei gedrückter **Strg**-Taste!)

Der E-K-x-Graph zeigt deutlich, daß der Break-even-Punkt identisch ist mit dem Schnittpunkt der beiden Geraden. Mit wachsendem Absatz steigt der Unterschied zwischen den y-Werten der beiden Geraden; das ist der Gewinn. Die Hyperbel der Stückkosten S nähert sich bei großem Absatz x dem Wert m, d.h. den auf das Stück bezogenen Proportionalkosten. Der Schnittpunkt zwischen der S-Kurve und der p-Geraden ist erneut der Break-even-Punkt.

p-Werte in die F-Spalte

Mit wachsendem Absatz steigt der Gewinn

Am BEP gilt: Stückkosten = Stückpreis

Der E-K-x-Graph

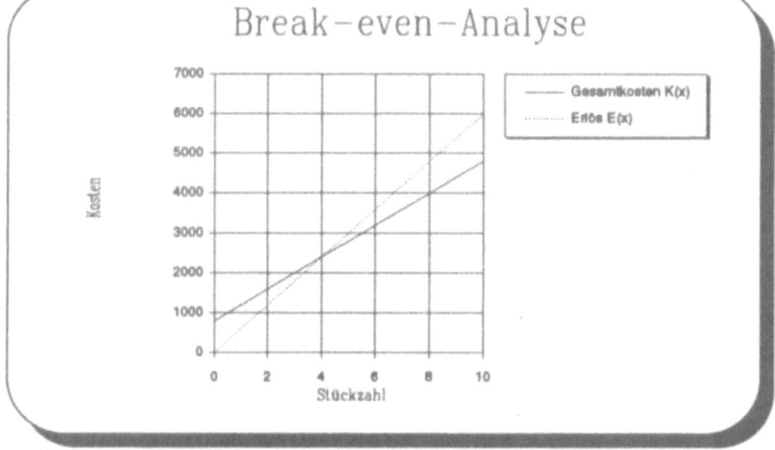

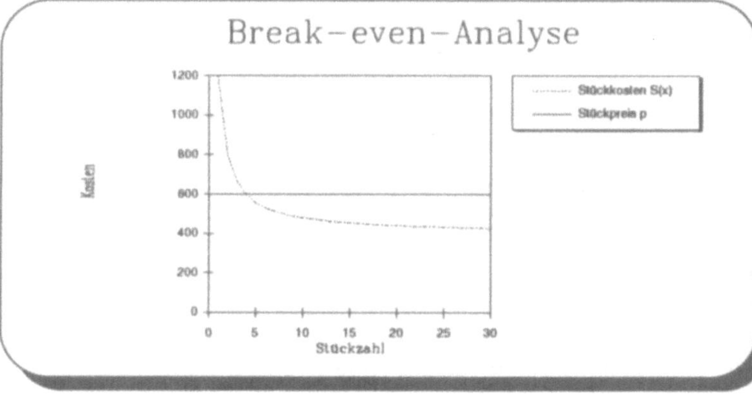

Die Stückkosten nähern sich asymptotisch dem m-Wert

In vielen praktischen Situationen steigt die Kostenkurve nicht linear, sondern progressiv. K ist häufig eine ganzrationale Funktion 2. oder 3. Grades. In diesen Fällen gibt es meist eine untere und eine obere Nutzengrenze mit einer Kostenkehre dazwischen. Bei der Kostenkehre haben die Stückkosten den kleinsten Wert.

Das Rezept betrachtet einen Betrieb, der Herrenmäntel zum Stückpreis von p = 110 DM liefert. Die Betriebsstatistik ergibt für die Kostenkurve folgende Funktion: $K(x) = 0,1x^3-2x^2+55x+200$

$\mathcal{D}as\ brauchen\ \mathcal{S}ie$:

1. Stückkostenfunktion: $S(x)=0,1x^2-2x+200/x+55$
2. Die Kostenkehre an der Stelle mit $S'(x)=0$, d.h. Schnittstelle von $K'(x)$ und $S(x)$. (Folgt aus der Ableitung von $S(x):=K(x)/x$.)
3. $K'(x)=0,3x^2-4x+55$
4. $K'(x)=p$ liefert die Stückzahl x_m, die maximalen Gewinn abwirft. $(G'(x)=E'(x)-K'(x)$ und $E'(x)=p)$

$\mathcal{S}o\ wird's\ gemacht:$

1. Entwerfen Sie eine Tabelle wie in 3.9. Folgende Unterschiede sind zu beachten:
   A4: x; B4:   K(x); C4: E(x); D4: G(x); E4: S(x);
   F4: K'(x);   G3: p=   In H3 steht der Wert von p, also 110.
2. A5:A45 von 0 bis 40 füllen (verwenden Sie **/BAH**);
3. B5: =0,1*A5^3-2*A5^2+55*A5+200
   C5: =A5*H$3;   D5: =C5-B5;   E5: =NV()
   F5: =0,3*A5^2-4*A5+55;   G5:G45 mit 110 füllen.
   E6: =0,1*A6^2-2*A6+200/A6+55; bis E45 kopieren.
4. Von B5:D5 bis B5:D45 markieren. Mit **Strg+U** kopieren. Oder: B5:D5 markieren, das Ausfüllkästchen von D5 bis D45 ziehen.

Es gibt zwei Break-even-Punkte. Sie werden erst später bestimmt

5. Die Nutzengrenzen ergeben sich als Schnittpunkte von K- und E-Kurve oder auch aus dem Schnitt der Preisgeraden mit der Parabel der Stückkosten. Im folgenden Rezept wird gezeigt, wie diese Schnittpunkte bestimmt werden können. Dort werden auch die Kostenkehre und die Stelle des maximalen Gewinns ermittelt.

Die Graphen

6. Markieren Sie die A, B und C-Spalte so wie im letzten Rezept. Den Graphen zeichnen Sie mit Hilfe von **F11**, vergl. 3.10.

Mit Hilfe von *Muster* können Sie das Aussehen der Grafik nach Belieben steuern.
Stellen Sie die Punktmarkierung auf *keine*, so haben Sie keine Grafik-Symbole. Die Linienart können Sie *Benutzerdefiniert* festlegen.

7. Klicken Sie die X-und die Y-Achse an (Rechtsklick), und skalieren Sie wie in der ersten Abbildung. Durchgezogene Rasterlinien erhalten Sie durch Rechtsklick aufs Diagramm mit der Wahl *Gitternetzlinien*.

8. In der zweiten Abbildung haben Sie 3 Wertebereiche: E5:E45, F5:F45 und G5:G45.

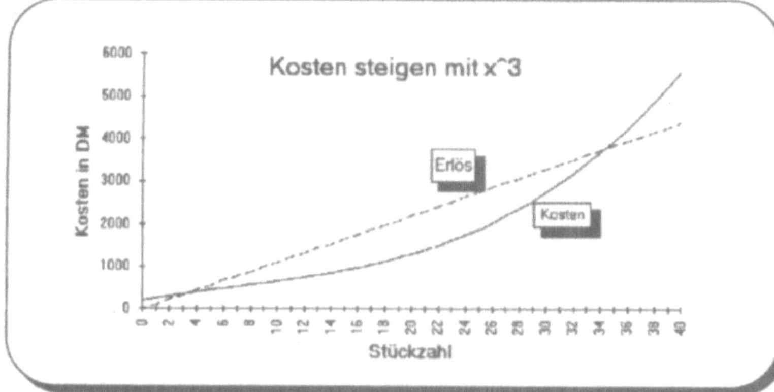

Das E-K-Diagramm mit den Nutzengrenzen als Schnittpunkten

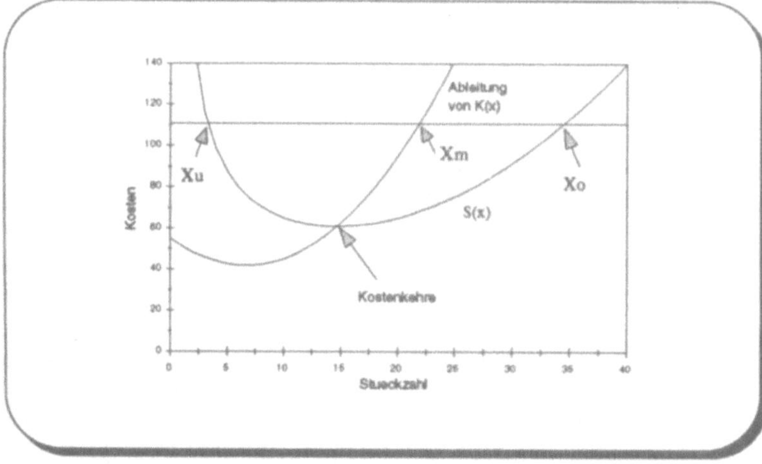

Die Kostenkehre ist das Minimum der S-Kurve. Sie liegt bei 14,6 Stück

Das vorige Rezept zeigte, daß es schwierig sein kann, bei nichtlinearer Kostenfunktion die Break-even-Punkte zu finden. Meist ist man mit einer zeichnerischen Bestimmung der Schnittpunkte der E-und K-Kurven zufrieden. Eine sehr viel genauere Lösung erhält man jedoch mit Hilfe der sogenannten NEWTONschen Näherungsmethode.

Das brauchen Sie :

1. Die Kostenfunktion: $K(x) = 0.1x^3 - 2x^2 + 55x + 200$
2. Die E-Funktion: $E(x) = px$
3. Den Stückpreis p; hier sei p = 110
4. Die Differenzfunktion D(x) := K(x)-E(x), also

$$D(x) = 0,1x^3 - 2x^2 - 55x + 200$$

So wird's gemacht:

1. Verwenden Sie das folgende Arbeitsblatt. (Eine genauere Erklärung zu seinem Aufbau finden Sie in Teil 4, Rezept 4.7 unter *Newtonscher Näherung*.)
   A7: =G\$2;   A8: =A7-B7/E7; bis A15 kopieren.
   In B7 steht die zu untersuchende Funktion, hier die D-Funktion:
   B7: =0,1*A7^3-2*A7^2-55*A7+200; bis B15 kopieren.
   C7: =A7+G\$3; bis C15 kopieren.
   Die D-Spalte wird mit einer bezugsangepaßten Kopie der B-Spalte gefüllt. Das erledigt ein *Makro*, das sich auch auf der Begleitdiskette befindet.
   E7: =(D7-B7)/\$G\$3; bis E15 kopieren.
   G7: =A15; hier erscheint das Ergebnis der Iteration.

Das Kopieren wird von einem Makro erledigt. Dies kann über einen Shortcut oder mit Hilfe einer Schaltfläche gestartet werden

2. Um jetzt ein Kopiermakro anzulegen, gehen Sie ins Menü *Extras* und wählen *Makro aufzeichnen/Aufzeichnen*. Tragen Sie einen Makronamen in das Dialogfeld ein. Stellen Sie fest, ob unter *Optionen* Visual-Basic oder MS Excel4 eingestellt ist! Oben rechts erscheint eine Schaltfläche, auf die Sie klicken, um das Makro zu stoppen.
   Führen Sie im Arbeitsblatt alle nötigen Aktionen aus. Wollen Sie das Makro mit **Strg+...** starten, so wählen Sie *Extras/Makro/Optionen*. Um das Makro mit Hilfe einer **Schaltfläche** zu starten, ist der Diagramm-Assistent mit einem Rechtsklick zu aktivieren. Wählen Sie *Symbolleisten/Dialog* aus. Klicken Sie auf das Symbol für *Befehlsschaltflächen*. Sie können anschließend an beliebi-

ger Stelle einen Rahmen aufziehen. Ist das geschehen, so erscheint das Dialogfeld *Zuweisen*. Hier tragen Sie den Makronamen ein, den Sie der Schaltfläche zuordnen wollen.

3. Mit G2: 0 ist das *Ergebnis* in G7: 3,305. (= 1. Break-even-Punkt.)
4. Geben Sie in G2 eine Koordinate in der Nähe des zweiten Schnittpunkts ein, z.B. 30.   *Ergebnis*: 34,32559.

Text einfach auf die Schaltfläche schreiben

Mit demselben Arbeitsblatt finden Sie ebenso leicht die *Kostenkehre* als Nullstelle der Differenzfunktion

$$D1 := K'(x) - S(x) = 0,2x^2 - 2x - 200/x$$

Sie haben in B7 nur den Term $0,2x^2 - 2x - 200/x$ einzutragen. Mit dem Startwert 10 in G2 erhalten Sie dann für die Kostenkehre den Wert 14,65571, oder sinnvoll gerundet: 14,7

Die *Stelle des maximalen Gewinns* finden Sie aus dem Schnitt von K'(x) und der p-Geraden. Setzen Sie demnach den Term $0,3x^2 - 4x - 55$ in B7 ein mit dem Startwert 10 in G2, so erhalten Sie 21,75898, also ca. 21,8 Stück als Stückzahl für den maximalen Gewinn.

	A	B	C	D	E	F	G
1							
2		Schnittpunkte der E-K-Kurven				Startwert:	30
3						h:	1,00E-07
4	Zuerst Formel in			Newton			
5	B7 einfügen						
6	x	f(x)	x+h	f(x+h)	f'(x)		
7	30	-650	3,00E+01	-649,999991	95,0000026	Ergebnis:	34,325592
8	35,7894735	254,03117	3,58E+01	254,031189	186,108027		
9	34,4245073	16,0235811	3,44E+01	16,0235974	162,815982		
10	34,326092	0,0805596	3,43E+01	0,08057592	161,179814		
11	34,3255922	2,0751E-06	3,43E+01	1,8192E-05	161,17152		
12	34,3255922	2,2737E-13	3,43E+01	1,6117E-05	161,171517		
13	34,3255922	2,2737E-13	3,43E+01	1,6117E-05	161,171517		
14	34,3255922	2,2737E-13	3,43E+01	1,6117E-05	161,171517		
15	34,3255922	2,2737E-13	3,43E+01	1,6117E-05	161,171517		
16							
17							

Newtonsche Näherung bei der Break-even-Analyse

	A	B
1	newton	Makro zum Newtonschen Näherungsverfahren
2	=AUSWÄHLEN("Z7S2")	Die Formel in B7
3	=KOPIEREN()	wird in die Zwischenablage gebracht
4	=AUSWÄHLEN("Z7S4")	und nach D7
5	=EINFÜGEN()	kopiert
6	=AUSWÄHLEN("Z7S2")	Nun wird die Formel in B7
7	=KOPIEREN()	bis
8	=AUSWÄHLEN("Z7S2:Z15S2")	B15 kopiert
9	=EINFÜGEN()	
10	=AUSWÄHLEN("Z7S4")	Jetzt wird die Formel in D7
11	=KOPIEREN()	bis
12	=AUSWÄHLEN("Z7S4:Z15S4")	D15 kopiert
13	=EINFÜGEN()	
14	=AUSWÄHLEN("Z1S1")	Zellzeiger wird nach A1 geschickt
15	=ABBRECHEN.KOPIEREN()	
16	=RÜCKSPRUNG()	

Kopiermakro für das Arbeitsblatt zur Newtonschen Näherung. Auf der Begleitdiskette steht auch das V-B-Makro

Sie zahlen am 4.2.1992 3450 DM auf Ihr Sparkonto ein. Dann am 18.3.92 nochmals 3100 usw. Natürlich möchten Sie wissen, auf welchen Betrag Ihr Sparkonto bei 5.5% Verzinsung bis zum 30.7.1992 (Stichtag) ansteigen wird.

Bei einer Verzinsung von mehreren Einzahlungen mit verschiedenen Laufzeiten -aber bei gleichem Zinssatz- spricht der Kaufmann von *summarischer Verzinsung.*

Dabei ist es üblich, nach einem festen Schema mit *Zinszahlen* zu rechnen.

Das brauchen Sie :

1. Die Tageszinsformel in der Gestalt $Z = \dfrac{K \cdot t}{100} : \dfrac{360}{p}$

   Der Dividend $\dfrac{K \cdot t}{100}$ heißt *Zinszahl,* der Divisor $\dfrac{360}{p}$ heißt *Zinsteiler.* Zinszahlen sind stets zu runden.

Jeder Monat wird mit 30 Tagen gezählt

2. Zur Berechnung der Laufzeit (Tage) steht Ihnen die Funktion   =TAGE360(*Anfangsdatum;Enddatum)*   zur Verfügung (das Jahr wird mit 360 Tagen gerechnet).

So wird's gemacht:

1. Das Arbeitsblatt sieht vor, daß Sie Beträge und Fälligkeitsdatum (Einzahlungsdatum) sowie Stichtag und Zinssatz eingeben. Laufzeit, Zinszahlen, Gesamtzinsen und Endkapital werden vom Programm berechnet. Das Arbeitsblatt sieht 8 Eintragungen (A3 bis B10) vor.

2. Zur Eingabe des Datums formatieren Sie zunächst B3:B10 mit dem Datumsformat *TT.MM.JJ* (B3 rechtsklicken, *Zellen formatieren/Zahlen/Datum.*)   Das Datum selbst geben Sie z.B. als 24.4.94 ein. Ins Arbeitsblatt wird es automatisch in der Form 24.04.1994 eingetragen.

Berechnung der Laufzeit in Tagen

3. In C3 tragen Sie bitte folgende Formel ein:

   =WENN(A3<>0;TAGE360(B3;$F$3);"")

Damit wird erreicht, daß nur dann eine Laufzeit in der C-Spalte eingetragen wird, falls sich auch in der A-Spalte ein Eintrag befindet.

Setzen Sie jetzt den Zellzeiger auf C3, und ziehen Sie das *Ausfüllkästchen* (Markierpunkt unten rechts) mit gedrückter Maustaste bis C10. Nach Loslassen der Taste haben Sie Ihre Zeitformel in alle Zellen des Bereichs C3:C10 kopiert.
Schnell kopieren Sie auch mit **Strg+U**. (Dies ist die Option *Ausfüllen/Unten* im Menü *Bearbeiten*.) Setzen Sie den Zellzeiger auf C3, markieren Sie bis C10, und drücken Sie die **Strg+U** - Tasten.

Schnelles Kopieren mit Strg+U und mit Ausfüllkästchen

4. D3: =WENN(A3<>0;RUNDEN(A3*C3/100;0);"")
     Bis D10 kopieren. (Zellzeiger auf D3, markieren bis D10, **Strg+U** drücken.)
5. A12: =SUMME(A3:A10);   D12: =SUMME(D3:D10)
6. G7: =D12*G3/360 (Gesamtzinsen)
7. G9: =A12+G7 (Gesamtkapital)

Die Summe der Zinszahlen wird durch den Zinsteiler dividiert

	A	B	C	D	E	F	G	H
1	Beträge	Fälligkeit	Tage	Zinszahlen		Stichtag	Zinssatz	
2								
3	3450,00	04.02.92	176	6072		30.07.1992	5,5	
4	3100,00	18.03.92	132	4092				
5	2800,00	24.04.92	96	2688				
6	1600,00	04.05.92	86	1376				
7	6400,00	12.06.92	48	3072		Ges.Zinsen:	264,31	
8		24.04.92						
9						Summe:	17614,31	DM
10								
11								
12	17350,00			17300				
13								
14								
15			Summarische Verzinsung					
16								
17			(Alle Monate werden mit 30 Tagen gerechnet)					
18								
19								

Summarische Verzinsung automatisiert

Die *Diskontrechnung* ist ein Spezialfall der summarischen Zinsrechnung für die Einzahlung von *Wechsel* [LAUDEL 90,S.304ff]

Sie übergeben Ihrer Bank zwecks Diskontierung einige Wechsel mit verschiedenen Fälligkeitstagen. Der Tag, an dem Sie die Wechsel einreichen, ist der *Diskonttag* (Stichtag). Die Zinszahlen heißen nun *Diskontzahlen*. Zu berechnen ist der *Barwert* der Wechsel (=Summe der Wechselbeträge - Diskont) am Stichtag, also dem Einreichungstag. Der Diskont entspricht dem Gesamtzins aus Rezept 3.13.

Zu beachten ist ferner, daß die Bank einen Mindestdiskont pro Wechsel verlangt, den sie abzieht, falls der Diskont für einen Wechsel unter dem Mindestdiskontwert liegt. Wir setzen einen Mindestdiskont von 8 DM an. Der Diskontsatz soll 5.5% betragen.

Das brauchen Sie :

Hier versteckt sich die Formel für die Tageszinsen

1. Das Rezept 3.13 mit den dortigen Erklärungen
2. Das neue Rezept muß die Mindestdiskontzahl ausgeben, falls diese größer sein sollte als die errechnete Diskontzahl. Die Mindestdiskontzahl berechnet sich nach

$$\frac{Mindestdiskont*360}{Diskontsatz}$$; die Diskontzahl berechnet man mit

$$\frac{Wechselsumme*Tage}{100}$$

So wird's gemacht:

Die alte Formel würde negative Tage ergeben

1. Stellen Sie das Gerüst des Arbeitsblattes der Abbildung entsprechend zusammen.
2. Tragen Sie Stichtag, Diskontsatz und Mindestdiskont (8DM) ein. Bei der Eingabe eines Datums müssen Sie die Spalte zuvor mit TT.MM.JJ formatieren (Rechtsklick: *Zellen formatieren/ Zahlen/ Datum)*.
3. Geben Sie die Beträge und die Fälligkeitstage ein.
4. In C3 werden die Zeitdifferenzen (Tage) berechnet. Da hier der Stichtag (Tag der Einreichung) immer vor den Fälligkeitstagen der Wechsel liegt, muß die Formel aus Rezept 3.13 folgendermaßen eingegeben werden:

```
=WENN(A3<>0;TAGE360($F$3;B3);"")
```

Diese Formel müssen Sie bis C10 kopieren; (z.B. Ausfüllkästchen in C3 bei gedrückter Maustaste bis C10 ziehen).

5. In D3 muß die Untersuchung aufgenommen werden, die feststellt, ob die Diskontzahl kleiner oder größer ist als der Mindestdiskont.

D3:
=WENN(A3<>0;WENN(UND(A3*C3/100<H$3*360/G$3; C3<>0);RUNDEN(H$3*360/G$3;0);RUNDEN(A3*C3/100; 0));"")
Dies muß bis D10 kopiert werden; (z.B. mit Ausfüllkästchen oder mit **Strg+U**, wobei vorher D3:D10 zu markieren wäre).

Ist der Diskont für einen Wechsel niedriger als der Mindest diskont?

6. Im Gegensatz zur summarischen Verzinsung muß der Diskontwert von der Summe der Beträge abgezogen werden:
G7: =D12*G3/360;   G9:   **=A12-G7**

Den Gesamtdiskont zahlen Sie an Ihre Bank

EXCEL hilft Ihnen bei der Wechsel- diskontierung.

	A	B	C	D	E	F	G	H
1	Beträge	Fälligkeit	Tage	Diskontzahlen		Stichtag	Diskontsatz	Min.Diskont
2								
3	5500,00	5.22	4	524		5.18	5,5	8
4	6780,00	6.15	27	1831				
5	8250,00	6.20	32	2640				
6	4500,00	7.8	50	2250				
7	9560,00	8.30	102	9751		Diskont:	259,66	
8								
9						Barwert:	34330,34	DM
10								
11								
12	34590,00			16996				
13								
14								
15			**Wechsel-Diskontierung**					
16								
17			(Alle Monate werden mit 30 Tagen gerechnet)					
18								
19								

Steht eine *Vorwärtsberechnung* an, also die Bestimmung eines Verkaufspreises, so sehnt sich der Kaufmann nach einem Tabellenkalkulationsprogramm, das ihm die mühsamen -und fehlerträchtigen- Berechnungen abnimmt. Hier haben Sie das Rezept, das Ihnen gewiß einen Stein vom Herzen rollt:

Das brauchen Sie :

1. Lieferantenbedingungen
2. Ihre Kosten, Ihre Gewinnvorstellung
3. Kundenskonto und Kundenrabatt
4. Formeln für Handelsspanne, Kalkulationszuschlag und Kalkulationsfaktor. Ich habe die folgenden Formeln verwendet [LAUDEL 90, S.376]:
   Rohgewinn (RG) := Barverkaufspreis - Bezugspreis
   *Handelsspanne = RG*100/Barverkaufspreis*
   *Kalkulationszuschlag = RG*100/Bezugspreis*
   Kalkulationsfaktor = Barverkaufspreis/Bezugspreis

Mit diesen Formeln wurden die Verkaufskennziffern berechnet

So wird's gemacht:

1. Wie immer gibt Ihnen die Abbildung ein Gerüst für Ihr eigenes Arbeitsblatt.
2. Sie haben die Daten für B9 bis B18 einzutragen (in der zweiten Abbildung sehen Sie ein Makro, das diese Prozedur vereinfacht).
3. Formeln stehen nur in E5 bis E19:
   E5:   =B9-B9*B10/100;   E6:   =E5-B11*E5/100
   E7:   =B12+E6;   E8:   =E7+B13*E7/100
   E10: =E8+B14*E8/100;   E11: =E10+B15*E10/(100-B15)
   E13: =E11+B16*E11/100-B16);
           bei E11 und E13 wurde *im* Hundert gerechnet!
   E14: =E13+B18*E13/100   (Bruttoverkaufspreis)
   E17: =(E10-E7)*100/E10   (Handelsspanne)
   E18: =(E10-E7)*100/E7   (Kalkulationszuschlag)
   E19: =E10/E7   (Kalkulationsfaktor)

Nur Summen, Differenzen und Prozente sind zu berechnen

4. **Makros**

Mit **/EMM** erhalten Sie eine Makrovorlage für ein Visual Basic-Makro. Das Makro soll achtmal ein Eingabe-Dialogfeld vorlegen.

Tippen Sie also einmal die beiden Zeilen

    Bereich("B9").Auswälen

    AktiveZelle.Z1S1Formel=Eingabefeld("Listeneinkaufspreis?";"";"")

ein, und kopieren Sie sie noch siebenmal. Sie haben dann nur noch die Einträge zu korrigieren. Anschließend mit *Extras/Makro/Optionen* ein Kürzel definieren. (Makro ist auf der Diskette.)

Mit **/EME** holen Sie sich eine Makrovorlage für ein MS Excel4-Makro. Tippen Sie das Makro ein (oder laden Sie es sich von der Begleitdiskette).

Das abgebildete Makro muß benannt werden, bevor es mit **Strg+e** aufgerufen werden kann.

Gehen Sie daher mit dem Zellzeiger in der Makrovorlage auf A1, drücken Sie **Strg+F3,** und beantworten Sie die Fragen in der Dialogbox (den Vorschlag *eingabe_e* können Sie mit OK übernehmen. *Befehl* muß angeklickt werden. Hinter *Taste: Strg+* geben Sie »e« als Tastennamen ein).

Ein Makro für die Eingabe der Daten

	A	B	C	D	E	F
1						
2	Vorwärtskalkulation					
3	Verkaufspreis			Berechnungen:		
4						
5				Zieleinkaufspreis	3784,00	
6				Bareinkaufspreis	3746,16	
7	Eingaben:			Bezugspreis	4066,16	
8				Selbstkostenpreis	4960,72	
9	Listeneinkaufspreis	4300,00				
10	Lieferrabatt %	12,00		Barverkaufspreis	6200,89	
11	Lieferskonto %	1,00		Zielverkaufspreis	6327,44	
12	Bezugskosten DM	320,00				
13	Selbstkosten %	22,00		Verkaufspreis (netto)	6877,66 DM	
14	Gewinn %	25,00		Verkaufspreis (brutto)	7909,30 DM	
15	Kundenskonto %	2,00				
16	Kundenrabatt %	6,00				
17				Handelsspanne	34,426	
18	Umsatzsteuer %	15		Kalkulationszuschlag	52,500	
19				Kalkulationsfaktor	1,625	

Klarer Überblick über Ihre Verkaufspreisgestaltung

	A	B	C
1	eingabe(e)	*Eingabemakro*	
2	=AUSWÄHLEN(B9)	*für 3.15*	
3	=FORMEL(EINGABE("Listeneinkaufspreis?";2))	*Start mit Strg+e*	
4	=AUSWÄHLEN(B10)		
5	=FORMEL(EINGABE("Lieferrabatt %?";2))		
6	=AUSWÄHLEN(B11)		
7	=FORMEL(EINGABE("Lieferskonto %?";2))		
8	=AUSWÄHLEN(B12)		
9	=FORMEL(EINGABE("Bezugskosten DM?";2))		
10	=AUSWÄHLEN(B13)		
11	=FORMEL(EINGABE("Selbstkosten %?";2))		
12	=AUSWÄHLEN(B14)		
13	=FORMEL(EINGABE("Gewinn %?";2))		
14	=AUSWÄHLEN(B15)		
15	=FORMEL(EINGABE("Kundenskonto %?";2))		
16	=AUSWÄHLEN(B16)		
17	=FORMEL(EINGABE("Kundenrabatt %?";2))		
18	=AUSWÄHLEN(A1)		
19	=RÜCKSPRUNG()		
20			

MS Excel4-Eingabe-Makro. Das Visual Basic-Makro ist wesentlich wortreicher. Beide Makros stehen auf der Begleitdiskette

Ihre Konkurrenten verkaufen den Staubsauger *Staubex* für 165 DM. Auch Sie möchten den Wundersauger in Ihrem Sortiment führen. Aber werden Sie ihn zu einem Preis einkaufen können, der Sie nicht ruiniert?

Ihr Problem ist klar: Sie kennen den Verkaufspreis und benötigen jemand, der Ihnen den zugehörigen Einkaufspreis errechnet. Kalkulatorisch liegt das Problem einer *Rückwärtskalkulation* vor.

Das brauchen Sie :

1. Das Arbeitsblatt 3.15 zur Vorwärtskalkulation
2. Die Lieferantenbedingungen
3. Ihre Kosten- und Gewinn-Vorstellungen
4. Die Umkehr der Formeln aus Rezept 3.15

So wird's gemacht:

1. Verwenden Sie das Arbeitsblatt aus Rezept 3.15 mit den folgenden Änderungen:
2. In B9 muß jetzt der Verkaufspreis stehen.
   In E13 wird der Listeneinkaufspreis berechnet. E14 (Bruttoverkaufspreis entfällt)
3. Die Formeln sind folgendermaßen einzutragen:

Alle Formeln aus Rezept 3.15 müssen -richtig- umgekehrt werden

E5:	=E6+E6*B11/(100-B11)	(Zieleinkaufspreis)
E6:	=E7-E12	(Bareinkaufspreis)
E7:	=E8-B13*E8/(100+B13)	(Bezugspreis)
E8:	=E10-E10*B14/(100+B14)	(Selbstkostenpreis)
E10:	=E11-B15*E11/100	(Barverkaufspreis)
E11:	=B9-B9*B16/100	(Zielverkaufspreis)
E13:	=E5+B10*E5/(100-B10)	(*Listeneinkaufspreis*)

E17, E18 und E19 werden nicht verändert

Es war jeweils zu entscheiden, ob **auf** Hundert, **vom** Hundert oder **im** Hundert zu rechnen war. Um hier keine Fehler zu machen, ist es empfehlenswert, einmal eine volle Durchrechnung mit Papier und Bleistift auszuführen. Die Formeln unter 3. sollten jedoch richtig sein.

Wie in 3.15 müssen Sie wieder alle Eingabedaten für B10:B18 zur Verfügung haben und eintragen.

Wenn Sie im Rahmen einer *Nachkalkulation* überprüfen wollen, ob sich Ihre Gewinnvorstellungen verwirklichen lassen, so führen Sie eine *Differenzkalkulation* durch. Mit ihrer Hilfe werden Sie dann genaue Auskunft über den wirklich erzielten Gewinn erhalten.
Sie gehen davon aus, daß Ihnen Listeneinkaufspreis und Verkaufspreis bekannt sind. Auch kennen Sie natürlich Skonto und Rabatt des Lieferanten, Bezugskosten, Selbstkosten, -und Sie wissen, welches Skonto und welchen Rabatt Sie Ihren Kunden einräumen wollen.

Das brauchen Sie:

1. Das Gerüst des Arbeitsblattes aus Rezept 3.15/3.16
2. Führen Sie, ausgehend vom Listeneinkaufspreis, eine *Vorwärts*-Rechnung bis zum Selbstkostenpreis durch.
3. Starten Sie beim Listenverkaufspreis, und rechnen Sie *rückwärts* bis zum Barverkaufspreis.
4. Gewinn = Barverkaufspreis - Selbstkostenpreis

So wird's gemacht:

1. Übernehmen Sie bitte das dargestellte Arbeitsblatt. Sie werden einen Gewinn von 12% errechnen, d.h. 5208,53 DM

	A	B	C	D	E
1					
2	**Differenzkalk**				
3	Gewinnberechnung				
4				Berechnungen:	
5					
6			vorwärts:	Zieleinkaufspreis	=B9-B9*B11/100
7	Eingaben:			Bareinkaufspreis	=E6-B12*E6/100
8				Bezugspreis	=E7+B13
9	Listeneinkaufspreis	42800		Selbstkostenpreis	=E8+E8*B14/100
10	Verkaufspreis	63438			
11	Lieferrabatt %	18	rückwärts:	Barverkaufspreis	=E12-B15*E12/100
12	Lieferskonto %	3		Zielverkaufspreis	=B10-B10*B16/100
13	Bezugskosten DM	1245			
14	Selbstkosten %	23		Gewinn in DM	=E11-E9
15	Kundenskonto %	3		Gewinn in %	=E14*100/E9
16	Kundenrabatt %	21			
17				Handelsspanne	=(E11-E8)*100/E11
18				Kalkulationszuschlag	=(E11-E8)*100/E8
19				Kalkulationsfaktor	=E11/E8
20					

Die Formeln im Arbeitsblatt werden sichtbar, wenn Sie mit /XO Ansicht/ Fenster auf Formelanzeige umschalten

Die Preisberechnungen der letzten Rezepte stützten sich auf die Auswertung der betrieblichen Kosten, wie sie in der *Kontenklasse 4* der Einzelhandelsbuchführung aufgelistet sind [KNORR-GÖNNER88,Teil2].

Das brauchen Sie :

1. Buchführung über Ihre Betriebskosten
2. Berechnung der Prozentanteile der einzelnen Kosten

So wird's gemacht:

1. Tragen Sie bitte die Daten der Abbildung gemäß ein. Damit die Bezeichnung der »Kuchen-Stücke« nicht zu groß wird, ist es nötig, die Namen für die Kostentitel abzukürzen. Z.B. habe ich anstatt *Steuern und Abgaben* nur *Steuern* geschrieben.
2. C17: =SUMME(C7:C15);
   D7: =C7*100/C$17; bis D17 kopieren (bei gedrückter **Strg**-Taste das Ausfüllkästchen in D7 bis D17 ziehen).
3. Die nötigen Schritte zur Anlage eines Kreisdiagramms sehen Sie bitte in Rezept 3.4 nach. Hier noch folgende Ergänzung: Wenn Sie die Größe der Grafik verändern möchten, so bringen Sie sie zunächst aufs Arbeitsblatt. Hier klicken Sie den Graphen an und ziehen mit der Maus so lange an den »Griffen«, bis die gewünschte Größe und Position erreicht ist.

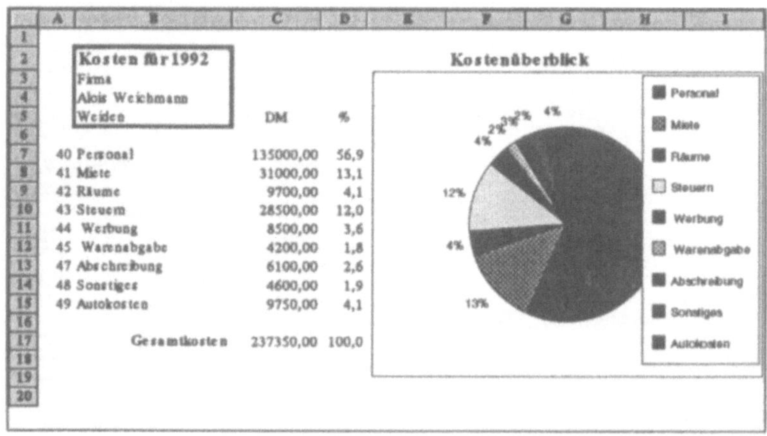

	A	B	C	D	E	F	G	H	I
1									
2		Kosten für 1992				Kostenüberblick			
3		Firma							
4		Alois Weichmann							
5		Weiden		DM	%				
6									
7		40 Personal	135000,00	56,9					
8		41 Miete	31000,00	13,1					
9		42 Räume	9700,00	4,1					
10		43 Steuern	28500,00	12,0					
11		44 Werbung	8500,00	3,6					
12		45 Warenabgabe	4200,00	1,8					
13		47 Abschreibung	6100,00	2,6					
14		48 Sonstiges	4600,00	1,9					
15		49 Autokosten	9750,00	4,1					
16									
17		Gesamtkosten	237350,00	100,0					
18									
19									
20									

Wenn Sie Zweifel hegen, ob Ihre Kostenansätze vernünftig sind, so vergleichen Sie sie mit den Kostenaufstellungen, die der Einzelhandelsverband für einen durchschnittlichen Betrieb Ihrer Branche vorliegen hat. In diesem Falle dürfte ein Säulendiagramm für einen klaren Vergleich sorgen.

Das brauchen Sie:

1. Ihre prozentualen Kostenanteile
2. Die prozentualen Kostenanteile des Einzelhandelsverbandes

So wird's gemacht:

1. Legen Sie bitte drei Spalten an: A, B und C. Achten Sie auf eine Freizeile zwischen je zwei Datenzeilen.
2. In Spalte A sind die Kostenarten einzutragen. In Spalte B stehen die Prozentwerte der Kosten, die der EHV (Einzelhandelsverband) vorschlägt. Daneben setzen Sie die Händlerkosten.
3. Markieren Sie A3:C15, und klicken Sie den Diagrammschalter in der Schalterleiste an. (Wenn Sie *Labels* haben wollen, so sind A2: C15 zu markieren.) Den Graphen mit der Maus aufziehen.
4. Im *Diagrammassistent* drücken Sie »weiter«. Wählen Sie *Säulendiagramm/Nr.6/ weiter.*
Sie können anschließend einen Diagrammtitel einsetzen und die Schriftart/größe aussuchen.

Nur wenn Sie 2 Linien wählen, passen die Bezeichnungen der Kostenarten auf die x-Achse

Sie müssen auch EHV und Händler markieren, wenn Sie diese als Labels haben wollen

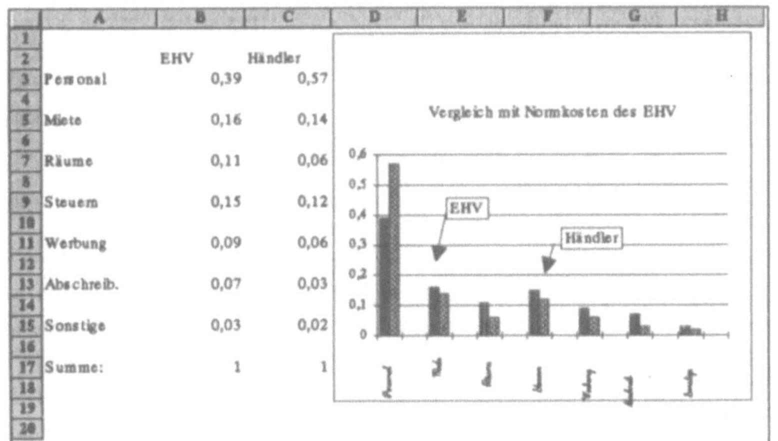

	A	B	C
2		EHV	Händler
3	Personal	0,39	0,57
5	Miete	0,16	0,14
7	Räume	0,11	0,06
9	Steuern	0,15	0,12
11	Werbung	0,09	0,06
13	Abschreib.	0,07	0,03
15	Sonstige	0,03	0,02
17	Summe:	1	1

Das kaufmännische Kontokorrentkonto (das »laufende« Konto) entspricht dem privaten Girokonto. Ihre Einzahlungen werden als *Haben* (H) verbucht; Auszahlungen werden Ihnen natürlich als *Soll*-Beträge mit einem S vermerkt. Ergeben sich nach der Saldierung Schulden (auch ein S), so müssen Sie Sollzinsen zahlen. Während sich die Sollzinsen (mit zur Zeit 14%) sehen lassen können, muten die Habenzinsen (z.Z. 0,5%) eher mickrig an. Die Bank stellt dem Kaufmann auch einen Überziehungskredit zur Verfügung. Wird dieser Kredit überschritten, so ist eine Überziehungsprovision (z.Z. 4%) fällig. Für den nicht beanspruchten Teil des Kredites verlangt Ihre Bank eine -verhandelbare- Kreditprovision.

Mit dem folgenden Rezept verfolgen Sie »komfortabel« alle Ihre Kontobewegungen, und zwar -im Prinzip- fehlerfrei.

Das brauchen Sie :

1. Die Funktion =TAGE360(*Anfangsdatum;Enddatum*)
2. Zinsberechnung mit Hilfe von *Zinszahlen*; vergleichen Sie bitte das Rezept *Die Summarische Verzinsung*.
   Die Abrechnung erfogt halbjährlich, also am 30.6. oder am 30.12.

So wird's gemacht:

1. Die Abbildung zeigt Ihnen den gewählten Formularaufbau [vergl. LAUDEL 90, S.345ff und BASSERMANN 91, S.383]. Eintragungen finden in den gerasterten Zeilen statt. S-Werte sollen keine Minuszeichen erhalten.

2. D7:　=WENN(A8<>"";TAGE360(A7;A8);""); kopieren nach D10; D13 usw.

   E7:　=WENN(UND(B7="S";D7<>"");RUNDEN (C7*D7/100;0);"");　　kopieren nach E10; E13 usw.

   F7:　=WENN(UND(B7="H";D7<>"");RUNDEN (C7*D7/100;0);"");　　kopieren nach F10; F13 usw.

   H7:　=WENN(UND(E7<>"";$F$30*D7/100<E7); E7-$F$30*D7/100;"");　　kopieren nach H10; H13 usw.

3. G10: =WENN(B7<>B8;C7-C8;C7+C8); kopieren nach G13; G16 usw. Die Einträge in Spalte G dienen dazu, die Minuszeichen bei negativen Werten zu vermeiden. Sie wurden mit weißer Farbe geschrieben, um sie unsichtbar zu machen. In der C-Spalte wird auf die unsichtbaren G-Werte zurückgegriffen.

4. C10: =WENN(A8<>"";WENN(G10<0;-G10;G10);"");
     kopieren nach C13; C16 usw.
5. In G29 bis G34 stehen Zinsteiler, also G29:   =360/F29
    G32: =360/F32;   G33:   =360/F33;   G34:   =360/F34
6. C29: =F27/G29;   H29:   =(F30*D27/100)+H27-E27
    C31: =WENN(B25="H";C25+C29;C25-C29); C32:   =E27/G32
    C33: =H29/G33;   C35:   =H27/G34
    C37:
    =WENN(B31="H";C31-SUMME(C32:C35);SUMME(C31:C35))

Die Eintragungen wurden in der Reihenfolge der Wertstellungen, nicht der Buchungen, sortiert.

	A — Wert	B — S/H	C — Betrag/DM	D — Tage	E — Soll#	F — Haben#	G	H — Überziehung
1				Kontokorrentrechnung				
4	Wert	S/H	Betrag/DM	Tage	Soll#	Haben#		Überziehung
7	30.12.1993	H	4.500,00	8		360		
8	06.01.1994	H	860,00					
10		H	5.360,00	34		1822		
11	12.02.1994	S	5.250,00					
13		H	110,00	36		40		
14	18.03.1994	S	3.000,00					
16		S	2.890,00	46	1329			
17	04.05.1994	S	870,00					
19		S	3.760,00	27	1015			205
20	01.06.1994	H	250,00					
22		S	3.510,00	24	842			122
23	25.06.1994	H	4.870,00					
25	30.06.1994	H	1.360,00	5		68		
27			Summen:	180	3186	2290		327
29		H	3,18	Habenzinsen:		0,5	720	2541
30				Überziehung:		3000		
31		H	1.363,18					
32		S	123,90	Sollzinsen:		14	25,71	
33		S	7,06	Kreditprovision:		1	360	
34		S	8,75	Überziehungsprov.:		4	90	
35		S	3,63	Auslagen:		8,75		
36				Abschlußtag:		30.06.1994		
37			Summe:	1.219,84				

Zu empfehlen wäre die Verwendung eines Eingabemakros. Ferner könnte man die Abrechnung über die Anzahl der H- bzw. S-Salden steuern. Dann brauchte man nicht im voraus wissen zu müssen, wie-viele Kontobewegungen vorliegen werden.

In Ihrem Sortiment fehlt ein aktuelles Produkt, z.B. eine moderne Badezimmerwaage. Sie haben vier Lieferanten, die qualitativ gleichwertige Waagen zu verschiedenen Bedingungen anbieten:
Lieferant A: 36 DM/Stck; Lieferant B: 40 DM/Stck usw., vergleichen Sie bitte die Abbildung.
Die Entscheidung für Lieferant A scheint sich aufzuzwingen. Vergessen Sie jedoch nicht, daß auch die Zahlungs- und Lieferbedingungen berücksichtigt werden müssen. Z.B. gewährt Lieferant A bei Abnahme von mindestens 30 Stück 15% Rabatt. Aber Sie haben pro Stück 4,80 DM Bezugskosten. Das Skonto beträgt 3%.
Welches sind nun die wirklichen Bezugspreise? In der ersten Abbildung werden die vier Angebote nebeneinander gestellt: Anbieter C ist am günstigsten. Die beiden folgenden Bilder zeigen die Bearbeitung des Angebotsvergleichs mit Hilfe des *Szenario Managers*.

Das brauchen Sie :

1. Angebotsdaten
2. Den *Szenario-Manager* aus dem Menü *Extras*

So wird's gemacht:

1. Übernehmen Sie die Angebotsdaten aus der Tabelle.
2. B8:   =B6*B7; B12: =B11*B6; B14: =B8-B8*B9/100
   B15: =B14-B14*B10/100;   B17: =B12+B15
   Die effektiven Bezugspreise stehen Ihnen nun zum Vergleich in Zeile 17 zur Verfügung.

Die Formeln der Spalte B benötigt auch der Szenario-Manager

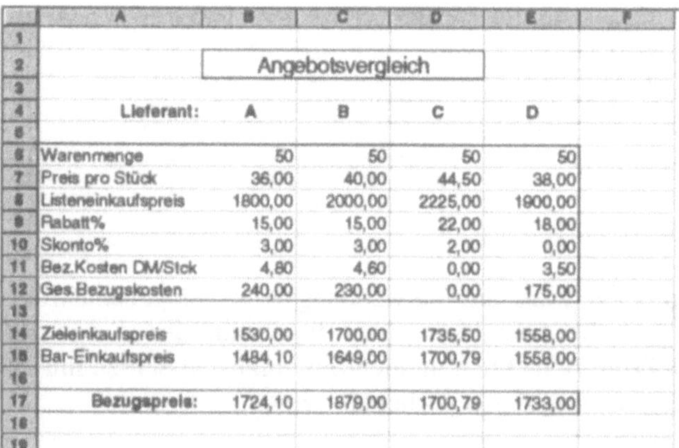

	A	B	C	D	E	F
1						
2		Angebotsvergleich				
3						
4	Lieferant:	A	B	C	D	
5						
6	Warenmenge	50	50	50	50	
7	Preis pro Stück	36,00	40,00	44,50	38,00	
8	Listeneinkaufspreis	1800,00	2000,00	2225,00	1900,00	
9	Rabatt%	15,00	15,00	22,00	18,00	
10	Skonto%	3,00	3,00	2,00	0,00	
11	Bez.Kosten DM/Stck	4,80	4,60	0,00	3,50	
12	Ges.Bezugskosten	240,00	230,00	0,00	175,00	
13						
14	Zieleinkaufspreis	1530,00	1700,00	1735,50	1558,00	
15	Bar-Einkaufspreis	1484,10	1649,00	1700,79	1558,00	
16						
17	Bezugspreis:	1724,10	1879,00	1700,79	1733,00	
18						
19						

Mehr als diese Tabelle kann Ihnen auch der *Szenario-Manager* nicht sagen. Bevor wir ihn laden, *Extras/Szenario-Manager...*, ist es ratsam, den Zellen einen Namen zu geben, mit **Strg+F3**, die später im *Übersichtsbericht* aufgeführt werden. Also: Preis_pro_Stück, *Zugeordnet zu:* =$B$7; Rabatt: =$B$9; Skonto: =$B$10; Bez.Kosten_DM_Stück: =$B$11. Die Namen der *Ergebniszellen* sind Bezugspreis: =$B$17 und Bar_Einkaufspreis: =$B$15.

Sie müssen dem Manager zuerst in Spalte B eine Musterspalte aufbauen

1. In der Dialogbox des *Szenario-Managers* tragen Sie zuerst -mit *Hinzufügen*- den Namen des 1.Lieferanten ein, dann durch Anklicken (mit gedrückter **Strg**-Taste) die *veränderbaren Zellen:* B7, B9, B10 und B11. *Hinzufügen.* Es folgt das Dialogfeld für die *Szenariowerte.* Die 4 vorgegebenen Einträge einfach übernehmen. *Hinzufügen.* Geben Sie weiter die Daten der übrigen Anbieter ein. Mit OK schließen Sie die letzte Eingabe ab.

Auf die Daten des letzten Szenarios folgt OK

2. Zurück im *Szenario-Manager* klicken Sie die Option *Bericht/ Übersichtsbericht* an. Die beiden Ergebniszellen sind B15 (Bar_Einkaufspreis) und B17 (Bezugspreis): $B$15;$B$17, OK.

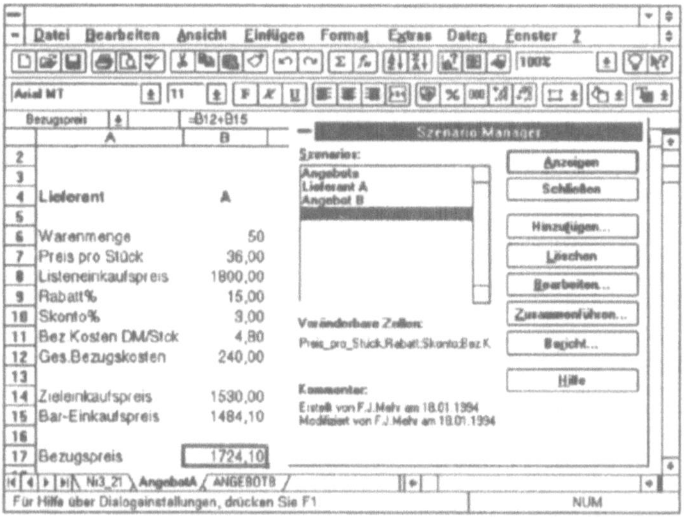

Der Szenario-Manager ist bei diesem einfachen Beispiel von geringem Nutzen

	A	B
2		
3		
4	Lieferant	A
5		
6	Warenmenge	50
7	Preis pro Stück	36,00
8	Listeneinkaufspreis	1800,00
9	Rabatt%	15,00
10	Skonto%	3,00
11	Bez.Kosten DM/Stck	4,80
12	Ges.Bezugskosten	240,00
13		
14	Zieleinkaufspreis	1530,00
15	Bar-Einkaufspreis	1484,10
16		
17	Bezugspreis	1724,10

Der sauber gestaltete Übersichtsbericht

	Lieferant A	B	C	D
Übersichtsbericht				
Veränderbare Zellen:				
Preis_pro_Stück	36,00	40,00	44,50	38,00
Rabatt	15,00	15,00	22,00	18,00
Skonto	3,00	3,00	2,00	0,00
Bez.Kosten_DM_Stck	4,80	4,60	0,00	3,50
Ergebniszellen:				
Bezugspreis	1724,10	1879,00	1700,79	1733,00
Bar_Einkaufspreis	1484,10	1649,00	1700,79	1558,00

Ein Betrieb führt i.a. monatlich eine *Erfolgsrechnung* durch, die sich auf den Deckungsbeitrag der Produkte stützt. (Deckungsbeitrag (DB) = Verkaufserlös-Variable Kosten.)
Es werden zwei Arbeitsblätter entwickelt, die zeigen werden, welch große Hilfe ein Tabellenkalkulationsprogramm bei den mühevollen Erfolgsrechnungen bietet.

Das brauchen Sie:

1. Produktions- und Verkaufsdaten der zu vergleichenden Produkte

So wird's gemacht:

1. Im folgenden Arbeitsblatt werden die Daten in den Zeilen 5, 8, 11 und 15 direkt eingetragen, die übrigen Werte werden berechnet.

Nur über den Deckungsbeitrag läßt sich entscheiden, ob ein Produkt aus der Produktion genommen werden soll

	A	B	C	D	E	F
1						
2		Produktgruppen				
3						
4		A	B	C		
5	Fertigungsmaterial	80000	68000	76000		
6	+12% MGK	9600	8160	9120		
7	Materialkosten	89600	76160	85120		
8	Fertigungslöhne	145000	70000	82000		
9	+125% FGK	181250	87500	102500		
10	Fertigungskosten	326250	157500	184500		
11	Herstellkosten	368000	185000	210000		
12	+25% VwGK u.VtrGK	92000	46250	52500		
13	Gemeinkosten	282850	141910	164120	Summe GK:	588880,00
14	Selbstkosten	460000	231250	262500		
15	Verkaufserlöse	650000	285000	250000	Fixkosten:	500548,00
16						
17	Betriebsergebnis	190000	53750	-12500	Gewinn:	231250,00
18						
19	variable Kosten	267428	159287	182618		
20	Deckungsbeiträge	382573	125714	67382		
21						
22	Gewinn ohne Produkt C:		7738,00			
23						

2. In Spalte A stehen folgende Formeln (sie werden einfach in die Spalten B und C kopiert):
B6: =B5*0,12;   B7: =B5+B6;   B9: =B8*1,25
B10: =B8+B9;   B12: =B11*0,25

B13:   =SUMME(B6;B9;B12);   B14: =B11+B12
B17:   =B15-B14;   B19: =B5+B8+B13*0,15
       (15% der Gemeinkosten sollen variabel sein);
B20:   =B15-B19;   C22: =B20+C20-F15;
F15:   =F13*0,85;   F17: =SUMME(B17:E17)

Erstaunlich ist, daß man die Produktion des Produktes C, obgleich es einen Verlust von DM 12500.- verursacht, nicht einstellen kann, da der Gewinn dann von DM 231250.- auf DM 7738.- zurückgehen würde. Diese gewaltige Differenz entsteht dadurch, daß das schwache Produkt C einen positiven Deckungsbeitrag beisteuert und sich damit an den fixen Kosten beteiligt. Fiele C weg, so müßten A und B die fixen Kosten alleine tragen, wodurch der Gewinn dann leider auf magere DM 7738.- schrumpfen würde!

Bei der folgenden Darstellung werden Plan- und Istwerte einander gegenübergestellt. Wir beschränken uns auf 2 Produkte:

	A	B	C	D	E	F	G	H	I	J
1										
2		Produkte (Werte in TDM)								
3										
4			A			B			Summe	
5		Plan	Ist	Diff. %	Plan	Ist	Diff.%	Plan	Ist	Diff%
6	Umsatzerlös	178	205	15,2%	145	138	-4,8%	323	343	6,2%
7	Materialkosten	56	58	-3,6%	47	32	31,9%	103	90	12,6%
8	Lohnkosten	32	31	3,1%	26	28	-7,7%	58	59	-1,7%
9	Fracht	18	19	-5,6%	10	15	-50,0%	28	34	-21,4%
10	Verpackung	1,8	2,7	-50,0%	1,2	1,5	-25,0%	3	4,2	-40,0%
11	variable Kosten	107,8	110,7	-2,7%	84,2	76,5	9,1%	192	187	2,5%
12	Deck.Beitrag I	70,2	94,3	34,3%	60,8	61,5	1,2%	131	156	18,9%
13	Lagerkosten	8	11	-37,5%	6,5	7	-7,7%	14,5	18	-24,1%
14	Fertigungskosten	23	28	-21,7%	20	23	-15,0%	43	51	-18,6%
15	bes. Fixkosten	31	39	-25,8%	26,5	30	-13,2%	57,5	69	-20,0%
16	Deck.Beitrag II	39,2	55,3	41,1%	34,3	31,5	-8,2%	73,5	86,8	18,1%
17	Leitung							12	13	-8,3%
18	allg. Verwaltung							30	35	-16,7%
19	allg. Fixkosten							42	48	-14,3%
20										
21	Betriebsergebnis							31,5	38,8	23,2%
22										

Betriebliche Erfolgsrechnung mit Vergleich von Soll-Vorgaben und Ist-Resultaten

Das Betriebsergebnis hängt stark von Nebenkosten ab. Führen Sie eine WAS-WÄRE-WENN- Analyse durch!

Die prozentualen Unterschiede wurden so berechnet, daß *günstige* Änderungen ein *positives* Vorzeichen erhielten. Ferner wurden zwei Deckungsbeiträge berücksichtigt: DB I = B6 - SUME(B7:B10); DB II = DB I - besondere Fixkosten (=B13+B14). Alle einzugebenden Daten sind grau unterlegt.

PARETO, ein italienischer Ökonom, behauptete, daß in gewissen Wirtschaftssystemen die Majorität des Besitztums bei einer Minorität von Besitzenden liegt. Dieses *Paretoprinzip* -auch ABC-Prinzip genannt- wird in vielen Bereichen der Wirtschaft dann eingesetzt, wenn es darum geht, einen schnellen Blick auf »Hauptursachen« zu werfen. Das können z.B. die Hauptfehlerquellen in der Produktion sein -oder aber auch die für den Einkauf wichtigsten Produkte, sogenannte ABC-Produkte. Es ist leicht einzusehen, daß eine derartige ABC-Analyse grundsätzlich in jedem Bereich eines Unternehmens eingesetzt werden kann: Materialwirtschaft, Produktionswirtschaft, Personalwesen, usw. Am Beispiel einer Materialbeschaffungsliste soll untersucht werden, auf welche Produkte das Hauptaugenmerk zu legen ist.

Das brauchen Sie:

1. Eine Liste der einzukaufenden Güter samt Mengen und Nettopreisen

So wird's gemacht:

1. Legen Sie ein Arbeitsblatt mit der gewünschten Struktur an, vergl. die erste Abbildung. Beachten Sie bitte, daß Sie zunächst *in beliebiger Reihenfolge* nur in die Spalten B, C und D einzutragen haben. Die restlichen Spalten werden später bearbeitet.
2. E6: =C6*D6; mit Ausfüllkästchen bis E13 kopieren; E16: =SUMME(E6:E13)
3. F- und H-Spalte in % formatieren, H-Spalte ohne Komma. F6: =E6/$E$16; bis E13 kopieren.
4. G6: =E6; G7:   =G6+E7; bis G13 kopieren.
5. H6: =F6; H7:   =H6+F7; bis H13 kopieren.
6. C6:F13 markieren; *Daten/Sortieren;* 1.Schlüssel: $E$6, Absteigend.
7. Nachdem die Daten jetzt sortiert sind, sollten Sie noch von A6:A13 die Rangnummern eintragen.

   Zu jeder ABC-Analyse sollte man einen Graphen (das *Paretodiagramm*) zeichnen:
8. Bei gedrückter Strg-Taste mit der Maus die Bereiche A6:A13 und H6:H13 markieren.

Tippen Sie das Symbol des Diagrammassistenten an, und wählen Sie *Liniendiagramm/Format 2. Datenreihe in Spalten/ Rubriken-/X-Achsenbeschriftung* anklicken.
Nachdem Sie zweimal auf das Diagramm geklickt haben, erscheint es in voller Größe. Tippen Sie das Pfeilsymbol an, und ziehen Sie die Endpunkte an die gewünschen Positionen.

Ergebnis: Die Produkte auf den Rangplätzen 1 und 2 decken ca. 74% des Beschaffungswertes ab; sie sollen A-Produkte heißen. Die Produkte auf den Rängen 3, 4 und 5, die ca. 20% Anteil am Beschaffungswert haben, sollen die B-Produkte sein. Der Rest ist C-Ware. (Sie oder Ihre Einkäufer sollten die C-Artikel nicht vernachlässigen. Es könnte sein, daß fehlende C-Artikel zum Herstellungsstop führen, falls diese für die Produktion unentbehrlich sind.)

	A	B	C	D	E	F	G	H
1								
2				ABC-Analyse				
3								
4	Rang-	Artikel-	Menge	Preis	Wert	Anteil	kumulierter	Anteil %
5	nummer	nummer				am Ges.Wer	Ges.Wert	kumuliert
6	1	2345	5000	24,00	120000,00	53,92%	120000,00	54%
7	2	233	375	120,00	45000,00	20,22%	165000,00	74%
8	3	1234	75	300,00	22500,00	10,11%	187500,00	84%
9	4	254	3750	3,00	11250,00	5,05%	198750,00	89%
10	5	1008	162	60,00	9720,00	4,37%	208470,00	94%
11	6	786	50	180,00	9000,00	4,04%	217470,00	98%
12	7	333	6	600,00	3600,00	1,62%	221070,00	99%
13	8	2256	12500	0,12	1500,00	0,67%	222570,00	100%
14								
15								
16				Gesamt:	222570,00			
17								

Die ABC-Analyse zeigt, daß zwei Produkte allein 74% des Einkaufswertes ausmachen

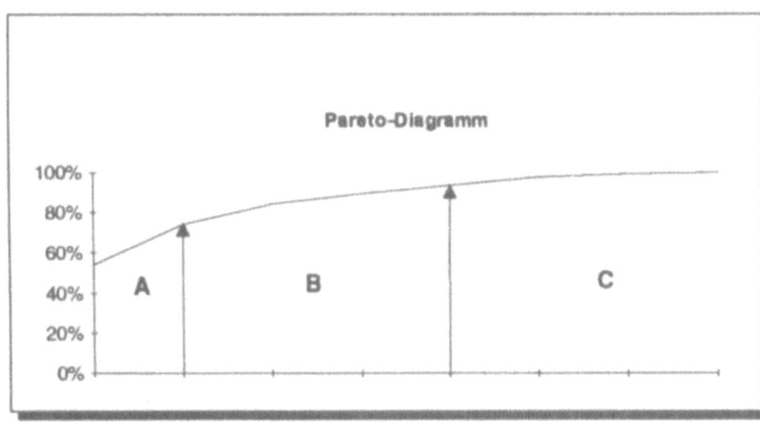

Das Paretodiagramm ist das Bild der ABC-Analyse.

(Im allgemeinen zeichnet man noch die Wertebalken hinzu)

Bestellkosten und Lagerhaltungskosten rivalisieren miteinander. Um die optimale Bestellmenge zu finden, hat man das Minimum der Summe aus Bestellkosten und Lagerhaltungskosten aufzuspüren. Dabei hängt dann alles von der Bestellhäufigkeit ab, denn die Bestellkosten sind zwar von der Bestellmenge (B) unabhängig (natürlich nicht so die Beschaffungskosten), hängen aber sehr wohl von der Anzahl der Bestellungen ab. *Die Bestellkosten steigen proportional mit der Bestellhäufigkeit.* (In der BWL wird die optimale Bestellmenge mit der klassischen Losgrößenformel berechnet:

$$B_{opt} = \sqrt{\frac{200 \cdot Jb \cdot kb}{p \cdot l}}.)$$

Suchen Sie die optimale Bestellmenge (*Bopt*) für einen Jahresbedarf (Jb) von 400 Stück, für einen Einstandspreis (p) von DM 8, bei Bestellkosten pro Bestellung (kb) von DM 7 und bei einem Lagerhaltungskostenfaktor (l) von 10%

Das brauchen Sie:

    1. Formel für die Lagerhaltungskosten: *Kl=l*B*p/2*
    2. Formel für die Bestellkosten: *Kbest=kb*Jb/B*

So wird's gemacht:

    1. Orientieren Sie sich an folgendem Arbeitsblatt:
    2. B8:   =G1; B9:   =B$8/A9;   bis B17 kopieren.
    3. C8:   =$G$3*B8;   bis C17 kopieren. Auch die folgenden Eintragungen jeweils -oder alle gemeinsam- bis Zeile 17 kopieren.
    4. D8:   =C8/2;   E8:   =G$2*G$1/B8;   F8:   =0,1*D8
          G8:   =E8+F8

    5. Ein Blick auf die Tabelle zeigt, daß man am besten 5 mal pro Jahr bestellt. Also mit einer optimalen Bestellmenge von 80 Stück pro Bestellung.

    6. Die klassische Losgrößenformel liefert als optimale Bestellmenge 83,7 -also 84 Stück. Offenbar eine befriedigende Übereinstimmung.
         (Beachten Sie, daß Sie in der Formel den Kostensatz der Lagerhaltung als l = 10 und nicht als l = 0,1 eingeben müssen.)

	A	B	C	D	E	F	G
1						Jb=	400,00
2			Die optimale Bestellmenge			kb=	7,00
3						p=	8,00
4	Bestell-	Bestell-	Bestell-	mittl. Lager-	Bestell-	Lager-	Gesamt-
5	häufigkeit	menge	wert	bestand	kosten	kosten	kosten
6	n	B	B*p	B*p/2	Kbest	Kl	Kbest+Kl
7							
8	1	400,0	3200,0	1600,0	7	160,00	167,00
9	2	200,0	1600,0	800,0	14	80,00	94,00
10	3	133,3	1066,7	533,3	21	53,33	74,33
11	4	100,0	800,0	400,0	28	40,00	68,00
12	5	80,0	640,0	320,0	35	32,00	67,00
13	6	66,7	533,3	266,7	42	26,67	68,67
14	7	57,1	457,1	228,6	49	22,86	71,86
15	8	50,0	400,0	200,0	56	20,00	76,00
16	9	44,4	355,6	177,8	63	17,78	80,78
17	10	40,0	320,0	160,0	70	16,00	86,00
18			Klassische Losgrößenformel:			83,7	
19							

Die optimale Bestellmenge ist laut Tabelle 80 Stück

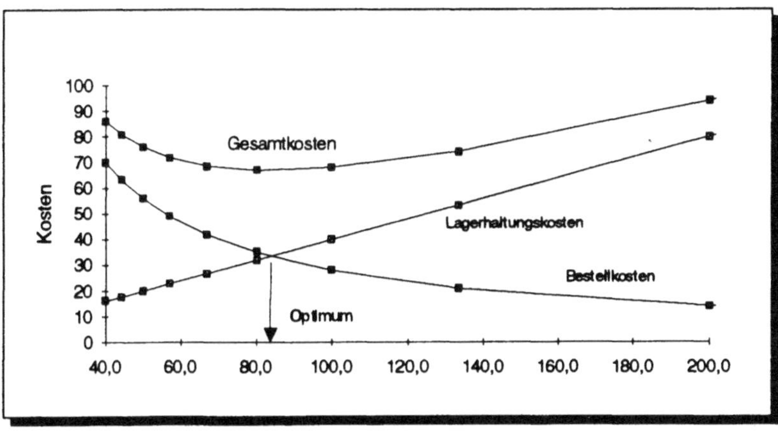

Die optimale Bestellmenge ergibt sich mathematisch aus dem Schnitt der Kurven von Bestell-und Lagerkosten zu 83,7 Stück

Anmerkung: a. Die sog. klassische Losgrößenformel folgt durch Nullsetzen der 1.Ableitung der Gesamtkostenfunktion nach der Bestellmenge B.

b. Da das Minimum der Gesamtkostenfunktion recht flach verläuft, ist die Festlegung der optimalen Bestellmenge nicht sehr kritisch, d.h. man hat einen *Bereich der angenäherten Optimalität*, in dem man sich ohne großen finanziellen Schaden bewegen kann.

Verfolgt man die Umsätze seines Betriebs im Ablauf der Zeit (Zeitreihenanalyse), so erkennt man häufig einen linearen *Trend*, der überlagert ist von einer *saisonalen Schwankung* (dieses Verhalten wird i.a. jedoch noch von konjunkturellen und zufälligen Störungen beeinflußt). Um eine Finanzplanung durchführen zu können, ist es wünschenswert, beide Einflüsse zu isolieren, um sie formelmäßig beherrschen zu können. EXCEL wird Ihnen dabei helfen.

Das brauchen Sie:

1. Meßwerte, die über einen hinreichend langen Zeitraum (ca. 3 Jahre) gewonnen wurden
2. Die Funktionen =ACHSENABSCHNITT und =STEI-GUNG, bzw. das Regressionsmodul aus den ANALYSIS TOOLS (*Optionen*)

So wird's gemacht:

1. Tragen Sie Ihre Umsätze in der C-Spalte ein. Die B-Spalte ent-hält die Quartale fortlaufend notiert. (Im ersten Quartal 1989 lag ein Umsatz von DM 230 000.- vor. Der letzte Meßwert von DM 331 000.- gehört zum 2. Quartal von 1993, d.h. zum 18. Quartal der fortlaufenden Nummerierung.)

2. Die Spalten D, E, F, G und H wurden von EXCEL gefüllt (dabei wurde die statistische Analyse in der Abbildung stark gekürzt). Wählen Sie *Optionen/Analysis Tools: Regression.*

    a. Input Y-Range: $C$5:$C$22
    b. Input X-Range: $B$5:$B$22
    c. Summary Output Range: $G$4
    d. Line Fit Plots: ankreuzen
    e. Residual Output Range: $D$4

3. EXCEL füllt die Spalten D, E, F, usw. und erzeugt einen Graphen. Ich habe die Tabelle mit *Autoformat* aus dem Menü *Format* auf-poliert und etwas zurechtgestutzt. Auch der Graph mußte bearbei-tet werden (mit *Muster* können Sie die Punkte untereinander ver-binden). Die Trendgerade hat die Gleichung:

$$y = 273,9 + 4,29x$$

Den Y-Abschnitt von 273,9 hätten Sie auch mit der Funktion
=ACHSENABSCHNITT(C5:C22;B5:B22) gefunden.
Die Funktion =STEIGUNG(C5:C22;B5:B22) würde Ihnen die
Steigung 4,29 berechnen.
Beide Funktionen finden Sie auch im Menü *Einfügen/Funktion/
Statistik.* Sie können sie dort aussuchen und sparen sich das
Schreiben.

	B	C	D	E	F	G	H
1							
2	Zeitreihe der Quartalsumsätze						
3							
4	Quartale	Werte/TDM	Observation	Predicted Y	Residuals	Regression Statistics	
5	1	230	1	278,2	-48,2		
6	2	285	2	282,5	2,5	Multiple R	0,31
7	3	259	3	286,8	-27,8	R Square	0,10
8	4	399	4	291,1	107,9	Adjusted R Square	0,04
9	5	245	5	295,4	-50,4	Standard Error	72,16
10	6	302	6	299,6	2,4	Observations	18,00
11	7	266	7	303,9	-37,9		
12	8	422	8	308,2	113,8		
13	9	253	9	312,5	-59,5		
14	10	312	10	316,8	-4,8		
15	11	285	11	321,1	-36,1		
16	12	454	12	325,4	128,6		
17	13	260	13	329,7	-69,7		
18	14	315	14	334,0	-19,0		Coefficients
19	15	298	15	338,3	-40,3		
20	16	475	16	342,6	132,4	Intercept	273,90
21	17	273	17	346,8	-73,8	x1	4,29
22	18	331	18	351,1	-20,1		
23							

In Spalte E finden Sie die von Excel vorhergesagten Umsätze. In F stehen die Abweichungen zu den beobachteten Umsätzen

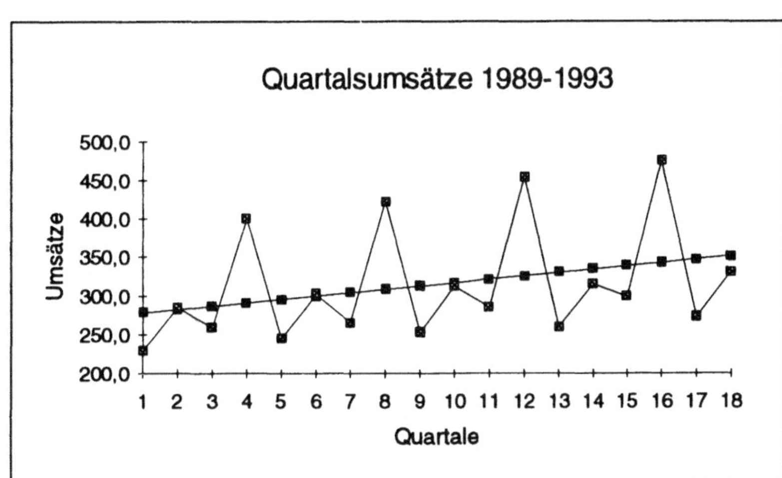

EXCEL *erkannte einen Trend in den Umsatzdaten. Die Trendgerade wurde automatisch eingetragen*

Nun bleibt noch zu zeigen, wie sich die sogenannten *saisonalen Schwankungen* aus dem Datenmaterial herausfiltern lassen. Wir behandeln die Werte, die sich aus der Trendgeraden ergeben, also die Trendwerte, als saisonal unbeeinflußte Vergleichswerte. Die Quotienten aus beobachteten Daten und Trendwerten sind ein Maß für die *saisonalen Schwankungen*.

Das folgende Arbeitsblatt stellt ursprüngliche Daten, Trendwerte und relative Abweichungen übersichtlich zusammen:

Der Qoutient aus beobachtetem Wert und Trendwert ist ein Maß für die saisonale Schwankung des Umsatzes

	A	B	C	D	E	F	G	H	I
1									
2			Saisonale Schwankungen						
3									
4	Jahr	Quartal	fortlaufde.	beob.	Trendwert	rel. Abweichungen			
5			Nummer	Wert		q1	q2	q3	q4
6									
7	1989	1	1	230	278	0,83			
8		2	2	285	282		1,01		
9		3	3	259	287			0,90	
10		4	4	399	291				1,37
11	1990	1	5	245	295	0,83			
12		2	6	302	300		1,01		
13		3	7	266	304			0,88	
14		4	8	422	308				1,37
15	1991	1	9	253	313	0,81			
16		2	10	312	317		0,98		
17		3	11	285	321			0,89	
18		4	12	454	325				1,40
19	1992	1	13	260	330	0,79			
20		2	14	315	334		0,94		
21		3	15	298	338			0,88	
22		4	16	475	343				1,38
23	1993	1	17	273	347	0,79			
24		2	18	331	351		0,94		
25									
26						m1	m2	m3	m4
27					Mittelwerte:	0,81	0,98	0,89	1,38

Den Quotienten q1(=rel. Abw.) bilden Sie folgendermaßen:

   a. F7: =D7/E7;　　　b. F7:F10 markieren

   c. das Ausfüllkästchen bis F24 ziehen; analog sollten Sie mit q2, q3, q4 verfahren.

Die Tatsache, daß die sich auf dasselbe Quartal beziehenden Quotienten in den einzelnen Jahren leicht schwanken, zeigt klar, daß eben keine reinen Saisoneinflüsse wirksam waren. Man müßte eventuell ein verfeinertes Modell verwenden, in dem auch die beiden vernachlässigten Einflüsse (Konjunktur und Zufall) noch zu Worte kommen könnten. Aber in unserem Falle würde sich der Mehraufwand kaum lohnen.

Mit Hilfe der mittleren rel. Abweichungen (=Saisonquartalszahlen m1,..,m4) von den nicht »saisonbelasteten« Trendwerten lassen sich nun *Prognosen* über den künftigen Umsatz wagen:

	A	B	C	D	E	F
1						
2						
3			Prognosen auf Umsätze			
4						
5						
6	Jahr	Quartal	fortlaufendes	Trendwert	Saisonzahlen	Prognose-
7			Quartal		m1,..,m2	wert
8	1993	3	19	355	0,89	316
9	1993	4	20	360	1,38	496
10	1994	1	21	364	0,81	295
11	1994	2	22	368	0,98	361
12	1994	3	23	373	0,89	332
13	1994	4	24	377	1,38	520
14						

Mit angemessener Voricht kann man die Umsätze vorhersagen

Die Prognosewerte sind das Produkt aus Trendwert und Sainsonzahl:

F8: =D8*E8 usw.

Dabei ist D8: =273,9+4,29*C8; bis D13 kopieren.

Es folgt noch der Graph der prognostizierten Umsätze:
a. Markieren Sie bei gedrückter **Strg**-Taste C8:C13 und F8:F13.
b. Tippen Sie auf das Grafiksymbol, und ziehen Sie mit der Maus einen kleinen Rahmen auf. Folgen Sie dem Diagramm-Assistenten.

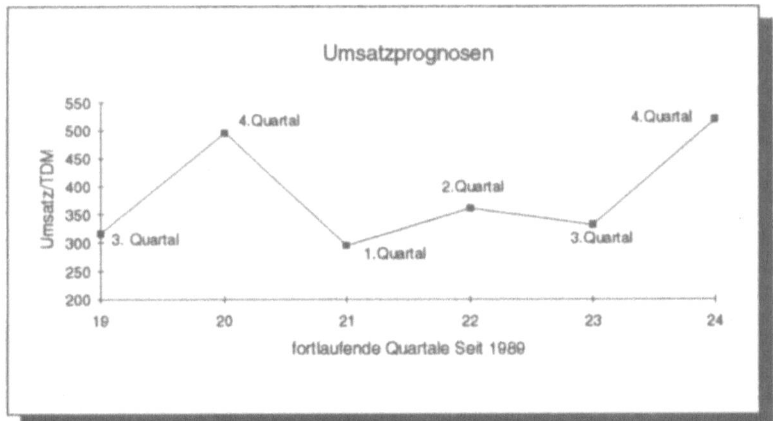

Mit diesen Umsätzen können Sie rechnen - falls nichts Ungewöhnliches passiert

Ein Handwerksbetrieb hat nicht nur Einnahmen. Mitarbeiter wollen entlöhnt werden. Aber Sie haben ja EXCEL -und daher keine Schwierigkeiten beim Schreiben und Gestalten einer ansprechenden *Lohnabrechnung*. Auch die Berechnung des *Preises einer Arbeitsstunde* können Sie EXCEL anvertrauen.

Das brauchen Sie:

1. Für jeden Mitarbeiter Arbeitszeit, tariflichen Grundlohn, Überstunden, Lohnsteuer und Sozialabzüge
2. Das Modul *AutoFormat* aus dem Menü *Format*

So wird's gemacht:

1. Entwerfen Sie zunächst ein einfaches Lohnabrechnungsformular, ohne besonders auf die Formgebung zu achten, etwa so:

	A	B	C	D	E	F	G
1							
2		Lohnabrechnung					
3							
4		Name:					
5		Zeit vom	01.09.1993 bis		30.09.1993		
6							
7		Lohn/Gehalt					
8							
9		176	Stunden	à DM	21,00	3696,00 DM	
10		12	Überstunden	à DM	21,00	252,00 DM	
11							
12		Überstundenzuschläge					
13		25%	100%				
14		8	4			126,00 DM	
15							
16				Bruttoverdienst		4074,00 DM	
17							
18		Abzüge:					
19							
20			Lohnsteuer	Klasse III1		315,00 DM	
21			Kirchensteuer			28,35 DM	
22			Krankenkasse			244,44 DM	
23			Rentenversicherung			366,66 DM	
24			Arbeitslosenversicherung			130,37 DM	
25							
26			Auszuzahlender Betrag			2989,18 DM	
27							

2. Die Berechnungen sind recht einfach, z.B.
   F14: =E10*B13*B14+E10*C13*C14
   F21: =F20*Kirchensteuersatz (9%); F22 bis F24 beziehen sich auf F16.
   F26: =F16-SUMME(F20:F24)

3. Markieren Sie das Formular, und wählen Sie *Format/AutoFormat/ Standard 3*. Sicherlich gefällt Ihnen das Aussehen des Formulars noch nicht ganz. Reduzieren Sie mit der Maus die Breite einiger Spalten, und ändern Sie die Überschriften ganz nach Geschmack.

<table>
<tr><td colspan="5">Lohnabrechnung</td></tr>
<tr><td colspan="5">Name: Degenhard.Emil</td></tr>
<tr><td colspan="5">Zeit vom   01.09.1993   bis 30.09.1993</td></tr>
<tr><td colspan="5">Lohn/Gehalt</td></tr>
<tr><td>176 Stunden</td><td>à DM</td><td>21,00</td><td>3696,00 DM</td></tr>
<tr><td>12 Überstunden</td><td>à DM</td><td>21,00</td><td>252,00 DM</td></tr>
<tr><td colspan="5">Überstundenzuschläge</td></tr>
<tr><td>25%</td><td>100%</td><td></td><td></td></tr>
<tr><td>8</td><td>4</td><td></td><td>126,00 DM</td></tr>
<tr><td></td><td></td><td>Bruttoverdienst:</td><td>4074,00 DM</td></tr>
<tr><td colspan="5">Abzüge:</td></tr>
<tr><td>Lohnsteuer</td><td>Klasse III1</td><td></td><td>315,00 DM</td></tr>
<tr><td>Kirchensteuer</td><td></td><td></td><td>28,35 DM</td></tr>
<tr><td>Krankenkasse</td><td></td><td></td><td>244,44 DM</td></tr>
<tr><td>Rentenversicherung</td><td></td><td></td><td>366,66 DM</td></tr>
<tr><td>Arbeitslosenversicherung</td><td></td><td></td><td>130,37 DM</td></tr>
<tr><td>Auszuzahlender Betrag</td><td></td><td></td><td>2989,18 DM</td></tr>
</table>

Mit Autoformatieren *gestaltete* Lohnabrechnung *(die Prozentsätze der Sozialversicherung wurden leicht gerundet)*

Um den *Preis einer Arbeitsstunde* zu kalkulieren, sind vor allem Ihre *Sozialkosten* zu berücksichtigen (Arbeitgeberanteil für Kranken-, Renten-, Arbeitslosenversicherung, Urlaubsgeld usw.). Ein Schätzwert ist etwa 70% vom Grundlohn. Ihre *allgemeinen Geschäftskosten* könnten Sie mit 50% v.G. veranschlagen. Ferner sollten Sie noch 30% v.G. für *Verwaltungskosten* ansetzen. Bei DM 21.- Grundlohn kommen Sie damit auf DM 52,50.-
Darauf noch 6% Gewinn, ergibt: DM 55,65.- für den kalkulierten Preis einer Arbeitsstunde. Vergessen Sie nicht die Fahrtkosten und..., -und 15% MwSt.!

Die Gemeinkosten eines Industriebetriebs werden aufgrund eines Verteilungsschlüssels den einzelnen Kostenstellen zugeordnet. Ein einstufiger BAB enthält nur die Hauptkostenstellen (Material, Fertigung, Verwaltung, Betrieb). Werden auch noch Hilfskostenstellen verwaltet, so spricht man von einem mehrstufigen BAB.
Der mehrstufige BAB unseres Rezeptes verwendet Daten aus dem neuen BASSERMANN, S. 296ff.

Das brauchen Sie:

1. Zahlen der Buchhaltung:

Fertigungsmaterial:	DM	200 000.-
Instandhaltung:	DM	40 000.-
Fertigungslöhne:	DM	250 000.-
Hilfslöhne:	DM	400 000.-
Gehälter:	DM	300 000.-
Sozialkosten:	DM	90 000.-
Abschreibungen:	DM	40 000.-
Raumkosten:	DM	30 000.-
Bürokosten:	DM	50 000.-
Steuern:	DM	80 000.-
Sonstige Kosten:	DM	20 000.-

In der Allgemeinen Kostenstelle *werden Kosten für Werksküche, Betriebsarzt, Kindergarten usw. geführt*

2. Verteilungsschlüssel:
Die 600 m^2 Gesamtfläche wurden nach den Verhältnissen 50:80:160:40:150:100:20 auf die Kostenstellen umgelegt. Bei den Kosten der *allgemeinen Kostenstelle* wurde der Schlüssel 48:72:48:10:54:42 verwendet. Die übrige Kostenverteilung geschah direkt anhand der Belege. (Indirekte, d.h. berechnete Umlagen wurden in der Abbildung grau unterlegt.)

So wird's gemacht:

1. Vergl. Sie bitte das abgebildete Arbeitsblatt. Neben den klassischen vier Kostenstellen (Material, Fertigung, Verwaltung und Betrieb) wurden noch eine *allgemeine Kostenstelle* (AK) und eine *Hilfskostenstelle für die Fertigung* (HKF) aufgenommen. Die *Fertigung* wurde außerdem unterteilt in FGK I und FGK II. Die AK-Gemeinkosten werden nach obigem Schlüssel auf die nachfolgenden Kostenstellen verteilt.

Die beiden Fertigungsstellen werden im Verhältnis 3:2 mit den
Gemeinkosten der HKF belastet (1. und 2. Umlage).

Betriebsabrechnungsbogen für 1994

#	B Kostenart	C Verteilungs-Schlüssel	D Zahlen der Buchhaltung	E Allgem. Kostenstelle	F Fertigungs-hilfsstelle	G Fertigungshauptstellen I	H Fertigungshauptstellen II	I Material-stelle	J Verwaltungs-stelle	K Vertriebs-stelle
4	Instandhaltung	Rechnungen	40.000,-	20.000,-	10.000,-	3.000,-	2.000,-		2.000,-	3.000,-
5	Hilfslöhne	Lohnliste	400.000,-	40.000,-	80.000,-	100.000,-	100.000,-	40.000,-		40.000,-
6	Gehälter	Gehaltsliste	300.000,-	60.000,-		30.000,-	30.000,-		120.000,-	60.000,-
7	Sozialkosten	Lohn-/Gehaltsliste	90.000,-	6.000,-	8.000,-	30.000,-	24.000,-	4.000,-	14.000,-	4.000,-
8	Abschreibungen	Restwerte	40.000,-	5.000,-	5.000,-	10.000,-	6.000,-	2.000,-	8.000,-	4.000,-
9	Raumkosten	Quadratmeter	30.000,-	2.500,-	4.000,-	8.000,-	2.000,-	7.500,-	5.000,-	1.000,-
10	Bürokosten	Rechnungen	50.000,-	2.000,-	6.000,-	4.000,-	3.000,-	10.000,-	20.000,-	5.000,-
11	Steuern	Bemess.grundlgn.	80.000,-			20.000,-	10.000,-	10.000,-	20.000,-	20.000,-
13		Summen:	1.030.000,-	135.500,-	113.000,-	205.000,-	177.000,-	73.500,-	189.000,-	137.000,-
14		Sonstige Kosten	20.000,-	1.500,-	3.000,-	5.000,-	3.000,-	1.500,-	4.000,-	2.000,-
16		Summe der Gemeinkosten:	1.050.000,-	137.000,-	116.000,-	210.000,-	180.000,-	75.000,-	193.000,-	139.000,-
17		1. Umlage:			24.000,-	36.000,-	24.000,-	6.000,-	27.000,-	21.000,-
18		Summe n.1 Uml.:			140.000,-	246.000,-	204.000,-	80.000,-	220.000,-	160.000,-
19		2. Umlage:				84.000,-	56.000,-			
20		Summe n.2 Uml.:				330.000,-	260.000,-	80.000,-	220.000,-	160.000,-
21						FGK I	FGK II	MGK	VwGK	Vtr.GK
22/23		Zuschlags-Grundlagen:								
23		Fertigungslöhne:				150.000,-	100.000,-			
24		Fertigungsmaterial:						200.000,-		
25		Herstellungskosten des Umsatzes:							1.100.000,-	1.100.000,-
27		Istzuschläge:				220%	280%	40%	20%	15%
28		Normalzuschlagssätze:				240%	250%	50%	15%	15%
29		Normalgemeinkosten:				360.000,-	250.000,-	100.000,-	165.000,-	165.000,-
30		Unterdeckung:					10.000,-		55.000,-	
31		Überdeckung:				30.000,-		20.000,-		5.000,-

Mehrstufiger BAP nach BASSERMANN

2. Die eingesetzten Formeln ersehen Sie aus der folgenden Tabelle:

E	F	G	H	I	J	K
20000	10000	3000	2000		2000	3000
40000	80000	100000	100000	40000		40000
60000		30000	30000		120000	60000
6000	8000	30000	24000	4000	14000	4000
5000	5000	10000	6000	2000	8000	4000
=$D$9*50/600	=$D$9*80/600	=$D$9*160/600	2000	=$D$9*150/600	=$D$9*100/600	=$D$9*20/600
2000	6000	4000	3000	10000	20000	5000
		20000	10000	10000	20000	20000
=SUMME(E4:E12)	=SUMME(F4:F12)	=SUMME(G4:G12)	=SUMME(H4:H12)	=SUMME(I4:I12)	=SUMME(J4:J12)	=SUMME(K4:K12)
1500	3000	5000	3000	1500	4000	2000
=E13+E14	=F13+F14	=G13+G14	=H13+H14	=I13+I14	=J13+J14	=K13+K14
	=$E$16*48/274	=$E$16*72/274	=$E$16*48/274	=$E$16*10/274	=$E$16*54/274	=$E$16*42/274
	=F16+F17	=G16+G17	=H16+H17	=I16+I17	=J16+J17	=K16+K17
		=G23*$F$18/($G$23+$H...	=H23*$F$18/($G$23+$H...			
		=G18+G19	=H18+H19	=I18+I19	=J18+J19	=K18+K19
		FGK I	FGK II	MGK	VwGK	Vtr.GK
		150000	100000			
				200000		
					=(I20+I24+G20+G23+H5	=J25
		=G20/G23	=H20/H23	=I20/I24	=J20/J25	=K20/K25
		2,4	2,5	0,5	0,15	0,15
		=G23*G28	=H23*H28	=I24*I28	=J25*J28	=J29

3. Zur Bestimmung der Unter-/Überdeckung wurden Fallunterschei-
dungen verwendet, z.B.:

        G30:   =WENN(G29>G20;"";G20-G29)
        G31:   =WENN(G29<G20;"";G29-G20)

Zur statistischen Alltagsarbeit eines Handelsunternehmens gehört der Umsatzvergleich der Filialen. Wir wollen dafür ein optisch besonders ansprechendes *3D-Formular* entwickeln.

Wir legen ein Unternehmen mit 5 Filialen zugrunde, und wollen annehmen, daß sich die Unternehmensleitung nicht nur für die einzelnen Quartalsumsätze und deren Summen interessiert, sondern auch für die prozentualen Änderungen der Gesamtumsätze in Bezug auf das jeweils vorhergehende Quartal. (In der folgenden Zusammenstellung haben wir noch weitere Kennwerte berechnet.)

Das brauchen Sie:

1. Die Umsätze der einzelnen Filialen
2. Die Funktionen SUMME, MITTELWERT, MIN, MAX

So wird's gemacht:

1. Legen Sie sich zunächst ein normales Diagramm ohne besondere Effekte an:

	B	C	D	E	F	G	H
1							
2	Filialabrechnung 1993						
3							
4			Quartale				
5	Filiale	I	II	III	IV	Summe	%
6	Köln	15600	11200	12300	22000	61100	19,0%
7	Bonn	8790	9450	10300	10200	38740	12,0%
8	Frankfurt	28500	23500	19400	12300	83700	26,0%
9	Stuttgart	17500	20500	23100	21600	82700	25,7%
10	München	9400	13200	15200	18200	56000	17,4%
11							
12	Gesamtumsatz:	79790	77850	80300	84300	322240	
13	Durchschnitt:	15958	15570	16060	16860	64448	
14	Maximum:	28500	23500	23100	22000	83700	
15	Minimum:	8790	9450	10300	10200	38740	
16							
17	Veränderungen						
18	absolut in DM		-1940	2450	4000		
19	relativ in %		-2,5%	3,1%	4,7%		

2. Nachdem Sie C6:F10 gefüllt haben, markieren Sie G6:G10 und tippen zweimal auf das Summensymbol. In G6 steht =SUMME (C6:F6), in G7:   =SUMME(C7:F7) usw. Sie erhalten die Jahresumsätze der einzelnen Filialen.
3. C12:G12 markieren und zweimal kurz auf das Summensymbol tippen. Es erscheinen die Gesamtumsätze pro Quartal.

4. Nun werden die prozentualen Anteile der Jahresumsätze der einzelnen Filialen am Gesamtumsatz des Unternehmens berechnet: H6: =G6/$G$12; bis H10 kopieren.

wählen Sie in H6:H10 Zahlenformat: 0,0%

5. C13: =MITTELWERT(C6:C10); C14: =MAX(C6:C10) C15: =MIN(C6:C10); C13:C15 markieren und durch Ziehen am Ausfüllkästchen bis G13:G15 kopieren.

6. Nun zu den 3D-Effekten:
   Ziehen Sie oben und links um den Bereich C6:F10 eine dicke schwarze Linie (Rechtsklick/*Rahmen*). Rechts und unten zeichnen Sie weiße Linien. Die Zeile 16 wurde oben mit einer feinen schwarzen Linie gerändert, unten mit einer weißen. Anschließend wurde die Zeilenbreite auf ca. 5 mm gebracht (den Kursor mit der Maus zwischen den 16. und 17. Zeilenkopf setzen und nach oben schieben). Wollen Sie eine kerbenartige Vertiefung erzeugen, so reduzieren Sie die Zeilenbreite weiter bis auf etwa 1mm. Der 3D-Effekt um »Quartale« wurde ähnlich erzeugt.

3D-Effekte

So erzeugt man Kerben

Filialabrechnung 1993

Filiale	Quartale				Summe	%
	I	II	III	IV		
Köln	12000	8400	14500	21000	55900	18,8%
Bonn	6750	7900	8900	9800	33350	11,2%
Frankfurt	21500	18700	17500	15000	72700	24,4%
Stuttgart	19800	21650	21400	23400	86250	29,0%
München	8900	12100	15000	13400	49400	16,6%
Gesamtumsatz:	68950	68750	77300	82600	297600	
Durchschnitt:	13790	13750	15460	16520	59520	
Maximum	21500	21650	21400	23400	86250	
Minimum	6750	7900	8900	9800	33350	
Veränderungen						
absolut in DM		-200	8550	5300		
relativ in %		-0,3%	11,1%	6,4%		

Die 3D-Wirkung ensteht durch einfaches Schwarz-weiß-Färben der Ränder

Sie können sich das Leben etwas vereinfachen, wenn Sie unter dem Menüpunkt *Format* die Option *AutoFormat...* anklicken. EXCEL bietet Ihnen eine Liste von 17 vorgefertigten Tabellenformatierungen, deren Wirkungen Sie in einem Monitor begutachten können. Für die eben entwickelte Tabelle hätten Sie *Tabellenformat: 3D-Effekt 1* wählen können. Sie können anschließend immer noch Veränderungen anbringen, z.B. als Schriftart HELV wählen, keinen Fettdruck, andere Farben usw.

Autoformatierung benutzen!

EXCEL eignet sich vorzüglich zur grafischen Darstellung von Zeitspannen mit Hilfe von Stapelbalkendiagrammen. Bekannt sind grafische Darstellungen von Schulferien in den einzelnen Bundesländern, einfache Projektübersichten oder -wie in diesem Rezept- ein Ferienschaubild in einem kleinen Betrieb. Jeder Mitarbeiter trägt seine Ferienwünsche in ein Urlaubsformular ein, und die EXCEL-Grafik liefert dem Chef eine Grundlage für seine Urlaubsentscheidungen.

Das brauchen Sie:

1. Eine Zusammenstellung der Urlaubswünsche (es wird vorausgesetzt, daß ein Mitarbeiter nur höchstens dreimal pro Jahr Ferien machen wird)

So wird's gemacht:

1. Das Arbeitsblatt hat im wesentlichen den Aufbau, den A.KRAUS[1] in einem EXCEL-Werkstatt-Beitrag geschildert hat.
2. Der Datums-Bereich B5:G15 wurde mit T.MMM formatiert. (Ein Datum wie den *12.Mai 1993* geben Sie dann einfach als 12-5 ein.)
3. Rechts neben der eigentlichen Urlaubsliste legen Sie eine neue Liste an, in der für jeden Mitarbeiter die Zeiten notiert werden, die er als Arbeiter bzw. als Urlauber verbringt. Diese Zeiten werden als horizontale, gestaffelte Balken dargestellt. (Z.B. arbeitet Herr Amman zunächst 3,97 Monate lang, bevor er 0,47 Monate Ferien nimmt. Er arbeitet danach wieder 4,03 Monate und nimmt anschließend nochmals 1,03 Monate Urlaub.)
Die Monate werden einheitlich mit 30 Tagen gezählt; Sonn-und Feiertage müssen bei der Urlaubsbilanz noch berücksichtigt werden.
4. Für die Rechnung mit 30-Tage-Monaten stellt EXCEL die Funktion =TAGE360(*Anfangsdatum;Enddatum*) bereit. Sie wird in K5: K15; M5:M15 und O5:O15 zur Berechnung von »Arbeitstagen« eingesetzt:
K5: =WENN(B5<>0;(TAGE360($K$1;B5)-1)/30+1;0). In K1 steht als Referenzdatum der 01.01.1993. In der K-Spalte werden die Tage vom 1.Januar 93 bis zum Beginn des ersten Urlaubs ermittelt. Es wurde eine »1« addiert, um das Diagramm mit dem

---

[1]   A.KRAUS: Urlaubsplaner wider Erwarten, DOS 6,150(1993)

Monat 1 beginnen zu lassen. In der L-Spalte wird die Dauer des ersten Urlaubs berechnet: L5:   =(C5-B5+1)/30.
In der M-Spalte werden wieder Arbeitstage ermittelt:
M5: =WENN(D5<>0;(TAGE360($K$1;D5)-1)/30+1-
       SUMME(K5:L5);0). Die O-Spalte errechnet die Tage
zwischen zweitem und dritten Urlaub:
O5: =WENN(F5<>0;(TAGE360($K$1;F5)-1)/30+1-
       SUMME(K5:N5);0)
In N5 stehen die Tage des zweiten Urlaubs:
N5: =WENN(E5<>0;(E5-D5+1)/30;0)
Die Dauer des dritten Urlaubs wird in P5 ausgerechnet:
P5: =WENN(G5<>0;(G5-F5+1)/30;0)
5. Alle Formeln müssen bis Zeile 15 kopiert werden.

	A	B	C	D	E	F	G
1	Urlaubsübersicht für 1993						
2							
3	Name	von	bis	von	bis	von	bis
4							
5	Ammann	01. Apr	14. Apr	16. Aug	15. Sep		
6	Caesar	01. Mai	16. Mai	03. Okt	16. Okt	06. Dez	15. Dez
7	John	01. Mär	08. Mär	29. Mai	20. Jun		
8	Kern	04. Jan	30. Jan			10. Dez	06. Jan
9	Kettenring	01. Mär	15. Mär			25. Dez	10. Jan
10	Klein			24. Jun	20. Jul		
11	Klostermann	01. Mai	17. Mai	19. Aug	05. Sep	01. Dez	15. Dez
12	Mehr	13. Apr	20. Apr	01. Jun	12. Jun		
13	Steinhäuser	29. Jan	25. Feb	08. Jul	20. Jul		
14	Virnau			01. Jul	15. Aug		
15	Wolfert	01. Jan	24. Jan			01. Dez	10. Dez
16							

Die Urlaubsliste ist die Grundlage für die grafische Übersicht.

Die Januartage in der G-Spalte mit 1994 eingeben!

J4:P15 markieren und Grafikwerkzeug anklicken. Mit der Maus einen kleinen Grafikrahmen aufziehen. Folgen Sie dem Diagrammassistenten, und wählen Sie *Balken*: Format 3. Mit Hilfe von *Balkengruppe formatieren* stellen Sie den Balkenabstand auf 20% ein.

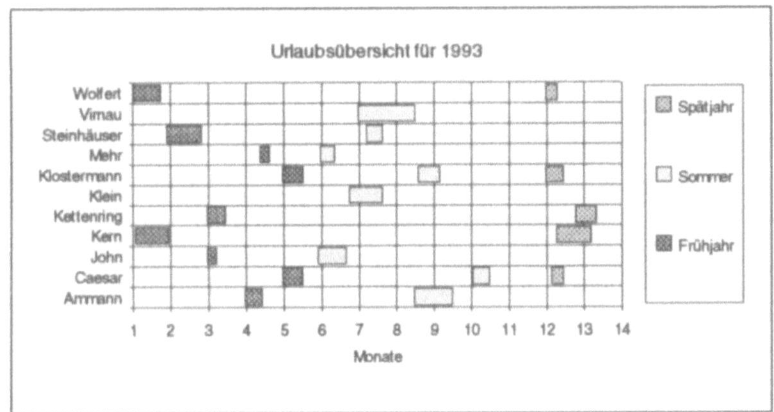

Die Balkenteile ohne Legendentext (die Arbeitsanteile) mit Hilfe von Muster *löschen:*Rahmenart *und* Flächen: *keine. Die Legendentexte stehen in L4, N4 und P4*

4 Ein wenig Mathematik

4.1   ggT und kgV

4.2   Ebene Dreiecke... zart angerichtet

4.3   Komplexe Zahlen 1

4.4   Komplexe Zahlen 2

4.5   Quadratische Gleichung

4.6   Kubische Gleichung

4.7   Newtonsche Näherung für Nullstellen

4.8   Die Regula falsi

4.9   Das Horner-Verfahren

4.10   Differenzieren mit WAS-WENN

4.11   Integral mit Trapezformel

4.12   Romberg-Integration

4.13   Die Simpsonsche Regel

4.14   Newton-Interpolation

4.15   Ein Dreieck in allen Lagen

4.16   Die Parabel gedreht und verschoben

4.17   Wie man Pfeile zeichnet

4.18   Die Summe von Vektoren

4.19   Vektoren grafisch aufbereitet

4.20   3D-Diagramme

4.21   Im Abfall ersticken nur Bakterien?

4.22   Lineares Optimieren

4.23   Optimale Fertigungsprogramme

4.24   Matrizen im betrieblichen Rechnungswesen

4.25   Gleichungen und Systeme von Gleichungen

In der Menge der gemeinsamen Teiler der beiden natürlichen Zahlen a und b gibt es einen größten Teiler, eben den *ggT*. (Der *ggT* zweier natürlicher Zahlen a und b ist die größte natürliche Zahl, durch die a und b ohne Rest teilbar sind.)

In der Menge der gemeinsamen Vielfachen dieser beiden Zahlen gibt es ein kleinstes Element: das *kgV*.

Unser jetziges Rezept ermittelt gleichzeitig den *ggT* und das *kgV*.

Das brauchen Sie :

ggT(a,b)

1. Die =REST(a;b)-Funktion
2. Den *Euklidischen Algorithmus* in der Divisionsform für den *ggT*:

$$n_0 = \max(|a|, |b|)$$

$$n_1 = \min(|a|, |b|)$$

$$n_k = n_{k-2} \bmod n_{k-}$$

$$k = 2,3,\ldots$$

3. Für das *kgV* wird a mit i=1,2,... solange multipliziert, wie das Produkt $i\,a$ nur mit Rest durch b teilbar ist. Ist $i\,a \bmod b = 0$, so ist $kgV = i\,a$.

kgV(a,b)

So wird's gemacht:

Der ggT

1. Legen Sie ein Arbeitsblatt so an, wie es die Abbildung zeigt.
2. A7: =MAX(ABS($E$1);ABS($E$2))
   B7: =MIN(ABS($E$1);ABS($E$2))
   C7: =WENN(UND(B7>0;B7<>"");REST(A7;B7);"")
   D7: =WENN(C7=0;B7;"")
   B5: =MAX(D7:D50)

Ein Trick zur Auffindung des Minimums

(Eigentlich würde man den *ggT* als *Minimum* in der A-oder B-Spalte suchen. Da die Formeln in A7,B7,C7 aber bis zur Zeile 50 kopiert werden, würde die MIN-Funktion fast immer 0 ergeben, da die Rechnung meist vor Erreichen der 50. Zeile abbricht. *Ausweg*: man sucht mit Hilfe der D-Spalte nach einer Null in der C-Spalte. Hat man sie entdeckt, so ist die Zahl links daneben der gesuchte *ggT*. Er ist dann das *Maximum* in der D-Spalte.)

3. A8: =WENN(B7>0;B7;"")
   B8: =WENN(C7>0;C7;"")
   C8: =WENN(UND(B8>0;B8<>"");REST(A8;B8);"")
4. D8: =WENN(C8=0;B8;"")
5. Kopieren Sie die Inhalte der Zellen A8:D8 bis Zeile 50 (A8:D8 markieren, Ausfüllkästchen in D8 bis D50 ziehen).

Das *kgV*

6. Die E-Spalte von E7 bis E140 mit den Zahlen von 1 bis 134 füllen: E7: 1; E8: =WENN(F7<>"";E7+1;"")
   F7:   =$E$1*E7
   F8:   =WENN(UND(G7<>0;G7<>"");$E$1*E8;"")
   G7:   =REST(F7;$E$2)
   G8:   =WENN(F8<>"";REST(F8;$E$2);"")

   Die WENN-Abfragen sorgen dafür, daß nicht zuviel geschrieben wird
7. E8:G8 bis Zeile 140 kopieren.
8. In F5 steht das *kgV* : =MAX(F7:F140)
9. Zur *Kontrolle* werden in H2 und H3 die Produkte *ab* und *ggT.kgV* miteinander verglichen. Theoretisch sollten beide immer gleich sein. Oft aber reicht es nicht, bis Zeile 140 zu rechnen, um das *kgV* zu finden. Der Vergleich von H2 mit H3 wird zeigen, ob die Rechnung abgeschlossen wurde. (Man hätte das *kgV* natürlich direkt mit Hilfe von $ggT(a,b) \cdot kgV(a,b) = a \cdot b$ finden können. Aber ich wollte einen Algorithmus einsetzen, der sich nur auf die Definition des *kgV* stützt.)

	A	B	C	D	E	F	G	H
1				a =	124		Kontrolle :	
2	ggT und kgV			b =	36		a*b=	4464
3							ggT*kgV=	4464
4								
5	ggT=	4			kgV=	1116		
6	Nk-2	Nk-1	Nk					
7	124	36	16		1	124	16	
8	36	16	4		2	248	32	
9	16	4	0	4	3	372	12	
10	4				4	496	28	
11					5	620	8	
12					6	744	24	
13					7	868	4	
14					8	992	20	
15					9	1116	0	
16					10			
17								
18								

Berechnung des ggT und des kgV

Die Berechnung ebener Dreiecke läßt sich auf fünf Grundtypen zurückführen- das sind fünf Blätter in einer Arbeitsmappe.
Sie erinnern sich gewiß (?) der magischen Kürzel *SSS, SWS, WSW, WSW* und des unangenehmen *SSW*, das oft zwei Lösungen -oder auch keine- hat. S steht für Seite, W für Winkel.
Ich habe für jedes der fünf Rezepte eine eigene Seite verwendet.
Gedacht ist dieses Rezeptbündel für Schüler, die Dreiecksmeister werden möchten. Für Lehrer ist es eine echte Aufgabenmaschine.

Das brauchen Sie :

1. Sinussatz und Kosinussatz. Den Satz über die Winkelsumme im Dreieck
2. Die Flächenformel

So wird's gemacht:

1. Im **SSS**-Blatt wurden die Seiten mit a,b,c benannt.
   (In den übrigen Blättern wurde meist die normale Zellbezeichnung verwendet. Vergl. die Begleitdiskette.)
   F9:   =ARCCOS((B^2+C^2-A^2)/(2*B*C))*180/PI(), vergl. die erste Abbildung.

Der Winkel in E10 ist Gegenwinkel zu Seite1

2. **SWS**: *zwei Seiten und der eingeschlossene Winkel.* In E9 steht:
   =WURZEL(B9^2+B10^2-2*B9*B10*COS(B11*PI()/180))
   E10: =ARCSIN(B9*SIN(B11*PI()/180)/E9)*180/PI()
   B9: Seite1, B10: Seite2 und B11 eingeschl. Winkel; E10:Seite3

In E10 wird die rechte Seite berechnet, in E11 die linke Seite

3. **WSW**: *eine Seite und die beiden anliegenden Winkel.*
   Seite in B9, linker Winkel in B10, rechter Winkel in B11
   Der dritte Winkel wird in E9 berechnet: =180-(B10+B11)
   E10: =B9*SIN(B10*PI()/180)/SIN(E9*PI()/180)
   E11: =B9*SIN(B11*PI()/180)/SIN(E9*PI()/180)

E11: Seite2 ist die eingeschlossene Seite; in E10 erscheint der 3.Winkel

4. **WS_W**: *eine Seite mit anliegendem Winkel und Gegenwinkel*
   B10: Seite1,   B11: An-Winkel, B12: Gegen-Winkel
   E11: =B10*SIN(E10*PI()/180)/SIN(B12*PI()I/180) (Seite2)
   E12: =B10*SIN(B11*PI()/180)/SIN(B12*PI()/180) (Seite3)

5. **SS_Wk**: *zwei Seiten und der Gegenwinkel der kleineren Seite*
   A16: =WENN(ABS(B$8*SIN(B$9*PI()/180)-B$7)<0,01; "es gibt genau eine Lösung";"") Umschreibung der Bedingung: *Höhe auf die Gegenseite = kleinere Seite*
   A19: =WENN(B$8*SIN(B$9*PI()/180)>B$7;"es gibt keine Lösung !!";"");   z.B.: b = 8 cm, c = 10 cm, Gamma = 60°

Die dritte Seite erscheint in E9

6. **SS_Wg**: *zwei Seiten und der Gegenwinkel der größeren Seite*
   Eingabe: B7: größere Seite; B8: kleinere Seite; B9: Winkel

Ausgabe: E7: Gegenwinkel zur kleineren Seite:
            =ARCSIN(B8*SIN(B9*PI()/180)/B7)*180/PI()
E9:   =B7*SIN(E8*PI()/180)/SIN(B9*PI()/180)

Die Flächen wurden   meist mit Hilfe des Sinus berechnet, z.B. $F = ac\sin(\beta)/2$. In SSS jedoch mit $F = \sqrt{s(s-a)(s-b)(s-c)}$, worin $s = (a+b+c)/2$ bedeutet.

Bei einem »Großprojekt« wie dem vorliegenden Dreiecksknacker erkennt man den Vorteil von Arbeitsmappen besonders deutlich. Man hat nur zu blättern!

	B	C	D	E	F	G	H	I
1								
2		Dreiecksberechnungen						
3								
4			Drei Seiten sind gegeben					
5								
6							verwendete	
7				Ergebnisse:			Sätze:	
8								
9	Bitte a eingeben:	4,82		Alpha =	33,80 Grad		Kosinussatz	
10	Bitte b eingeben:	8,38		Beta=	104,70 Grad		Kosinussatz	
11	Bitte c eingeben:	5,74		Gamma=	41,49 Grad		Winkelsumme	
12				s =	9,47 cm		(a+b+c)/2	
13				Flächeninhalt:	13,38 cm^2		F^2=s(s-a)*(s-b)*(s-c)	
14								
15	C9,C10,C11 wurden mit a,b,c			Umkreisradius:	4,33 cm		abc/(4F)	
16	bezeichnet. F12 heißt l			Inkreisradius:	1,41 cm		F/s	
17								
18								

Der Fall SSS: *Drei Seiten sind gegeben, drei Winkel werden gesucht*

	A	B	C	D	E	F	G
1	Gegeben sind zwei Seiten und der Gegenwinkel der kleineren Seite						
2				SS_Wk			
3							
4							verwendeter
5	Eingabe:			1.Lösung:			Satz:
6							
7	Bitte kleinere Seite:	6,4 cm		Gegenw. z. gr.Seite:	90,00 Grad		Sinussatz
8	Bitte größere Seite:	12,8 cm		Dritter Winkel	60,00 Grad		Winkelsumme
9	Den Winkel bitte:	30 Grad		Dritte Seite:	11,09 cm		Sinussatz
10				Flächeninhalt:	35,47 cm^2		a*c*sin(ß)/2
11				ρ=	1,17		
12	Zuerst die kleinere Seite			r=	6,40		
13	eingeben.						
14				2.Lösung:			
15							
16	es gibt genau eine Lösung			Gegenw. z. gr.Seite:	90,00 Grad		180°-ß
17				Dritter Winkel	60,00 Grad		180°-(Alpha+ß 1)
18				Dritte Seite:	11,09 cm		Sinussatz
19				Flächeninhalt:	35,47 cm^2		a*c*sin(ß 1)/2
20							

Zwei Seiten und der Gegenwinkel der kleineren Seite. Es gibt zwei Lösungen, eine oder keine

Nicht nur bei der Erzeugung der hübschen Mandelbrötchen und Feigenbäumchen (*Fraktale*) haben komplexe Zahlen die Hand im Spiel; sie treten bei technischen Anwendungen überall dort auf, wo das Rechnen mit Additionstheoremen zu umständlich wird, z.B. in der Wechselstromtechnik. Daß sie auch aus sich heraus ein Daseinsrecht haben, ist selbstverständlich. Wir werden sie z.B. bei der Lösung von quadratischen und kubischen Gleichungen wiederfinden.

Ich werde einige Rezepte zum Umgang mit komplexen Zahlen zusammenstellen. Dazu gehören u.a. Addition, Multiplikation und Division zweier komplexer Zahlen z1 = a+bi und z2 = c+di.

Das brauchen Sie :

1. Summe: z1+z2 = (a+c)+(b+d)i
2. Differenz: z1-z2 = (a-c)+(b-d)i
3. Produkt: z1*z2 = (ac-bd)+(ad+bc)i
4. Quotient: z1/z2 = x+yi mit:

$$x = \frac{ac+bd}{c^2+d^2} \; ; \; y = \frac{bc-ad}{c^2+d^2}$$

5. Für die trigonometrische Form $z = r(\cos \varphi + i \sin \varphi)$
   brauchen Sie $r = \sqrt{a^2 + b^2}$; $\varphi = \tan^{-1}(\frac{b}{a})$

So wird's gemacht:

1. Gestalten Sie ein Arbeitsblatt ähnlich wie in der Abbildung.
2. B6:   =WURZEL(A2^2+B2^2)
   B8:   =ARCTAN2(A2;B2);   D8:   =B8*180/PI()
3. B11: =A2+C2;   B13: =A2*C2-B2*D2
   B14: =(A2*C2+B2*D2)/(C2^2+D2^2)
   C14: =(B2*C2-A2*D2)/(C2^2+D2^2)

Das zweite Bild zeigt eine *Anwendung*: die Berechnung von Gesamtwiderstand und Phasenverschiebung bei einer Serienschaltung von Widerstand R, Kapazität C und Induktivität L.

Der gesamte Widerstand der Serienschaltung wurde mit der Formel $Z = \sqrt{R^2 + (\omega L - \frac{1}{\omega C})^2}$ berechnet. Der Phasenwinkel folgt aus der Beziehung $\tan \varphi = \dfrac{\omega L - \frac{1}{\omega C}}{R}$.

A4: =G2; B4: =G6*G3; C4: =1/(G6*G4) ; D4: =B4-C4
B7: =WURZEL(A4^2+D4^2); G6: =2*PI()*G5
B8: =ARCTAN2(A4;D4);
B9: =1/(2*PI()*WURZEL(G3*G4))

	A	B	C	D	E
1	a	b	c	d	
2	-0,5	-0,8660	-1	1	
3					
4	Komplexe Zahlen I:		z1=a+b*i		z2=c+d*i
5					
6	Betrag von z1:	1,0000			
7	Betrag von z2:	1,4142			
8	Phi 1	-2,0944	Rad=	-120,00	Grad
9	Phi 2	2,3562	Rad=	135,00	Grad
10					
11	Summe z1+z2:	-1,5000	0,1340	*i	
12	Differenz z1-z2:	0,5000	-1,8660	*i	
13	Multiplikation z1*z2:	1,3660	0,3660	*i	
14	Division z1/z2:	-0,1830	0,6830	*i	
15					

Arithmetik der komplexen Zahlen

	A	B	C	D	E	F	G
1				Z=R+(RL-RC)*i			
2						R=	150
3	R	RL	RC	(RL-RC)		L=	0,8
4	150	251,33	636,62	-385,29		C=	0,000005
5						f=	50
6						w=	314,16
7	|Z|=	413,46	Ohm				
8	Phi=	-1,1995352	Rad=		-68,73	Grad	
9	Resonanz:	79,58	Hertz				
10							
11							
12							
13			Serienschaltung von R,L,C				
14							
15							

Anwendung der komplexen Zahlen in der Elektrotechnik: ein R-C-L-Serienkreis

Mit dem vorigen Rezept kochten wir die elementare Arithmetik komplexer Zahlen. Dieses Mal ist die Rede von *Funktionen* komplexer Zahlen. Das sind z.B. die Potenzfunktion $f(z) = z^n$, die Exponentialfunktion $f(z) = e^z$, trigonometrische Funktionen und die allgemeine Potenzfunktion, bei der sowohl Basis als auch Exponent komplex sind. Für z schreiben wir: z = a+ib.

Das brauchen Sie :

1. $z^n = r^n(\cos n\varphi + i\sin n\varphi)$
2. $e^z = e^a(\cos b + i\sin b)$
3. $\ln z = \ln r + i\varphi;\ (-\pi < \varphi \le +\pi)$
4. $\sin z = \frac{1}{2}(e^b + e^{-b})\sin a + \frac{1}{2}(e^b - e^{-b})\cos a \cdot i$
5. $\cos z = \frac{1}{2}(e^b + e^{-b})\cos a - \frac{1}{2}(e^b - e^{-b})\sin a \cdot i$
6. $z^{z1} = h\cos k + h\sin k \cdot i$; mit z1=c+id und den Konstanten: $h = r^c e^{-d\varphi}$ und $k = d\ln r + c\varphi$

So wird's gemacht:

ln(z)

sin(z)

cos(z)

Die allgemeine Potenz z^z1

1. B6: =WURZEL(A2^2+B2^2); B7: =ARCTAN2(A2;B2)
   B9: =B6^C2*COS(C2*B7); C9: =B6^C2*SIN(C2*B7)
2. B10: =EXP(A2)*COS(B2); C10: =EXP(A2)*SIN(B2)
3. B11: =LN(B6); C11: =B7
4. B12: =0,5*(EXP(B2)+EXP(-B2))*SIN(A2)
   C12: =0,5*(EXP(B2)-EXP(-B2))*COS(A2)
5. B13: =0,5*(EXP(B2)+EXP(-B2))*COS(A2)
   C13: =-0,5*(EXP(B2)-EXP(-B2))*SIN(A2)
6. B14: =F5*COS(F4); C14: =F5*SIN(F4)
   mit: F4: =G2*LN(B6)+F2*B7
         F5: =B6^F2*EXP(-G2*B7)

Wenn Sie in der Potenzfunktion n =1/2 setzen, so wird die Quadratwurzel aus z berechnet. Mit 1/3, 1/4, 1/5... ergibt sich die 3., 4., 5. Wurzel...

Den Hauptwert von i^i können Sie mit der allgemeinen Potenzfunktion berechnen. Sie haben nur a = c = 0 und b = d = 1 zu setzen. Ergebnis: $i^i \approx 0,2079$; allgemein: $i^i = e^{-\pi/2 - 2i}$

	A	B	C	D	E	F	G
1	a	b	n			c	d
2	0	1	6		z1:	0	1
3							
4	Komplexe Zahlen II:		z=a+b*i		Hilfsgröße:	0	(:=h)
5						0,2078796	(:=k)
6	Betrag von z:	1,0000					
7	Phi	1,5708	Rad=		90,00 Grad		
8							
9	z^n:	-1,0000	0,0000	*i			
10	e^z:	0,5403	0,8415	*i			
11	ln(z):	0,0000	1,5708	*i			
12	sin(z):	0,0000	1,1752	*i			
13	cos(z):	1,5431	0,0000	*i			
14	z^z1:	0,2079	0,0000	*i			
15							

Berechnung einiger Funktionen komplexer Argumente

In den beiden letzten Rezepten benutzten wir zur Winkelberechnung die Funktion =ARCTAN2(x;y), und nicht etwa =ARCTAN(x). Das mußte so sein, wenn wir den *richtigen* Winkel erhalten wollten! Wieso? Nun, die ARCTAN-Funktion liefert nur Winkel im Bereich $[0; \pi]$. Da sich aber auch Winkel im Bereich $[-\pi; +\pi]$ ergeben können, benötigen wir eine Funktion, die auch diesen erweiterten Bereich umfaßt. Bei den meisten Spreadsheet-Programmen findet sich daher eine zweite Winkel-Berechnungs-Funktion, eben ARC-TAN2.

Den komplexen Zahlen z1=1+i1 und z2=-1-i1 wird von ARCTAN der Wert 0,785398 Rad (=45°) zugeordnet, obgleich zu z2 ein Winkel von -135° (=225°) gehört. Tatsächlich liefert ARCTAN2(-1;-1) richtig -2,35619 Rad, was eben einem Winkel von -135° entspricht.

Warum zwei Umkehrfunktionen für Tangens?

Die vier Arbeitsblätter zu den komplexen Zahlen befinden sich in einer Arbeitsmappe, die Sie auf der Begleitdiskette finden.

Arbeitsmappe der komplexen Zahlen

Quadratische Gleichungen werden entweder in der a-b-c-Form $ax^2 + bx + c = 0$ oder in der p-q-Form $x^2 + px + q = 0$ serviert. Ich schreibe das EXCEL-Rezept für die a-b-c-Form.

Das brauchen Sie :

1. $x_1, x_2 = \dfrac{-b \pm \sqrt{b^2 - 4ac}}{2a}$, darin wird $D := b^2 - 4ac$ als Diskriminante bezeichnet.

2. Ist D < 0, so lauten die Lösungen:

$$x_1, x_2 = \frac{-b}{2a} \pm i\frac{\sqrt{-D}}{2a}$$

So wird's gemacht:

1. Die Abbildung gibt Ihnen eine Vorlage für Ihr eigenes Arbeitsblatt.

   Um die Bezeichnungen der Variablen so beizubehalten, wie sie in den Formeln auftreten, fahren wir mit dem Zellzeiger auf D3 und geben dieser Zelle mit **Strg+F3** den Namen »a«. F3 wird b und H3 wird »c« genannt. Die Zelle A6 bezeichnen wir mit »d«. (Dem EXCEL4-Makro, vergl. folgende Seite, geben wir den Namen »q«.)

   Sie können die Werte für a,b,c natürlich direkt eingeben. Wenn Sie aber mit **Strg+q** das *Makro* aufrufen, so erhalten Sie für jede Variable ein Eingabe-Dialogfeld.

Mit benannten Zellen kann man besser arbeiten

2. A6: =B^2-4*A*C   (Diskriminante)
   E5: =WENN(D>0;(-B+WURZEL(D))/(2*A);-B/(2*A))
   F5: =WENN(D<0;"+i*";"")
   G5: =WENN(D<0;WURZEL(-D)/(2*A);"")
   E6: =WENN(D>0;(-B-WURZEL(D))/(2*A);-B/(2*A))
   F6: =WENN(D<0;"-i*";"")
   G6: =WENN(D<0;WURZEL(-D)/(2*A);"")

Legen Sie eine Arbeitsmappe an

Mit *Einfügen/Makro* verlangen Sie eine Makrovorlage. Füllen Sie sie so aus, wie auf der folgenden Seite angegeben. Zusammen mit dem Arbeitsblatt bleibt das Makro in einer Arbeitsmappe.

Mit **F12** (=*Speichern unter*) Speichern Sie die Mappe, z.B. unter
dem Namen »QUADRGL.XLW«

Das *Eingabe-Makro*: (Beachten Sie, daß Sie die mit **Strg+F3**
deklarierten Namen a, b, c, d direkt anwählen können!)

```
A1:    quadrgl(q)
A2:    =AUSWÄHLEN("a")
A3:    =FORMEL(EINGABE("a=?";1))
A4:    =AUSWÄHLEN("b")
A5:    =FORMEL(EINGABE("b=?";1))
A6:    =AUSWÄHLEN("c")
A7:    =FORMEL(EINGABE("c=?";1))
A8:    =AUSWÄHLEN(!A1)
A9:    =RÜCKSPRUNG()
```

*Das Eingabe-
makro für die
quadratische
Gleichung
liefert eine
Eingabe-
maske*

	A	B	C	D	E	F	G	H
1	Quadratische Gleichung: ax^2+bx+c=0							
2								
3			a=	8	b=	12	c=	10
4								
5	Diskriminante:			x1 =	-0,75	+i*	0,8291562	
6	-176			x2 =	-0,75	-i*	0,8291562	
7								
8								
9				Makro-Start mit Strg+q				
10								
11								
12								

*Quadratische
Gleichungen
werden kalt
serviert und
eventuell mit
einem Makro
garniert*

Das VISUAL BASIC-Makro kann folgendermaßen geschrieben
werden (*Einfügen/Makro/Visual Basic Modul*):

```
Sub Quadrgl_p()
    Bereich("D3").Auswählen'  anstelle von D3 hätte man auch den eingetragenen
                           Namen a nehmen können
    AktiveZelle.Z1S1Formel = EingabeDlg("a?"; "Eingaben(VB)"; "")
    Bereich("F3").Auswählen
    AktiveZelle.Z1S1Formel = EingabeDlg("b?"; "Eingaben(VB)"; "")
    Bereich("H3").Auswählen
    AktiveZelle.Z1S1Formel = EingabeDlg("c?"; "Eingaben(VB)"; "")
    Bereich("A1").Auswählen
Ende Sub
```

*Das VISUAL
BASIC- Ma-
kro wird mit
dem Kürzel
Strg+p
aufgerufen*

Das Rezept zur Lösung einer Gleichung dritten Grades

$$x^3 + ax^2 + bx + c = 0$$

erhielt GERONIMO CARDANO im Jahre 1539 von NICOLO TARTAGLIA. Von vielen wird die *Cardano-Formel* als größte mathematische Leistung der Neuzeit angesehen. Für den Fall eines negativen a scheint die Formel schon von SCIPIONE DEL FERRO (1465-1526) entdeckt worden zu sein.

Das brauchen Sie :

Hat eine algebraische Gleichung mit reellen Koeffizienten komplexe Wurzeln, so können diese nur konjugiert komplex sein

1. Diskriminante: $\Delta = (\frac{B}{2})^2 + (\frac{A}{3})^3$

   mit $\qquad A := b - a^2/3$

   und $\qquad B := c + 2a^3/27 - ab/3$

2. Bei *positiver* Diskriminante gibt es eine *reelle* und zwei konjugiert *komplexe* Lösungen:

$$x_1 = \alpha + \beta - a/3$$
$$x_{2.3} = -(\alpha + \beta)/2 - a/3 \pm i\sqrt{3}\,(\alpha - \beta)/2$$

   mit: $\quad \alpha = (-B/2 + \sqrt{\Delta}\,)^{1/3}; \ \beta = (-B/2 - \sqrt{\Delta}\,)^{1/3}$

3. Falls $\Delta \leq 0$ ist, so gibt es die folgenden drei *reellen* Lösungen:

$$x_1 = 2\sqrt{-A/3}\,\cos\varphi - a/3$$
$$x_2 = 2\sqrt{-A/3}\,\cos(\varphi + 120°) - a/3$$
$$x_3 = 2\sqrt{-A/3}\,\cos(\varphi + 240°) - a/3$$

   darin ist $\quad \varphi = \frac{1}{3}\arccos \dfrac{-B}{2\sqrt{-(A/3)^3}}$

   Vergl. [M.ABRAMOWITZ-I.A.STEGUN 64, p.17]

So wird 's gemacht:

1. Gestalten Sie Ihr Arbeitsblatt so wie es die Abbildung zeigt.
2. A11: =E6-D6^2/3; B11: =F6+2*D6^3/27-D6*E6/3

3. C11: =(B11/2)^2+(A11/3)^3

H1 und H2 sind Hilfsgrößen, mit denen sich die 3.Wurzeln auch bei negativen Radikanden berechnen lassen:

D11: =WENN(C11>0;-B11/2+WURZEL(C11);"")
E11: =WENN(C11>0;-B11/2-WURZEL(C11);"")
F11: =WENN(D11<0;(-1)*(-D11)^(1/3);WENN(D11<>"";
       D11^(1/3);""))
G11: =WENN(E11<0;(-1)*(-E11)^(1/3);WENN(E11<>"";
       E11^(1/3);""))

EXCEL berechnet keine 3.Wurzeln aus negativen Zahlen

4. H11: =WENN(C11<=0;ARCCOS((-B11)/
       (2*WURZEL(-A11^3/27)))/3;"")

5. E15: =WENN(C11>0;+F11+G11-D6/3;2*WURZEL(
       -A11/3)*COS(H11)-D6/3)
   F15 und G15 sind unbesetzt
   E16: =WENN(C11>0;-(F11+G11)/2-D6/3;2*WURZEL(
       -A11/3)*COS(H11+2*PI()/3)-D6/3)
   F16: =WENN(C11>0;"+i*";"")
   G16: =WENN(C11>0;WURZEL(3)*(F11-G11)/2;"")
   E17: =WENN(C11>0;-(F11+G11)/2-D6/3;2*WURZEL(
       -A11/3)*COS(H11+4*PI()/3)-D6/3)
   F17: =WENN(C11>0;"-i*";"");
   G17: =WENN(C11>0;WURZEL(3)*(F11-G11)/2;"")

Hier folgen die Lösungen x1, x2 und x3

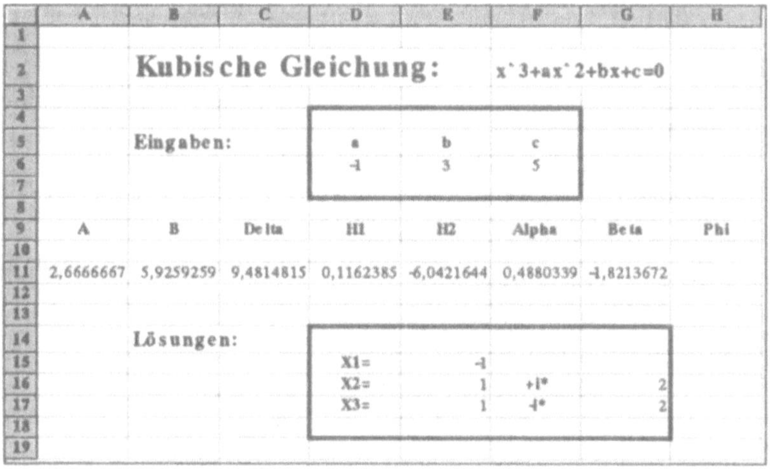

Die Mathematiker des Mittelalters konnten den casus irreducibilis nicht lösen; z.B.: a=0;b=-21; c=20

Unser Rezept liefert aber x1=4; x2=-5 und x3=1

Phi ist 0,713724

	A	B	C	D	E	F	G	H
2	Kubische Gleichung:				x^3+ax^2+bx+c=0			
5	Eingaben:			a	b	c		
6				-1	3	5		
9	A	B	Delta	H1	H2	Alpha	Beta	Phi
11	2,6666667	5,9259259	9,4814815	0,1162385	-6,0421644	0,4880339	-1,8213672	
14	Lösungen:							
15				X1=	-1			
16				X2=	1	+i*	2	
17				X3=	1	-i*	2	

Bei der Break-even-Analyse trafen wir auf das NEWTONsche Näherungsverfahren zur Bestimmung der Break-even-Punkte. Wenn Sie *die Nullstelle einer Funktion* suchen, so ist NEWTON meist die Adresse, unter der Sie Hilfe finden. Sie wählen einen vernünftigen Schätzwert, um die Methode in Gang zu setzen, -den Rest erledigt unser Rezept.

𝒟as brauchen 𝒮ie :

1. Ist x_n ein Näherungswert für die gesuchte Nullstelle der Funktion f, so berechnen Sie eine weitere Näherung x_{n+1} mit

$$x_{n+1} = x_n - \frac{f(x_n)}{f'(x_n)}$$

Die Ableitung $f'(x_n)$ wird im Arbeitsblatt numerisch berechnet mit Hilfe des Differenzenquotienten:

$$f'(x) \approx \frac{f(x+h)-f(x)}{h}$$

Die Ableitung wird in einem Aufwasch mit berechnet

Das Inkrement h wählt man hinreichend klein, z.B. h=1E-06, oder vielleicht besser: $h = 10^{-4} x_n$

𝒮o wird's gemacht:

1. Struktur und Text für das Arbeitsblatt entnehmen Sie am besten der Abbildung.
2. A7: =G$2
   B7: Hier ist der Funktionsterm einzutragen. Im Beispiel wurde **=x^3-2*x-5** gewählt (also: =A7^3-2*A7-5). Der Funktionsterm ist nur einmal einzugeben, den Rest erledigt ein Makro.
   Nullstelle: **2,09455148...** ; Startwert: 1.
   C7: =A7+G$3, bis C15 kopieren.
   D7: Das Makro kopiert hierhin den Funktionsterm. Sie haben an dieser Stelle also nichts einzutragen.
   E7: =(D7-B7)/G$3, bis E15 kopieren.
   G7: =A15 (Ergebnis nach maximal 8 Iterationen.)
3. A8: =A7-B7/E7 (neuer Näherungswert), bis A15 kopieren.

Den Funktionsterm in B7 eingeben

Die B-und die D-Spalte werden vom Makro bearbeitet

4. Das **Kopiermakro**, mit dem Sie die Rechnung starten, können Sie vom Makrorekorder aufzeichnen lassen. Es kopiert zuerst den Funktionsterm aus B7 bis B15. Anschließend wird der Term nach D7 kopiert. Schließlich muß der Inhalt von D7 bis D15 übertragen werden. Am einfachsten führen Sie den Ausfüllvorgang bei laufendem Rekorder mit Hilfe des *Ausfüllkästchens* durch. Wählen Sie *Extras/Makroaufzeichnen/Aufzeichnen*. Als Makroname können Sie z.B. ISAAC verwenden. Klicken Sie *Optionen* an, und setzen Sie *Shortcut Strg+i* ein. Bei *Sprache* können Sie sich für Visual Basic oder MS Excel 4.0 entscheiden. (Die Begleitdiskette enthält beide Makros.) Zum Schluß können Sie noch eine Schaltfläche anlegen: *Ansicht/Symbolleisten/Dialog*. Klicken Sie im Symbolmenu die Befehlsschaltfläche (oben rechts) an, und ziehen Sie im Hauptarbeitsblatt einen passenden Rahmen für die Schaltfläche auf. Beschriften Sie sie mit »Newton«. Bei *Makroname/Bezug* tragen Sie ISAAC ein. OK.

Das Makro nimmt Ihnen langweilige Kopierarbeit ab

Vergleichen Sie zum Makro auch Rezept 3.12

5. So führen Sie eine Rechnung (Iteration) durch:
   a. In B7 den Funktionsterm einschreiben, z.B. =SIN(X)-X^2 oder =x^2-2 (das würde Ihnen die Wurzel aus 2 berechnen).
   b. Setzen Sie einen Startwert in G2 ein.
   c. Starten Sie das Makro durch »Druck« auf den Makrobutton.
   d. Verändern Sie den Startwert, falls Sie keine Konvergenz erhalten. *Das Makro braucht nicht wieder gestartet zu werden!*

Mit 4 Schritten finden Sie die Nullstelle

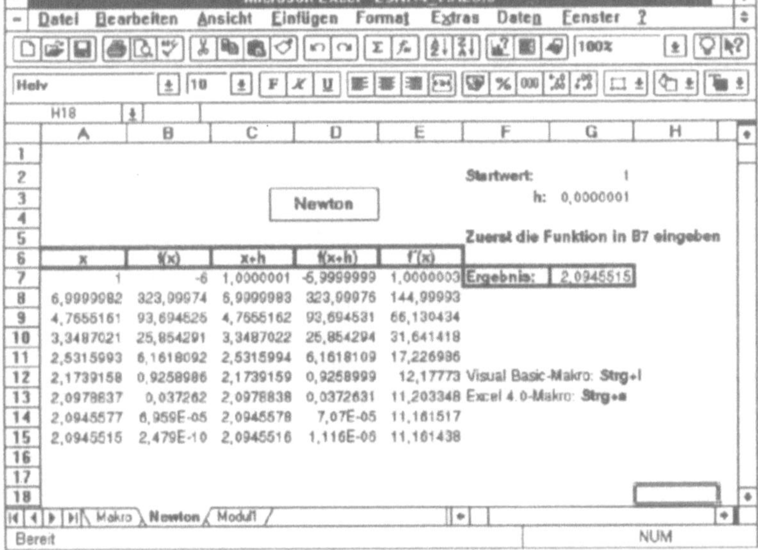

	x	f(x)	x+h	f(x+h)	f'(x)		
7	1	-6	1,0000001	-5,9999999	1,0000003	Ergebnis:	2,0945515
8	6,9999982	323,99974	6,9999983	323,99976	144,99993		
9	4,7655161	93,694525	4,7655162	93,694531	66,130434		
10	3,3487021	25,854291	3,3487022	25,854294	31,641418		
11	2,5315993	6,1618092	2,5315994	6,1618109	17,226986		
12	2,1739158	0,9258986	2,1739159	0,9258999	12,17773		
13	2,0978837	0,037262	2,0978838	0,0372631	11,203348		
14	2,0945577	6,959E-05	2,0945578	7,07E-05	11,161517		
15	2,0945515	2,479E-10	2,0945516	1,116E-06	11,161438		

Arbeitsblatt zur Newton-Näherung

Hier haben Sie eine weitere, uralte Methode zur Bestimmung der Nullstelle einer Funktion.

Im Gegensatz zur NEWTON-Methode braucht man jetzt *zwei Startwerte*, aber man hat bei jedem Iterationsschritt nur einmal einen Funktionswert zu berechnen. Man geht also von **zwei** *falschen* x-Werten, x_1 und x_2 , aus und berechnet sich mit Hilfe einer Iterationsformel eine Folge weiterer Werte x_3 ,x_4, ..., die sich i.a. der gesuchten Nullstelle schnell nähern. Die Startwerte müssen so gewählt werden, daß die gesuchte Nullstelle dazwischen liegt. Das kann man mit Hilfe einer Wertetabelle feststellen - oder noch besser durch Aufzeichnen des Graphen der Funktion (Grafikeditor von EXCEL verwenden!)

Das brauchen Sie :

1. Die Iterationsformel für die Regula falsi (Sekanten-Methode):

$$x_{n+2} = x_n - f(x_n)\frac{x_{n+1}-x_n}{f(x_{n+1})-f(x_n)}$$

2. Zwei Startwerte x_1 und x_2 mit $f(x_1)f(x_2)<0$
3. Ein Abbruchkriterium: Abbruch, wenn der Unterschied zweier aufeinanderfolgender Näherungen kleiner als eine Schranke h wird, z.B. kleiner als h = 1E-06
4. Ein Beispiel: $e^{-x} - \sin(\pi x/2) = 0$

So wird's gemacht:

1. Startwerte in F2 und G2; Abbruchschranke h in F3
2. A7: =F\$2 (=x_1);   C7: =G\$2
   B7: =WENN(A7="";"";EXP(-A7)-SIN(PI()*A7/2));   bis   B20 kopieren. Anschließend nach D7:D20 kopieren (*Makro* verwenden; vergl. die Arbeitsmappe auf der Begleitdiskette und Rezept 4.7 bzgl. Makrobutton).
   F7: =WENN(A7="";"";+C7-D7*(C7-A7)/(D7-B7)). Das ist der neue x-Wert; bis E20 kopieren.
3. A8: =WENN(ABS(A7-C7)>F\$3;+C7;""); bis A20 kopieren.
   C8: =WENN(A8="";"";+E7); bis C20 kopieren.

Für unser Beispiel erscheint in E14 die Nullstelle: **0,443573534**

Von HORNER (1774-1834) stammt das bekannte Verfahren zur Bestimmung des Polynomwertes an der Stelle x_0.
Das Verfahren beruht auf der Tatsache, daß jedes Polynom P(x) in Klammerform geschrieben werden kann. Z.B.: P(x) = $4x^3$-$2x^2$+3x-6 kann auch so geschrieben werden: P(x) = ((4x-2)x+3)x-6
Die Klammern haben alle die gleiche Struktur: $p = px+a$.
Auch lassen sich gleichzeitig die Werte der *Ableitungen* an der fraglichen Stelle berechnen, denn diese folgen der Struktur $q = qx+p$.
Diese beiden einfachen Formeln lassen sich sofort in einem Arbeitsblatt auswerten.

Das brauchen Sie:

1. Polynom P(x) und die Stelle x_0, an der P(x) ausgewertet werden soll
2. Die Zusammenhänge p = px+a und q = qx+p
3. Ein Beispiel:

$$P(x) = 4x^6 - 3x^5 + 2x^4 + 0x^3 - 21x^2 + 13,5x - 4$$

Hier ist ein Beispiel; fehlende Terme haben den Faktor 0

So wird's gemacht:

1. Speichern Sie den Wert von x_0 = 2,1 -oder irgendeinen anderen Wert- in F1, und reservieren Sie einen Bereich für die Rechnungen, z.B. B10 bis I17 für unser Polynom 6. Grades.
2. Füllen Sie B10:B16 mit den Werten 4, -3, 2, 0, -21, 13,5, -4.
3. C9 bis I9 mit Null besetzen; die C-Spalte dient der Berechnnung von P(x). In den Spalten D bis I werden die 6 Ableitungen berechnet.
4. C10: **=C9*$F$1+B10**   (das ist die Formel p = px+a) Kopieren Sie diesen Ausdruck bis C16.
5. D10: **=D9*$F$1+C10**   (das ist die Formel q = qx+p) Kopieren Sie diese Formel bis I16.
6. In C16 haben Sie den Wert (191,1777) des Polynoms an der Stelle x_0 = 2,1
7. Mit =D15 in D17 erhalten Sie den Wert der 1.Ableitung: 687,8507
8. E17: =E14*2 (2.Ableitung);   F17: =F13*6 (3.Ableitung) G17: =G12*24 (4.Ableitung);   H17: =H11*120 (5.Ableitung) I17: =I10*720 (6.Ableitung) mit dem Wert 2880

Mit nur 2 Formeln erhält man Funktionswert und Ableitungen

*Die Faktoren 2,6 24,120 ... folgen aus der Ableitungsregel: 6=2*3, 24=6*4, 120= 24*5 usw.*

Wie sich ein Differenzenquotient mit kleiner werdendem Inkrement der Ableitung einer Funktion nähert, läßt sich sehr schön mit Hilfe einer *Was-Wäre-Wenn*-Untersuchung studieren, für die EXCEL mehrere Verfahren bereit hält. Wir setzen hier die Methode der *Mehrfachoperationen* ein.

Das brauchen Sie :

1. Befehl für Mehrfachoperationen aus dem Menü *Daten*
2. Eine Tafel von h-Werten (Einwegtabelle; 1 freie Variable) für die Berechnung des Differenzenquotienten

So wird's gemacht:

1. Füllen Sie zunächst die A- und die B-Spalten aus (Funktionsbeispiel $f(x)=5x^2$). B5: =B3+B4; B7: =5*B4*B4; B8: =5*B5*B5 B10: **=(B8-B7)/B3** (Differenzenquotient); E3: **=B10**
2. Geben Sie in D4 bis D11 eine Reihe kleiner werdender h-Werte.
3. Damit die verschiedenen Werte für den Differenzenquotienten neben die h-Werte geschrieben werden, müssen Sie D3:E11 markieren. Wählen Sie nun *Daten/Mehrfachoperation...*, und tragen Sie in der Dialogbox *Mehrfachoperation* in das Feld der Option *Werte aus Spalte* » B3« ein, ☑.
(Der Wert in B3 soll durch die Werte aus der *Spalte* D ersetzt werden. Das Feld der Option *Werte aus Zeile* bleibt leer.)
4. EXCEL setzt jetzt der Reihe nach alle h-Werte in B3 ein und trägt die jeweiligen Inhalte von B10 in die Zellen E3 bis E11 ein.

Wollen Sie diese Untersuchung an den Stellen x0=1, 2, 3 und 4 (in E3, F3,G3 und H3) durchführen, so tragen Sie in D3 =B10 ein. Bei dieser zweidimensionalen Mehrfachoperation ist in Werte aus Zeile B4 einzusetzen. Tabellenbereich ist D3:H11.

	A	B	C	D	E	F	G	H
1	Funktion: f(x)=5*x^2							
2				h-Werte	In E3 steht =B10			
3	h=	0,1			20,5		Einwegtabelle	
4	x0=	2		2,000000	30			
5	x0+h=	2,1		1,000000	25			
6				0,500000	22,5			
7	f(x0)=	20		0,100000	20,5			
8	f(x0+h)=	22,05		0,010000	20,05			
9				0,001000	20,005			
10	Df/Dx =	20,5		0,000100	20,0005			
11				0,000010	20,00005			
12								
13								
14	Eingaben für Mehrfachoperation:			Differenzenquotient mit verschiedenen h-Werte				
15				mit Was-Wenn..?				
16		Datentabelle: D3:E11		markieren				
17		Eingabezelle: B3		(=Werte aus Spalte)				
18								

Die Fläche unter dem Graphen einer monoton steigenden oder monoton fallenden Funktion $y = f(x)$ läßt sich meist mit guter Näherung dadurch berechnen, daß man sie durch *Sehnen*-Trapeze annähert. Die dabei zu verwendende Formel ist das Mittel aus Unter- und Obersumme.

Das brauchen Sie:

1. Die Trapezformel: $T = h(y_0 + y_1 + y_2 + ... + y_{m-1} - (y_0 + y_m)/2)$
2. Intervallgrenzen a und b, Anzahl der Teilintervalle n, Schrittweite $h = (b-a)/n$; ich wähle 20 Teilintervalle.

So wird's gemacht:

1. Die globale Struktur des Arbeitsblattes sollten Sie der Abbildung entnehmen.
2. A10: =E$1; A11: =A10+I$2, bitte bis A30 kopieren.
3. Funktionsterm in B10 eingeben, z.B. 1/(1+X*X). Bis B30 kopieren (Ausfüllkästchen bis Zeile 30 ziehen).
4. **Ergebnis in D10: =I2*(SUMME(B10:B30)-(B10+B20)/2)**

5. *Verbesserungen* erhalten Sie, wenn auch die ungeraden Funktionswerte benutzt werden: I10: =2*I2*SUMME(F10:F30). Sie haben dann *Tangenten*-Trapeze verwendet. Schließlich erhalten Sie den Flächeninhalt nach Simpson, wenn Sie die Werte in D10 und I10 gemäß =(2*D10+I10)/3 mitteln.

*Nach SIMPSON berechnet man das Integral mit (2*D10+I10)/3*

Die ungeraden Funktionswerte erhalten Sie so:

F10: 0;
F11: =B11; F10 und F11 markieren, Ausfüllkästchen bis Zeile 30 ziehen. 1,2,3 usw. durch 0 ersetzen

Der vierfache Integralwert sollte 3,14159265....

	A	B	C	D	E	F	G	H	I
1			Eingabe:	a=	0				
2				b=	1			h:	0,05
3								Intervalle:	20
4	**Trapezregel**			1. Funktion in B10 eingeben					
5									
6	mit Verbesserungen		(Simpson)						
7									
8	X	Y0..Ym				Y1,Y3,Y5..	Verbesserungen:		
9									
10	0	1	Ergebnis:	0,785...		0	Tangenten-Trapez	0,785606	
11	0,05	0,9975062				0,9975062			
12	0,1	0,990099				0	Simpson:	0,785398	
13	0,15	0,9779951				0,9779951			
14	0,2	0,9615385				0	I12*4=	3,141593	
15	0,25	0,9411765				0,9411765			
16	0,3	0,9174312				0			
17	0,35	0,8908686				0,8908686			
18	0,4	0,862069				0			
19	0,45	0,8316008				0,8316008			

Der *Romberg*-Algorithmus zur Berechnung des bestimmten Integrals $I = \int_a^b f(x)dx$ ist schnell und sehr genau. Man berechnet mit Hilfe der *Trapezregel* die Näherungen T(1,1), T(2,1), T(3,1),..., T(N,1), indem man die Zahl n der Teilintervalle fortwährend verdoppelt: 1, 2, 4, 8, 16 usw. -wir gehen nur bis n=2^{N-1} =16. Schließlich produziert man mit einem geeigneten Extrapolationsverfahren ein dreieckiges Array von Zahlen, die alle Näherungen von *I* sind. Der Wert an der Spitze, also T(1,N), ist die beste Näherung für *I*.

Das brauchen Sie :

1. Die Trapezregel, vergl. Rezept 4.11
2. Die Extrapolationsformel für die Elemente in der 2., 3., ... j-ten Spalte:

$$T(i,j)=T(i+1,j-1)+(T(i+1,j-1)-T(i,j-1))/(4^{i-1}-1)$$

So wird's gemacht:

1. Für dieses Rezept sollten Sie *Extras/Optionen/Umsteigen...* anklicken und *Alternative Formelberechnung* sowie *Alternative Formeleingabe* ankreuzen.
   Das Arbeitsblatt sollten Sie in 4 Hauptbereiche teilen:
   Von B4 bis F8 für das Romberg-Dreieck mit den   15 T(i,j)-Werten T(1,1) bis T(1,5)
   Von B10 bis J12 mit den Werten von n (=Zahl der Teilintervalle), h (=Breite der Teilintervalle) und T(i,1) (= Trapezsumme)
   Von A17 bis J34 für die Werte von x und f(x) zur Berechnung der Trapezsummen.
   Von B35 bis J36 für die Werte von f(a) und f(b).

Das Arbeits- blatt hat 4 Haupt- berei- che

2. B4: =B12; B5:   =D12 ; B6: =F12; B7: =H12; B8: =J12
   C4 ist leer; C5: =B5+(B5-B4)/3; usw. C8: =B8+(B8-B7)/3
   D4 und D5 leer; D6: =C6+(C6-C5)/15 bis D8: =C8+(C8-C7)/ 15
   E4, E5 und E6 leer; E7: =D7+(D7-D6)/63; E8: =D8+(D8-D7)/63
   In F8 steht *die beste Näherung* bei N=5 : **=E8+(E8-E7)/255**

Hier entsteht das Romberg- Dreieck

3. B11:   =($H$2-$H$1)/B10 usw. bis J11:   =($H$2-$H$1)/J10

Trapezregel

4. B12:   **=B11*(SUMME(B17:B34)-(B35+B36)/2)** (Trapezregel)
   Bitte nach D12, F12, H12 und J12 kopieren.
5. A17, C17, E17, G17, I17:   =$H$1 (=linke Grenze a)

6. A18:
   =WENN(UND(A17+B$11<=$H$2;A17<>"");+A17+B$11;"")
   Diesen Ausdruck bis A34 kopieren.
7. In C18 steht:
   =WENN(UND(C17+D$11<=$H$2;C17<>"");WENN(C17+
   D$11=$H$2;$H$2;C17+D$11)); kopieren Sie dies nach E18, G18
   und I18. Später sind diese Formeln bis Zeile 34 zu kopieren.
8. Die Funktion wird in B17 in der Form =WENN(A17<>"";
   f(X);"") eingegeben. Ist z.B. **f(X)=1/(1+@SIN(X))**, so steht in
   B17: =WENN(A17<>"";1/(1+SIN(A17));"")
9. =WENN(A17<>"";1/(1+SIN(A17));"") muß jetzt -am besten mit
   einem *Makro-* bis B34 kopiert werden. Anschließend B17:B34
   nach D17:D34; F17:F34; H17:H34 und J17:J34 kopieren. Die Arbeitsmappe auf der Diskette enthält auch das Kopiermakro.

10. B35:   =SVERWEIS($H$1;A17:B34;2)   sucht f(a)
    B36:   =SVERWEIS($H$2;A17:B34;2)   sucht f(b)
    entsprechend in D36: =SVERWEIS($H$2;C17:D34;2) usw.

Mit der Wenn-Abfrage werden die richtigen x-Werte ausgefiltert

In B17 wird der Funktionsterm eingetragen

Aufsuchen der Werte für f(a) und f(b)

Dieses Rezept ist nicht ganz leicht aufzubauen, aber wenn es steht,
ist nur noch der Funktionsterm -und natürlich die Grenzen- einzutragen. Anschließend starten Sie mit **Strg+r** das Kopiermakro. Sollten
Sie dann andere Grenzen wählen, so ist das Makro nicht wieder zu
starten, die Berechnung erfolgt automatisch nach der neuen Eingabe.

	A	B	C	D	E	F	G	H	I	J
1	Rombergverfahren				Makro: Strg+r		a=	0,000000		
2	Funktion in B17 eingeben						b=	3,14159		
3		T(1,1)..T(5,1)	T(1,2)..T(4,2)	T(1,3)..T(3,3)	T(1,4)..T(2,4)	T(1,5)				
4		3,141593								
5		2,356194	2,094395							
6		2,098248	2,012266	2,006791						
7		2,025385	2,001098	2,000353	2,000251					
8		2,006405	2,000078	2,000010	2,000005	2,000004				
9										
10	n=	1		2		4		8		16
11	h=	3,141593		1,570796		0,785398		0,392699		0,196350
12	(1,1)=	3,141593		2,356194		2,098248		2,025385		2,006405
13										
14										
15	x	f(x)	x	f(x)	x	f(x)	x	f(x)	x	f(x)
16										
17	1E-10	1,00000	0,00000	1,00000	0,00000	1,00000	0,00000	1,00000	0,00000	1,00000
18	3,142	1,00000	1,57080	0,50000	0,78540	0,58579	0,39270	0,72323	0,19635	0,83676
19			3,14159	1,00000	1,57080	0,50000	0,78540	0,58579	0,39270	0,72323
20					2,35619	0,58579	1,17810	0,51978	0,58905	0,64285
21					3,14159	1,00000	1,57080	0,50000	0,78540	0,58579
22							1,96350	0,51978	0,98175	0,54601
23							2,35619	0,58579	1,17810	0,51978
24							2,74889	0,72323	1,37445	0,50485
25							3,14159	1,00000	1,57080	0,50000

Teilbild des Arbeitsblattes zum Romberg-Algorithmus

Ist der Integrand konstant, linear oder eine quadratische bzw. kubische Funktion, so liefert die S.R. den exakten Integralwert

Die *Simpsonsche Regel* liefert in den meisten Fällen eine völlig ausreichende Genauigkeit bei der Berechnung bestimmter Integrale. Sie wurde bereits in 4.11 als eine *Verbesserung* erwähnt. Die S.R. ersetzt die Funktion f(x) im Intervall [x-h,x] durch eine exakt integrierbare quadratische Funktion (Parabel). Die Fläche unter einem derartigen Parabelstück ist gegeben durch

$$\Delta A = \frac{h}{6}\left[f(x-h) + 4f(x-h/2) + f(x)\right]$$

Berechnet werden soll die sogenannte *statistische Sicherheit* S(x):

$$S(x) = \int_{-x}^{+x} f(t)\,dt \quad \text{mit} \quad f(t) = \frac{1}{\sqrt{2\pi}}e^{-\frac{t^2}{2}}$$

Das brauchen Sie :

   1. Formel für die Parabelflächen, s. oben

So wird's gemacht:

1. Halten Sie sich bitte an das in der Abbildung gezeigte Schema.
2. Linke Grenze a in E2, rechte Grenze b in E3; n=20 in H2 und h=(E3-E2)/H2 in H3. In H4 steht h/2, also =H3/2
3. Funktionsterm in C10: =1/WURZEL(2*PI())*EXP(-A10*A10/2); nach D10 kopieren (Makro!). **E11: =H$3*(C10+4*D11+C11)/6**
4. **Makro:** A1:   simp(s);   A2:   =AUSWÄHLEN("Z10S3")

           A3:   =AUTO.AUSFÜLLEN("ZS:ZS(1)";FALSCH)
           A4:   =AUTO.AUSFÜLLEN("ZS:Z(20)S(1)";FALSCH)
           A5:   =FORMEL.GEHEZU("Z1S1");
           A6:   =RÜCKSPRUNG()

A10: =E2

A11: =A10+H$3 bis A30 kopieren

C10, D10 bis C30, D30 kopieren (Makro!)

Das Ergebnis steht in G10:

=SUMME (E11:E30)

Simpson		linke Grenze a=	-2	n=	20
		rechte Grenze b=	2	h=	0,2
				h/2=	0,1

Zuerst Funktionsterm in C10, z.B. A10*A10, dann Makro mit Strg+S starten

x	x-h/2	f(x)	f(x-h/2)	Teilfläche	Ergebnis:
-2	-2,1	0,053991	0,0439836		0,9544996
-1,8	-1,9	0,0789502	0,0656158	0,0131801	
-1,6	-1,7	0,1109208	0,0940491	0,0188689	
-1,4	-1,5	0,1497275	0,1295176	0,0259573	Kopiermakro: mit Strg+S aufrufen
-1,2	-1,3	0,1941861	0,1713686	0,0343129	
-1	-1,1	0,2419707	0,2178522	0,0435855	
-0,8	-0,9	0,2896916	0,2660852	0,0532001	
-0,6	-0,7	0,3332246	0,3122539	0,0623977	
-0,4	-0,5	0,3682701	0,3520653	0,0703252	
-0,2	-0,3	0,3910427	0,3813878	0,0761621	
-2,776E-16	-0,1	0,3989423	0,3969525	0,0792598	

Das Interpolationsschema von NEWTON (1643-1727) scheint geradezu für ein Tabellenkalkulationsprogramm entworfen zu sein: die linke Hälfte des Schemas besteht nur aus Differenzen von x-Werten benachbarter Zellen. Für die rechte Seite sind noch Divisionen mit Werten durchzuführen, die auf der linken Seite bereits stehen.
Dies erkläre ich am besten anhand eines *Beispiels*: Durch die Stützpunkte $(x_0,y_0),(x_1,y_1),...,(x_n,y_n)$ soll ein Polynom der Form

$$p(x) = a_0 + a_1(x - x_0) + a_2(x - x_0)(x - x_1) + ...$$
$$+a_n(x - x_0)(x - x_1)...(x - x_{n-1})$$

gelegt werden. Die Koeffizienten a_i sind zu bestimmen.

𝒟as brauchen 𝒮ie:

1. n+1 Stützpunkte, z.B.: (1;3), (3;1), (4;6)

𝒮o wird's gemacht:

1. Legen Sie folgende Tabelle an:

		x_0	f_0 := a_0		(=3)
	x_1-x_0			a_1	(= -1)
x_2-x_0		x_1	f_1		a_2 (=2)
	x_2-x_1		b_1		
		x_2	f_2		

2. Setzen Sie x_0=1 in F4 und f_0=3 in G4; x_1=3 in F6 und f_1=1 in G6; ferner x_2=4 in F8 und f_2=6 in G8 (in p(x) kommt (4;6) nicht vor).
3. *Linke Seite*: E5:   =F6-F4;   E7:   =F8-F6;   D6:   =F8-F4
4. *Rechte Seite* (dividierte Differenzen):
    H5:   =(G6-G4)/E5 (=a_1); H7:   =(G8-G6)/E7 (=b_1)
    I6:   =(H7-H5)/D6 (=a_2)

Links stehen einfache x-Differenzen rechts stehen dividierte Funktionsdifferenzen

Vergl. Begleitdiskette NR4_14.XLS

5.   **Ergebnis:** p(x)= 3-1(x-1)+2(x-1)(x-3)= $2x^2$-9x+10

Liegen mehr Stützpunkte vor, so ist das obige Schema weiter auszubauen. Für die Punkte (-2;3), (-1;0), (0;-2), (1;6), (2;1) erhalten Sie a_0= 3; a_1 = -3; a_2= 0,5; a_3= 1,5 und a_4 = -4/3.

Zu einem der menschlichen Grundbedürfnisse ist das Zeichnen von Dreiecken zu zählen, so jedenfalls erzählt es die Mathematikgeschichte. Und was sagt die Tiefenpsychologie...? Wir haben also allen Grund, ein Rezept anzubieten, das uns hilft, geometrische Gebilde wie Dreiecke, Vielecke -und auch Parabeln usw. zu verschieben, zu strecken oder zu drehen. Das erste Rezept soll für ein *Dreieck* entwickelt werden.

Das brauchen Sie :

1. Verschiebung: $x' = x + u$; $y' = y + v$, oder eingesetzt:
$$y' = f(x - u) + v$$

2. Streckung: $x' = a(x - x_0) + x_0$
$$y' = b(y - y_0) + y_0$$
a,b sind die Streckfaktoren, und x_0, y_0 sind die Koordinaten des Streckzentrums, das in diesem Rezept der verschobene Punkt A sein wird.

Also: $x_0 = A_x + u$; $y_0 = A_y + v$

Die Drehung ist bei positivem Phi linksherum, d.h. im mathematisch positiven Sinn

3. Drehung mit dem Winkel φ um den Drehpunkt (x_0, y_0)
$$x' = (x - x_0)\cos(\varphi) - (y - y_0)\sin(\varphi) + x_0$$
$$y' = (x - x_0)\sin(\varphi) + (y - y_0)\cos(\varphi) + y_0$$
x,y sind die ursprünglichen Koordinaten. x´,y´ sind die neuen Koordinaten des »gedrehten« Punktes.

So wird's gemacht:

1. Halten Sie sich an das abgebildete Arbeitsblatt, um die drei Punkte A,B,C, den Winkel φ, den Drehpunkt (x_0, y_0) usw. einzutragen. Die Grenzen der Koordinatenachsen können Sie automatisch steuern, wenn Sie zwei Hilfspunkte mit den Koordinaten (Xmin,Ymin) und (Xmax,Ymax) mit aufnehmen.

2. A1: =F9; B1: =H9; A1:A3 zur Festlegung der Achseneinteilung
    A2: =NV()
    A3: =F10; B3: =H10
    A4: =NV()
    A5: =F1; B5: =G1;   Punkt A
    A6: =F2; B6: =G2   Punkt B
    A7: =F3; B7: =G3   Punkt C
    A8: =A5; B8: =B5   erneut Punkt A; A9: =NV()

3. A10: =A5+F13;   das Dreieck wird verschoben und in Bezug
   B10: =B5+H13   auf A gestreckt
   A11: =F16*(F2-F1)+A10;   B11:   =H16*(G2-G1)+B10
   A12: =F16*(F3-F1)+A10;   B12:   =H16*(G3-G1)+B10
   A13: =A10;   B13:   =B10;   A14: =NV()

   Streckung des Dreiecks mit A als Bezugspunkt

4. A15: =(A10-F$6)*COS(H$7)-(B10-F$7)*SIN(H$7)+F$6
   B15: =(A10-F$6)*SIN(H$7)+(B10-F$7)*COS(H$7)+F$7
   Beide Dreh-Formeln bis Zeile 18 kopieren.

   Drehung um den Punkt (F6,F7)

5. GRAFIK:
   Grafikwerkzeug anklicken; *Bereich*: =$A$1:$B$18; *weiter.* Sie
   müssen das Punktdiagramm Nr.2 wählen.
   Wenn Sie das Diagramm links zweimal anklicken, gelangen Sie
   in den Grafikeditor, in dem Sie die Skalierung vornehmen können. Über das Fenstermenü kommen Sie zurück ins Arbeitsblatt.

   Hier können Sie deutlich den Unterschied zwischen Punkt-und Liniendiagramm studieren

   Operationen an einem Dreieck

	A	B	C	D	E	F	G	H	I
1	-120	-40			A=	28	-24		
2	#NV				B=	70	10		
3	200	120			C=	20	30		
4	#NV		Punkte:						
5	28	-24	A		Drehpunkt:		Winkel:		
6	70	10	B		X1=	92	Alpha=	90	
7	20	30	C		Y1=	77	in Radiant:	1,5708	
8	28	-24	A		Achsengrenzen:				
9	#NV				Xmin=	-120	Ymin=	-40	
10	8	26	A'		Xmax=	200	Ymax=	120	
11	92	77	B'						
12	-8	107	C'		Verschiebung:				
13	8	26	A'		Vx=	-20	Vy=	50	
14	#NV								
15	143	-7	A"		Streckung:				
16	92	77	B"		a=	2	b=	1,50	
17	62	-23	C"						
18	143	-7	A"	Operationen an einem Dreieck					
19									

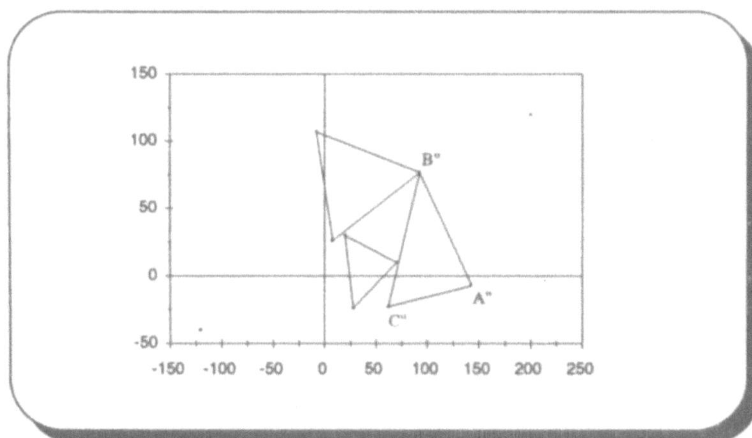

Das kleine Dreieck ist das Original:ABC. Darüber ist das gestreckte und verschobene Dreieck:A´B´C´ zu sehen, das dann mit 90° um den Punkt B´gedreht wurde. Ergebnis: A"B"C"

Am Beispiel der Parabel $y = f(x) = b\,x^2$ soll gezeigt werden, wie Sie den Graphen *einer beliebigen Funktion* strecken, verschieben oder drehen können. Das Rezept gestattet Ihnen, die Parabel mit dem Faktor b zu strecken (oder zu stauchen, falls b<1), sie anschließend um u Einheiten horizontal und v Einheiten vertikal zu verschieben und dann noch mit dem Winkel φ um den Punkt $D = (x_0; y_0)$ zu drehen.

Das brauchen Sie :

1. *Verschiebung*: $x' = x + u$; $y' = y + v$; x und y sind die alten Koordinaten, u und v sind die Koordinaten des Verschiebungsvektors.
2. *Drehung*: $x' = (x - x_0)\cos(\varphi) - (y - y_0)\sin(\varphi) + x_0$
$$y' = (x - x_0)\sin(\varphi) + (y - y_0)\cos(\varphi) + y_0$$

Bei der Drehung der verschobenen Parabel um den Punkt D sind für x und y die »verschobenen« Koordinaten einzusetzen. Die Scheitel der verschobenen und der gedrehten Parabel liegen auf einem Kreis um den Punkt D.

Wichtig: Achten Sie darauf, daß n Einheiten auf der x-Achse dieselbe Strecke darstellen wie n Einheiten auf der y-Achse. Z.B.: wenn 10 Einheiten auf der x-Achse 5cm belegen, so müssen 10 Einheiten auf der y-Achse ebenfalls 5cm aufspannen. Man erreicht dies meist leicht durch manuelle Festlegung der Achseneinteilungen.

Die drei Parabeln sind drei Teile einer einzigen Grafik

Die drei Parabeln sind drei Teile einer einzigen Grafik, d.h. sie werden mit nur zwei Spalten erzeugt, die aus drei durch =NV() getrennten Bereichen bestehen, vergl. auch das vorige Rezept. Bereich 1 geht von Zeile 1 bis Zeile 36, Bereich 2 reicht von Zeile 38 bis Zeile 73 und Bereich 3 von Zeile 75 bis Zeile 105.

So wird's gemacht:

1. A1: =E\$8;   B1: =G\$17*A1^2
   A2: =A1+0,2; B2: =G\$17*A2^2
   Die Formeln in A2 und B2 bis A2:B36 kopieren (A2:B2 markieren und Ausfüllkästchen bis Zeile 36 ziehen). In A37: =NV()

2. A38: =E\$8+E\$14; B38: =B1+G\$14
   A39: =A38+0,2;   B39: =B2+G\$14
   Beide Formeln bis Zeile 73 kopieren. In A74: =NV()
3. A75: =(A38-E\$10)*COS(G\$11)-(B38-E\$11)*SIN(G\$11)+E\$10
   B75: =(A38-E\$10)*SIN(G\$11)+(B38-E\$11)*COS(G\$11)+E\$11
   Beide Formeln von A75:B75 bis A75:B105 kopieren.
4. GRAFIK:
   Mit Grafikwerkzeug einen Rahmen aufziehen; Bereich: =\$A\$1:
   \$B\$105. Wählen Sie das Punkt(XY)-Diagramm Nr.2. Im Grafike-
   ditor (linker Doppelklick auf Diagramm) die Achsen skalieren.

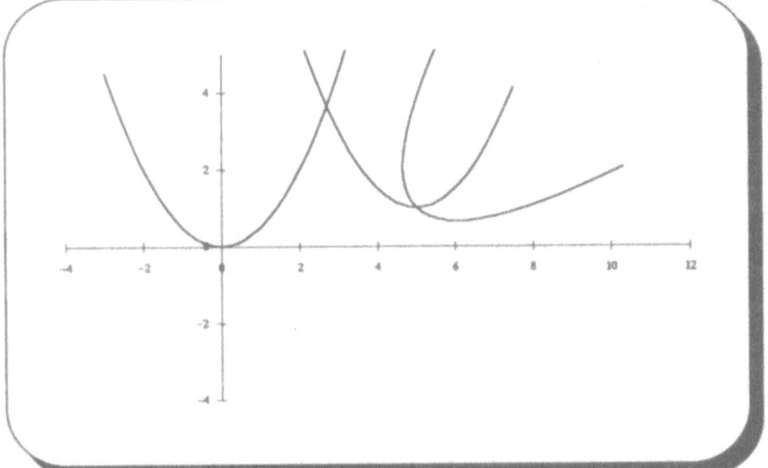

Drehung mit -45° um den Scheitel der verschobenen Parabel. Streckfaktor b=0.5

Drehung mit -90° um den Punkt (2;2)

Als Vorbereitung auf das Rezept zur Darstellung mehrerer Vektoren zeige ich Ihnen jetzt, wie man einen Pfeil zeichnet, und wie man ihn dreht und streckt.

Das brauchen Sie:

1. 6 Punkte zum Zeichnen eines liegenden Pfeiles
2. Formeln zur Beschreibung einer Drehung. Vergleichen Sie dazu bitte die vorigen Rezepte
3. Ein Streck/drehzentrum D und einen Streckfaktor b. In der Abbildung habe ich D = (1;1) und b = 4 gewählt

So wird's gemacht:

Die Pfeilköpfe werden spitzer, wenn Sie 1,05 durch 1,025 ersetzen

Liegender und gedrehter Pfeil

1. Für den liegenden Pfeil wurden die Punkte (1;1); (1,9;1); (1,9;1,05); (2;1); (1,9;0,95) und wieder (1,9;1) gewählt.
   Die in E7 stehende Formel für die Drehstreckung kommt in die Zelle C4; die zweite Formel gehört in D4. Kopieren Sie beide Formeln, am einfachsten mit Hilfe des Ausfüllkästchens, bis Zeile 9. Es ergeben sich die Koordinaten für den gedrehten Pfeil.
2. GRAFIK:
   Markieren Sie bei gedrückter Umschalttaste den Bereich A4:B9. Mit Hilfe des Grafikwerkzeuges ziehen Sie den Rahmen für ein Punkt (XY)-Diagramm Nr.2 auf. Sie erhalten den liegenden Pfeil, den Sie im Grafikeditor bearbeiten können (Doppelklick links). Markieren Sie anschließend den Bereich C4:D9, um den gedrehten Pfeil zu erzeugen.

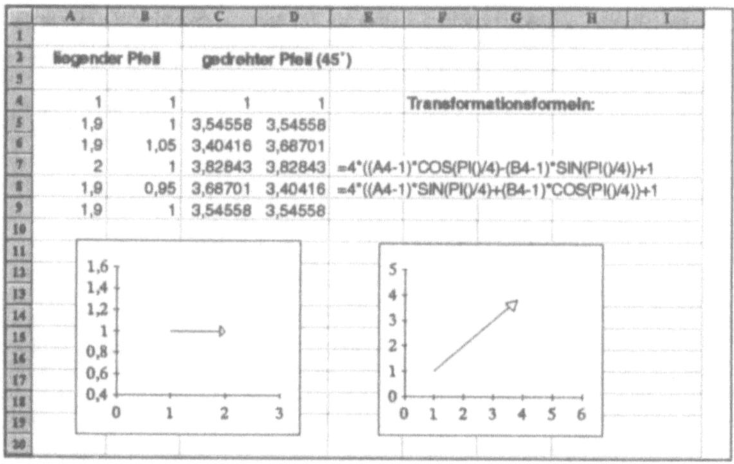

	A	B	C	D	E
1					
2	liegender Pfeil		gedrehter Pfeil (45°)		
3					
4	1	1	1	1	Transformationsformeln:
5	1,9	1	3,54558	3,54558	
6	1,9	1,05	3,40416	3,68701	
7	2	1	3,82843	3,82843	=4*((A4-1)*COS(PI()/4)-(B4-1)*SIN(PI()/4))+1
8	1,9	0,95	3,68701	3,40416	=4*((A4-1)*SIN(PI()/4)+(B4-1)*COS(PI()/4))+1
9	1,9	1	3,54558	3,54558	

Nun sollen die x-y-Koordinaten *mehrerer Vektoren* -bis zu 5- eingelesen und addiert werden. Zu jedem Vektor sollen außerdem Länge und Winkel ausgegeben werden. (Der zweidimensionale Vektor $\vec{a}$ kann entweder als Summe $\vec{a} = a_x\hat{i} + a_y\hat{j}$ oder mit Hilfe von Betrag $|\vec{a}|$ und Winkel φ geschrieben werden.)

Für die Summe zweier zweidimensionaler Vektoren haben wir die Formel: $\vec{a} + \vec{b} = (a_x + b_x)\hat{i} + (a_y + b_y)\hat{j}$

Das brauchen Sie:

1. Formeln für Betrag $|\vec{a}| = +\sqrt{a_x^2 + a_y^2}$
2. und Winkel $\varphi = \arctan\frac{a_y}{a_x}$ mit $-\pi < \varphi \le \pi$

So wird's gemacht:

1. B13: =WURZEL(B9^2+B10^2);   B14: =B15/PI()*180
    B15: =ARCTAN2(B9;B10);   B13:B15 kopieren bis B13:F15
2. H9: =B9+C9+D9+E9+F9; H10: =B10+C10+D10+E10+F10
    H13: =WURZEL(H9^2+H10^2);   H14: =H15/PI()*180
    H15: =ARCTAN2(H9;H10)

Die beiden Einträge *Grenzwert* und *Korrekturwert* werden später in 4.19 benötigt.

	A	B	C	D	E	F	G	H
1								
2			Vektoraddition					
3								
4								
5			Vektoren					
6								
7			Nr.1	Nr.2	Nr.3	Nr.4	Nr.5	Summenvektor:
8								
9	x-Koordinaten:	-20	-25	35	40	40	Rx:	70
10	y-Koordinaten:	40	-60	45	-70	15	Ry:	-30
11								
12								
13	Betrag:	44,72	65,00	57,01	80,62	42,72	Betrag:	76,16
14	Winkel(Grad):	116,57	-112,62	52,13	-60,26	20,56	Grad:	-23,20
15	Winkel(Rad.):	2,03	-1,97	0,91	-1,05	0,36	Rad.:	-0,40
16								
17					"Grenzwert:"			80
18					Korrekturwert:			1,2
19								

Die Summe von bis zu 5 Vektoren

In ARCTAN2(x,y) ist zuerst die x-Koordinate einzugeben. Der Winkelbereich beträgt -180° bis +180°

Beim jetzigen Rezept geht es darum, die Erfahrungen der letzten beiden Pfeil-Rezepte zusammenzufassen, um endlich fünf oder mehr Vektoren *bildlich* zusammen mit dem Summenvektor darstellen zu können. Der Summenvektor wird mit drei Linien gezeichnet, damit er deutlich hervortritt.

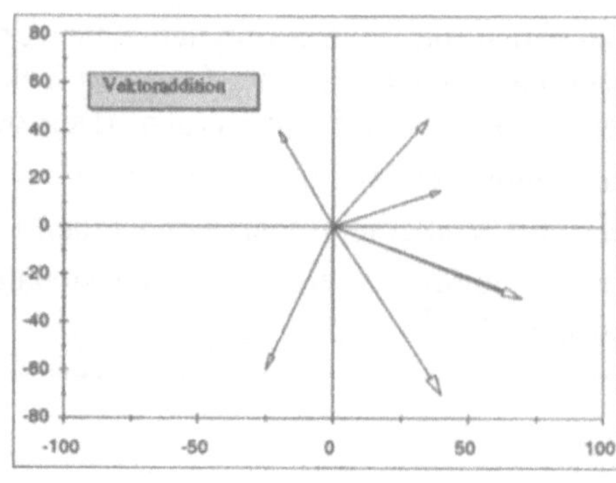

Das brauchen Sie:

1. Sie benötigen die Informationen aus dem Rezept zum Pfeilezeichnen: 4.17.
2. Einen »Einheitsvektor«, auf den Sie sechsmal (Sie haben 5 Vektoren und den Summenvektor) folgende bekannte Transformation anwenden (Drehung um (0;0) und Streckung mit dem Faktor b) :   x-Koord.: $b(x\cos\varphi - y\sin\varphi)$
sowie: y-Koord.: $b(x\sin\varphi + y\cos\varphi)$

So wird's gemacht:

1. Holen Sie sich das Arbeitsblatt des letzten Rezeptes über die Vektorsummen, und erweitern Sie es wie folgt:
2. Geben Sie die Koordinaten der Punkte ein, die Ihren Einheitsvektor bilden: L10:L16 : 0; 0.9; 0,9; 1; 0,9; 0,9;   =NV()
M10:M16: 0; 0; 0,025; 0; -0,025; 0;   =NV()
3. *1. Vektor:* Daneben in den Spalten N und O werden mit Hilfe von Betrag (b=B13) und Winkel (B15) die x´-y´-Koordinaten der Punkte berechnet, die den ersten Bildvektor darstellen (=Bildvektor des Mustervektors):
N10:   =B\$13*(L10*COS(B\$15)-M10*SIN(B\$15))
O10:   =B\$13*(L10*SIN(B\$15)+M10*SIN(B\$15));   beide Formeln bis N15:O15 kopieren.
4. *2.Vektor:*   N17:   =C\$13*(L10*COS(C\$15)-M10*SIN(C\$15))
                  O17:   =C\$13*(L10*SIN(C\$15)+M10*COS(C\$15))

Alle Vektoren sind Teile einer einzigen Grafik. Daher benötigen wir nur einen x- und einen y-Bereich. Vergl. das Parabel-Rezept

Sie brauchen die Formeln nicht jedesmal völlig neu zu schreiben. Einfach kopieren und mit F2 editieren! Nun beide Formeln bis N22:O22 kopieren.

5. *3.Vektor:*   N24:   =D$13*(L10*COS(D$15)-M10*SIN(D$15))
   O24:   =D$13*(L10*SIN(D$15)+M10*COS(D$15))
   Bis N29:O29 kopieren.

6. Der 4. Vektor beginnt mit E$13*(usw.) in N31 und geht bis Zeile 36. In Zeile 38 beginnt mit F$13*(usw.) der 5. Vektor und erstreckt sich bis N43:O43.

7. Summenvektor in N45:O50:
   N45: =H$13*(L10*COS(H$15)-M10*SIN(H$15))
   O45: =H$13*(L10*SIN(H$15)+M10*COS(H$15))

8. Die beiden zusätzlichen Linien im Summenvektor zeichnen:
   a.   Urpunkte setzen: L17:L21:   0; 0,9; 0; 0,9
                            M17:M21:   0; 0,01; 0; -0,01
   b.   N52: =H$13*(L17*COS(H$15)-M17*SIN(H$15))
         O52: =H$13*(L17*SIN(H$15)+M17*COS(H$15))
         Bis N55:O55 kopieren.

9. Um auf die *Skalierung* von außen her Einfluß nehmen zu können, setzen wir ganz zu Beginn einen linken unteren Eckpunkt (N6: =-G17; O6: =-G17/G18); in G17 speichern Sie z.B. 80, in G18 tut es 1.2. Man muß hier probieren. Ferner einen Punkt in der rechten oberen Ecke: N8: =G17; O8: =G17/G18. In N7 und N9 steht =NV()

10. GRAFIK: Für den Bereich =$N$6:$O$55 erzeugen Sie mit Hilfe des Diagramm-Assistenten ein Punktdiagramm.

Sollen die Vektoren aneinandergekettet werden, so sind vom 2. Vektor bis zum 5.Vektor am Ende der Formeln noch die Koordinaten der letzten Pfeilspitze hinzuzufügen:
N17: = N$13
O17: = O$13
usw.

Sie können Vektoren beliebiger Länge kombinieren,- sie müssen nur den "Grenzwert" in G17 anpassen; vergl. auch das Dreieck-Rezept

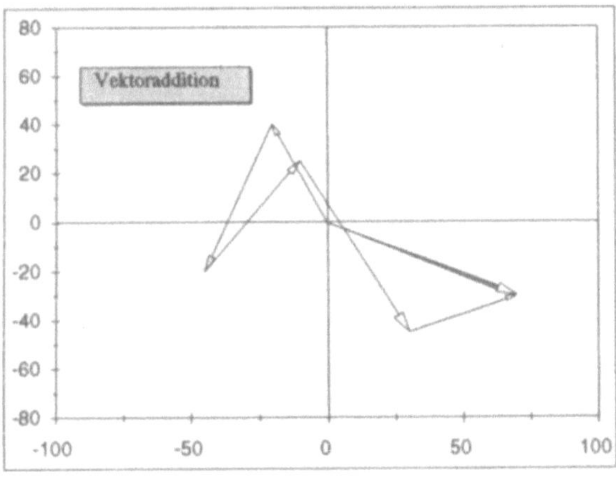

Hier wurden die Vektoren so verschoben, daß ihre Anfangspunkte in die Spitzen der voherigen Vektoren fielen. Vergl. die Marginalie.

Die folgenden Beispiele sollen Ihnen zeigen, wie man den Grafik-editor einsetzen kann, um dreidimensionale Darstellungen zu erzeugen.

Das brauchen Sie:

1. Die Formel der darzustellenden Oberfläche
2. Editor für 3D-Oberflächendiagramm, farbfreie Darstellung (Format 2 im Diagramm-Assistenten)

So wird's gemacht:

1. Bei der ersten Abbildung wurde die Funktion $z = \sin\sqrt{x^2 + y^2}$ dargestellt. Die X-Werte (von -3 bis 3 in Schritten von 0,3) stehen in A6:A26, die Y-Werte, ebenfalls von -3 bis 3 und in Schritten von 0,3, stehen in B5:V5.

Abgekürzte Wertetabelle zur ersten Abbildung

Wertetafel für eine 3D-Darstellung

x \ y	-3	-2,7	-2,4	-2,1	-1,8	-1,5	-1,2	-0,9	-0,6	-0,3	0	0,3
-3	-0,8917	-0,7700	-0,6444	-0,4872	-0,3494	-0,2109	-0,0894	0,0095	0,08209	0,12629	0,14112	0,12629
-2,7	-0,7700	-0,6263	-0,4537	-0,2753	-0,1032	0,05288	0,18585	0,29128	0,36665	0,4123	0,42738	0,4123
-2,4	-0,6444	-0,4537	-0,2498	-0,0474	0,14112	0,30639	0,44243	0,54668	0,6192	0,66157	0,67546	0,66157
-2,1	-0,4872	-0,2753	-0,0474	0,1709	0,36665	0,53184	0,66157	0,75679	0,81779	0,85225	0,86321	0,85225
-1,8	-0,3494	-0,1032	0,14112	0,36665	0,56134	0,71632	0,82953	0,90404	0,94715	0,96791	0,97385	0,96791
-1,5	-0,2109	0,05288	0,30639	0,53184	0,71632	0,85225	0,93932	0,98411	0,999	0,99918	0,99749	0,99918
-1,2	-0,0894	0,18585	0,44243	0,66157	0,82953	0,93932	0,99204	0,99749	0,97385	0,94478	0,93204	0,94478
-0,9	0,0095	0,29128	0,54668	0,75679	0,90404	0,98411	0,99749	0,95592	0,88274	0,81265	0,78333	0,81265
-0,6	0,08209	0,36665	0,6192	0,81779	0,94715	0,999	0,97385	0,88274	0,75031	0,62163	0,56464	0,62163
-0,3	0,12629	0,4123	0,66157	0,85225	0,96791	0,99918	0,94478	0,81265	0,62163	0,41165	0,29552	0,41165
0	0,14112	0,42738	0,67546	0,86321	0,97385	0,99749	0,93204	0,78333	0,56464	0,29552	0	0,29552
0,3	0,12629	0,4123	0,66157	0,85225	0,96791	0,99918	0,94478	0,81265	0,62163	0,41165	0,29552	0,41165

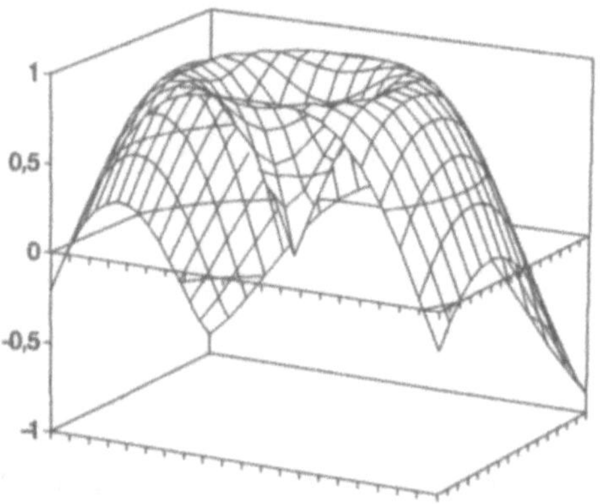

2. In B6 steht als Musterformel =SIN(WURZEL(B5^2+A6^2))
    Mit dem Ausfüllkästchen bis V6 kopieren. Anschließend die
    ganze 6. Zeile bis hinab zur 26. Zeile kopieren. (Den Blick ins
    Innere der Oberfläche gewinnen Sie dadurch, daß Sie nur die
    Spalten G bis V markieren, bevor Sie den Diagramm-Assistenten
    anklicken.)

3. Die folgende Abbildung ist der Graph der Funktion $z = -y\sqrt{|x|}$
    im Bereich von x = -10 bis x = +10. Schrittweite ist 1.
    In B6 ist einzutragen :   B6:   -B$5*WURZEL(ABS($A6)),
    anschließend bis V26 kopieren.

Mit einem Klick auf die Ecken der Grafik erhalten Sie schwarze Eckpunkte, die Sie »anfassen« können, um die Grafik zu drehen

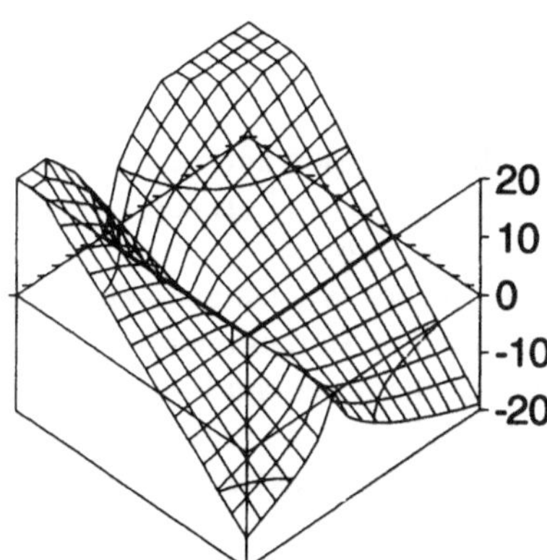

Mit dem folgenden Beispiel möchte ich demonstrieren, wie gefährlich Bakterien leben, wenn sie nicht rechtzeitig für eine wirkungsvolle Abfallbeseitigung sorgen.

Im ersten Teil des Beispiels wird angenommen, daß die Bakterien sterben, weil sie sich gegenseitig Lebensraum wegnehemen, d.h. ihre Sterberate ist proportional zur Zahl der bereits vorhandenen Bakterien. Ein Sterben infolge von Abfällen wird nicht berücksichtigt. Sie können im Modell die wöchentliche Sterberate und auch die Wachstumsrate beliebig variieren.

Im zweiten Modell wird angenommen, daß die Sterberate vom Abfall abhängig ist, den alle n Bakterien, die je in der Kultur gelebt haben, zurückließen. Man darf annehmen, daß die Sterberate proportional ist zur Zahl n.

Das brauchen Sie:

Die y-Werte der rechten Seiten beziehen sich auf den Wochenanfang

1. Die Zahl der Bakterien am Ende der x.Woche nach dem ersten Modell: $y := (1+p/100)y-(r*y)y$
   Bei $x = 0$ sei $y = yo$.
   p = wöchentlicher Wachstumsfaktor,
   r = wöchentlicher Sterbefaktor,
2. Die Zahl der Bakterien am Ende der x.Woche nach dem zweiten Modell: $y := (1+p/100)y-(r*n)y$
   n = Gesamtzahl der Bakterien, die in der Kultur lebten

So wird's gemacht:

1. Beim ersten Modell steht in B5: =F17 (=Anfangsbestand yo).
   B6: =(1+F$19)*B5-F$18*B5^2; bis B20 kopieren.
2. Beim zweiten Modell ist noch eine Summenspalte zu führen, in der alle Bakterien aufgelistet werden, die bis Wochenbeginn existierten:
   C5: =B5; C6: =B6+C5; bis C20 kopieren.
   Die aktuelle Population wird wie vorhin in der B-Spalte errechnet:
   B5: =F17; (=Anfangspopulation yo).
   B6: =(1+$F$19)*B5-$F$18*B5*C5; bis B20 kopieren.
3. Um die Daten grafisch darzustellen, sind jeweils die A- und die B-Spalte zu markieren. Klicken Sie alsdann auf das Symbol des Diagramm-Assistenten, und ziehen Sie mit der Maus einen Rahmen auf. Wählen Sie ein *Punkt[XY]*-Diagramm.

Hier sind die Diagramme, die EXCEL für die beiden Modelle produziert:

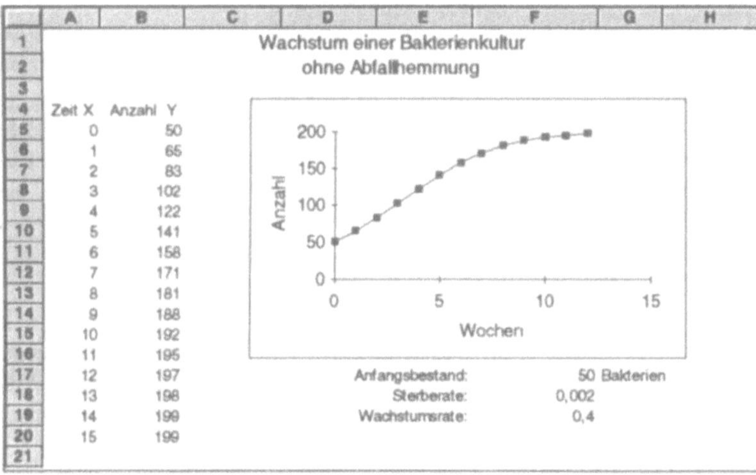

Zeit X	Anzahl Y
0	50
1	65
2	83
3	102
4	122
5	141
6	158
7	171
8	181
9	188
10	192
11	195
12	197
13	198
14	199
15	199

Modell 1 zeigt, daß die Kultur nach ca. 15 Wochen einen Sättigungswert von 200 Bakterien erreicht

Zeit X	Anzahl Y	Summe
0	50	50
1	65	115
2	76	191
3	77	268
4	67	335
5	49	384
6	31	415
7	18	432
8	9	442
9	5	447
10	2	449
11	1	450
12	1	451
13	0	451
14	0	451
15	0	451

Das zweite Modell zeigt die tödliche Wirkung von Abfall! Nach 3 Wochen geht es mit den Bakterien rapide bergab- sie kommen im eigenen Abfall um!

Das Lösen einer linearen Optimierungsaufgabe heißt auch lineares Programmieren. Die Aufgabe selbst heißt lineares Programm.

Das Optimiermodul (den EXCEL **Solver**) setzen Sie dann ein, wenn Ihnen die Praxis die Aufgabe stellt, nach einem *Extremwert* einer Größe zu fahnden, die von mehreren Variablen abhängt. Dabei sind oft *Nebenbedingungen* (Einschränkungen) zu erfüllen, die i.a. in Form von Gleichungen oder Ungleichungen vorliegen. Meist handelt es sich um eine *lineare* Optimierung, bei der der Wert einer linearen *Zielfunktion* $z(x_1, ..., x_2) = a_1x_1 + ... + a_nx_n$ zu minimieren oder zu maximieren ist. In diesem Fall sind auch die Nebenbedingungen lineare Gleichungen oder Ungleichungen.

Das im Solver installierte Lösungsverfahren heißt *Simplexmethode.* Dieser Algorithmus tastet sich iterativ an die optimale Lösung heran. Um den Solver kennenzulernen, stellen wir uns eine Aufgabe, bei dem ein Produkt durch Mischen der Stoffe $S_1,...,S_n$ hergestellt wird. Die Stoffe S_i bestehen aus den Rohstoffen $R_1,...,R_m$. Die gewünschte Mischung soll minimale Gesamtkosten verursachen.

Konkret können Sie sich vorstellen, daß Sie für Ihre nächste Expedition aus Hülsenfrüchten und Büchsenfleisch Tagesrationen zusammenstellen sollen, die wenigstens 150g Fett, 200g Eiweiß, 250g Kohlehydrate und 6800kJ Brennwert enthalten müssen -und möglichst preiswert sein sollen.

Das brauchen Sie:

1. Eine Zusammenstellung der Rohstoffanteile in Gramm je Kilogramm Stoff:

	Hülsenfrüchte	Büchsenfleisch	Mind.bedarf
Fett:	100g	500g	150g
Eiweiß:	500g	100g	200g
K.hydr.:	400g	400g	250g
Wärmew.:	8400kJ	17000kJ	6800kJ
Preis/kg:	3,50DM	5,20DM	Minimum

x= Menge in kg an Hülsenfrüchten pro Ration y= kg Büchsenfleisch pro Ration

2. Das folgende Ungleichungssystem:

Fett:	100x +	500y	>=	150
Eiweiß:	500x +	100y	>=	200
K.hydr.:	400x +	400y	>=	250
Wärmew.:	8400x +	17000y	>=	6800

3. Die zu minimisierende Zielfunktion: $z = 3{,}5x + 5{,}2y$

So wird's gemacht:

1. Tragen Sie die Daten in eine Tabelle ein, z.B. so wie in der Bildschirmkopie dargestellt.
2. Der *Solver*, den Sie im Menü *Extras* finden, braucht zwei Zellen, z.B. F1 und F2, zum Abspeichern der beiden Lösungen x und y (*Veränderbare Zellen*).
3. In F4 (*Zielzelle*) steht die Zielfunktion: =F1*3,5+F2*5,2
4. Die Einschränkungen (*Nebenbedingungen*) tragen Sie z.B. in H1 bis H4 ein:
   H1: =F$1*B1+F$2*C1; kopieren bis H4.
5. Laden Sie jetzt den Solver. Zielzelle F4 anklicken und *Min* wählen. Die veränderlichen Zellen sind F1:F2. Gehen Sie in das Feld der Nebenbedingungen, und klicken Sie auf die Schaltfläche *Hinzufügen*. Sie erhalten eine dreigeteilte Dialogbox. Die Einfügemarke steht bereits in *Zellbezug*. Klicken Sie H1 an. Ändern Sie dann das <=-Zeichen in >= um. Setzen Sie die Einfügemarke in *Nebenbedingung*, und klicken Sie D1 an. Mit einem Klick auf die Schaltfläche *Hinzufügen* wird diese Ungleichung in die Liste der Einschränkungen (Nebenbedingungen) übernommen. Jetzt H2 und D2 verwenden, usw. Die letzte Nebenbedingung übernehmen Sie nicht mit *Hinzufügen*, sondern mit *OK*.
6. Wenn Sie nun auf *Lösen* klicken, erhalten Sie in F1 die Mitteilung, daß Sie pro Ration 406g Hülsenfrüchte brauchen. In F2 steht die Menge y: 219g Büchsenfleisch.
   Wie Sie der Zelle F4 entnehmen, kostet eine Ration 2,56DM

Die Nebenbedingungen stehen in den Zellen H1:H4

F4 ist die Lösungszelle (Zielzelle)

Nicht immer kann der Solver eine Lösung finden. Schauen Sie sich auch die Optionen an

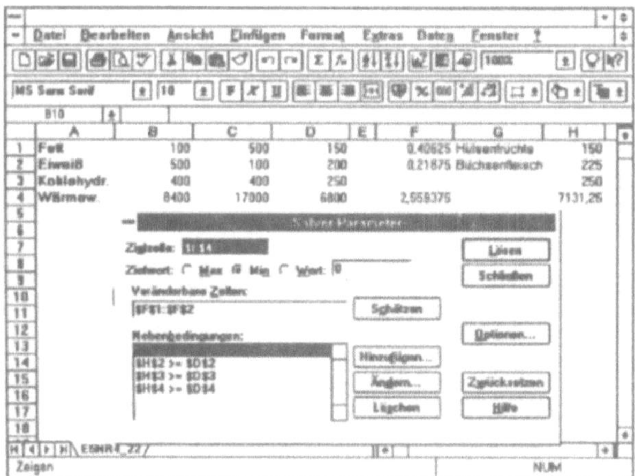

Einem Betrieb steht zur Herstellung von vier Produkten *nur eine Maschine* zur Verfügung. Es soll ein Produktionsplan entwickelt werden, der zu einem maximalen Deckungsbeitrag führt. Ein Fertigungsengpaß liegt dann vor, wenn von den einzelnen Produkten mehr verkauft als erzeugt werden kann. Man wird mit Vorzug ein Produkt herstellen, das geringe Maschinenzeit beansprucht und einen hohen Deckungbeitrag liefert. Der Quotient aus Deckungsbeitrag und Maschinenstunden, d.h. DB/MS, soll also möglichst groß sein, vergl. [DENK-STÖBER 1977].

Das brauchen Sie:

1. Im abgebildeten Arbeitsblatt sind die einzutragenden Angaben grau unterlegt worden.

So wird's gemacht:

1. Zeile 7 enthält einfach die Differenzen aus Zeilen 5 und 6.
2. In Zeile 11 stehen die erwähnten DB/MS-Brüche:
   B11: =B7/B8, usw.
3. Die Rangordnung in Zeile 12 ergibt sich aus den Quotienten der Zeile 11.
4. B15: =D8*D9; C15: =$D$3-B15; in D3 steht die Periodenkapazität der Maschine: 7500 Maschinenstunden. D15:   =D7*D9
   Für Maschine D bleiben nur 1500 Stunden (=C17).
   Der Deckungsbeitrag von Produkt D beträgt: D18: =B18*E7/E8

Es sollten 400 Stück C, 650 A, 700 B und 750 D produziert werden. Man erhält einen maximalen Deckungsbeitrag von DM 810.000.-

	A	B	C	D	E
1		Optimales Produktionsschema			
2		bei einfachem Engpaß			
3		max. Prod.Kap.:		7500	Maschinenst.
4		A	B	C	D
5	Nettoerlös/Stück	580	450	350	250
6	variable Kosten/Stück	100	110	80	150
7	Deckungsbeitrag/Stück	480	450	270	100
8	Maschinenstunden/Stück	4	4	1,5	2
9	max. absetzbare Menge	650	700	400	800
10					
11	DB/Maschinenstunden	120,0	112,5	180,0	50,0
12	Rangordnung:	2	3	1	4
13					
14	Produkt	geplante M.Stdn.	freie M.Stdn.	Deckungsbeitrag	
15	C	600	6900	108.000,-	
16	A	2600	4300	312.000,-	
17	B	2800	1500	315.000,-	
18	D	1500	0	75.000,-	
19			Summe:	810.000,-	
20					

Stehen zur Produktion jedoch *mehrere* Maschinen zur Verfügung, d.h. handelt es sich um eine Fertigung mit mehreren Fertigungsstufen, so ist die Methode der *Linearen Programmierung* einzusetzen. Wie bereits in Rezept 4.22 ausführlich beschrieben, hält EXCEL für diese Fälle den **Solver** bereit.

A, B, C und D sollen jetzt vier Maschinen sein, die die beiden Produkte P_1 und P_2 mit einer Stückzahl von x_1 und x_2 erzeugen. Für P_1 ergibt sich pro Stück ein Deckungsbeitrag von DM 500.- und für P_2 DM 300.-

P_1 braucht 2 Stunden auf Maschine A, 2 Stdn. auf B, 4 Stdn. auf C und 1 Std. auf D. P_2 belegt Maschine A 1 Stunde, B 4 Stdn., C 1Std. und D 3 Stdn. Die Verfügbarkeit von Maschine A beträgt maximal 1600 Stunden, B 4000 Stdn., usw. vergl. die Abb.

Für Maschine A haben wir den Ansatz: $2x_1 + 1x_2 <= 1600$, für B gilt: $2x_1 + 4x_2 <= 4000$, usw.

F9 (mit =500*F4+300*F5) ist *Zielzelle* des Solvers. F4, F5 sind die *veränderbaren Zellen*. Die Nebenbedingungen stehen in H4:H7.
H4:   =F\$4*B4+F\$5*C4, bis H7 kopieren.

Der *Solver* sagt Ihnen, daß Sie dann optimal mit einem maximalen Deckungsbeitrag von DM 420.000.- produzieren, wenn Sie 600 Stück von Produkt P_1 und 400 Stück von Produkt P_2 herstellen.

(In Rezept 4.22 finden Sie beschrieben, wie der *Solver* verwendet wird. Im jetzigen Fall bleibt das <=-Zeichen -wie vom Solver vorgeschlagen- erhalten.)

Bei mehrstufigem Produktionsprozeß ist der Solver einzusetzen

	A	B	C	D	E	F	G	H
1			Optimierung mit SOLVER					
2								Nebenbe-
3	Maschinen				Lösungen:			dingungen:
4	A	2	1	1600	X1opt=	600		1600
5	B	2	4	4000	X2opt=	400		2800
6	C	4	1	2800				2800
7	D	1	3	1800				1800
8								
9					Zielfunktion:	420000		
10								

Die optimale Produktion verlangt 600 Stück vom Produkt P_1 und 400 Stück vom Produkt P_2

In einem Betrieb lassen sich Produktions- und Dienstleistungsstellen unterscheiden. Ehe die Produktionsabteilungen P1, P2 -wir gehen von zwei Produktions- und 3 Serviceabteilungen aus- die Verkaufspreise festlegen können, haben sie ihre Produktionskosten zu bestimmen. Diese bestehen aus direkten (=primären)- und aus indirekten Kosten. Direkte Kosten sind Lohn-, Gehalts-, Material-, Maschinenkosten usw. Indirekte Kosten entstehen durch die Leistungen der Serviceabteilungen S1, S2 und S3. Das Problem wird dadurch verkompliziert, daß die Serviceabteilungen auch Dienstleistungen für sich selbst erbringen (Kantine, Buchhaltung usw.). Die monatlichen Gesamtkosten x1, x2, ... ,x5 der fünf Abteilungen sollen ermittelt werden.

Das brauchen Sie:

1. Sie müssen zunächst einen Kostenplan mit den direkten Kosten aufstellen, vergl. Arbeitsblatt. Z.B. stehen in der D-Spalte die Kosten, mit denen die Servicestelle S1 die anderen fünf Stellen belastet, usw.
2. Das Gleichungssystem X=D+C*X ist nach X aufzulösen: X=(E-C)^(-1)*D
   E = Einheitsmatrix; D = Matrix der Spalte C;
   C = Matrix der Koeffizienten in D7:F9

So wird's gemacht:

1. Übertragen Sie die Angaben aus dem Kostenplan in ein neues Arbeitsblatt:

Die erste und schwierigste Aufgabe ist die Aufstellung der prozentualen Kostenverteilung

	A	B	C	D	E	F
1						
2			Kostenplan			
3						
4	Abteilung	Gesamt-	Direkte	Indirekte Kosten für Dienstleistungen		
5		kosten	Kosten	S1	S2	S3
6						
7	S1	x1=	500	0,20x1	0,10x2	0,10x3
8	S2	x2=	1000	0,40x1	0,15x2	0,30x3
9	S3	x3=	500	0,10x1	0,05x2	0,30x3
10						
11	P1	x4	2000	0,20x1	0,35x2	0,20x3
12	P2	x5	1500	0,10x1	0,35x2	0,10x3
13						
14	Gesamt:		5500	x1	x2	x3

2. Berechnen Sie zunächst Die Matrix E-C und invertieren Sie sie:

   E-C: in E11: =A11-A6; bis G13 kopieren;

   Zum Invertieren verwenden Sie die Arrayformel =MINV(*Array*). Markieren Sie zunächst den Bereich I11:K13. Die Funktion wird dann mit =MINV(E11:G13) in die Eingabezeile geschrieben. Abschluß mit *Strg+Umschalt+Eingabe*.

3. Nun ist nur noch das Produkt **(E-C)^(-1)*D** zu berechnen. Das schaffen Sie mit der Arrayformel =MMULT(I11:K13;F6:F8). Markieren Sie vorher aber die Spalte für den Produktvektor X: E17:E19

Verwenden Sie den Funktions-Assistenten!

Die beiden Funktionen MINV() und MMULT() dienen zum Invertieren und Multiplizieren von Matrizen

	A	B	C	D	E	F	G	H	I	J	K
2			Berechnung der monatlichen Kosten								
4		C				D					
6	0,2	0,1	0,1			500					
7	0,4	0,15	0,3			1000					
8	0,1	0,05	0,3			500					
10	E				E-C				(E-C)^-1		
11	1	0	0	0,8	-0,1	-0,1		1,3728	0,1775	0,2722	
12	0	1	0	-0,4	0,85	-0,3		0,7337	1,3018	0,6627	
13	0	0	1	-0,1	-0,05	0,7		0,2485	0,1183	1,5148	
15				X=(E-C)^-1]*D							
17			X=	1000							
18				2000							
19				1000							

4. Sie finden x1 = 1000 Einheiten, x2 = 2000 E und x3 = 1000 E Alle direkten und indirekten Kosten sind damit bekannt, denn Sie brauchen diese Werte für x1, x2, x3 nur in die Tabelle der Plankosten einzusetzen, um die innerbetrieblichen Verrechnungspreise zu erhalten. Wir finden z.B., daß P1 1100 Einheiten für die Dienste zahlen muß, die es von S1, S2 und S3 erhält. Seine Gesamtkosten belaufen sich damit auf x4 = 3100 Einheiten. Für P2 ergeben sich x5 = 2400 Kosteneinheiten.

Häufig verwendet man einen sogenannten *Gozinto*-Graphen, um die innerbetrieblichen Leistungsflüsse zu veranschaulichen. Der imaginäre italienische Mathematiker *Zepartzat Gozinto* wurde anscheinend von VAZSONYI erfunden. Der Name steht für »the part that goes into«.

Auch mit dem *Solver* hätten Sie die Aufgabe lösen können. Bei *Zielzelle* tragen Sie nichts ein. **Beispiel**: *Veränd.Zellen*: G17:G19; in H17: =G$17*E11+G$18*F11+G$19*G11-bis H19 kopieren. *Nebenbedingungen: $F$6=$H$17; $F$7=$H$18; $F$8=$H$19.*

Nicht nur in der Mathematik stößt man immer wieder auf lineare Gleichungssysteme, z.B. in der linearen Algebra, sondern auch sehr häufig bei mathematischen Modellen in Business, Ökonomie, Soziologie und Technik. Fast alle Tabellenkalkulationsprogramme bieten für diese Fälle Funktionen zum Umgang mit Matrizen an- oder sogar einen *Solver*, wie bei EXCEL. Ich werde an einfachen Beispielen zeigen, wie man unter EXCEL Gleichungen und Gleichungssysteme lösen kann. Wir verwenden den *Solver* und *Matrizen*.

Das brauchen Sie:

1. Das Add-in-Werkzeug *Solver* und die Array-Funktionen MINV(*Matrix*) und MMULT(*Matrix1;Matrix2*)

So wird's gemacht:

1. Im ersten Beispiel soll eine transzendente Gleichung, nämlich *x-sin(x) = 0,5*, gelöst werden. Benutzen Sie das folgende Arbeitsblatt:

Solver löst eine transzendente Gleichung

	A	B	C	D	E	F
1			Lösen von Gleichungen			
2						
3		x-Wert=		Nebenbedingungen		
4		veränd.Zelle	Zielzelle	B5>=	B5<=	
5		1,49730	0,5	0	2	
6						
7						
8		in C5 steht die linke Seite der zu lösenden Gleichung				
9		zum Beispiel =x-SIN(x), wobei x der Name von B5 ist.				
10						

a. Geben Sie der Zelle B5 mit *Einfügen/Namen/Festlegen* den Namen x. In C5 tragen Sie ein: =X-SIN(X). Sie müssen wissen, in welchem Intervall der *Solver* die Lösung finden kann (ein derartiges Intervall finden Sie leicht, wenn Sie den Graphen der Gleichung mit Hilfe von EXCEL zeichnen). Tragen Sie dann die Intervallgrenzen in D5 und E5 ein.

b. Rufen Sie nun *Extras/Solver*. *Zielzelle:* $C$5; *Wert:* 0,5 *Veränderbare Zellen:* x; *Nebenbedingungen:* x<=$E$5 und x>=$D$5. Tippen Sie jetzt auf *Lösen*. Der *Solver* sucht nun iterativ eine Lösung, die er -falls er eine findet- in B5 einträgt.

In unserem Falle findet er den auf mindestens 5 Stellen genauen Wert: x=1,49730 (unter *Optionen* können Sie die Genauigkeit einstellen).

Jetzt soll ein *System linearer Gleichungen* gelöst werden:

2. Lösung mit dem *Solver*:

Die Variablen wurden mit m, n, o, p bezeichnet. (EXCEL erlaubt keine indizierten Variablen wie x1, x2 usw. -auch mag es kein s!)

	A	B	C	D	E	F	G
1							
2	Lösung eines lin. Gl. Systems mit dem Solver						
3							Neben-
4		Koeffizientenmatrix:					bedingungen
5	0	3	3	2			219
6	2	2	4	4			326
7	8	4	4	0			372
8	1	2	4	3			276
9							
10	Gleichungen:		Matrix-		Veränderl.	Zellbezug:	
11			Methode:		Zellen:		
12	0m+3n+3o+2p=219		20		m	20	219,0000005
13	2m+2n+4o+4p=326		23		n	23,000001	326,000001
14	8m+4n+4o+0p=372		30		o	29,999999	372
15	1m+2n+4o+3p=276		30		p	30,000001	276
16							

Solver löst iterativ ein lineares Gleichungssystem mit 4 Unbekannten.

Die Matrix-Methode verwendet das GAUß-Verfahren

Die Konstanten, d.h. die rechten Seiten, werden als Nebenbedingungen geführt. Mit *Einfügen/Namen/Übernehmen* geben Sie den Zellen F12:F15 die Namen aus der linken Spalte: m, n, o, p; *vorher E12:F15 markieren!*

In G12 steht: =m*B5+n*C5+o*D5+p*E5; bis G15 kopieren. Wenn der *Solver* nach einer *Zielzelle* fragt, so geben Sie nichts an. Bei *Max, Min, Wert* können Sie einen beliebigen Punkt auswählen. Das Gleichungssystem besitzt die eindeutige Lösung:

$$m = 20;\ n = 23;\ 0 = 30\ und\ p = 30.$$

Sie hätten auch eine der 4 Gleichungen als Zielgleichung verwenden können, z.B. die erste. Die restlichen Gleichungen wären dann Bedingungsgleichungen gewesen; vergl. *lineares Optimieren*.

3. Lösung mit Hilfe von *Matrizen*:

Dasselbe Gleichungssystem lösen wir jetzt mit Hilfe von *Matrizen*. Excel stellt dazu die beiden Array-Funktionen MINV *(Matrix)* und MMULT*(Matrix1;Matrix2)* zur Verfügung.

Markieren Sie die vier Zellen D12 bis D15, und schreiben Sie in die Eingabezeile: =MMULT(MINV(B5:E8);G5:G8). Diese Formel übernehmen Sie, indem Sie gleichzeitig *Strg+Umschalt+Eingabe* drücken. Sofort erscheint das exakte Erbgnis in D12:D15.

Das Gl.System AX=B hat die Lösung $X=A^{(-1)}B$

5 Statistik als Entscheidungshilfe

5.1   Überblick im Datenwirrwar

5.2   Eine Imageanalyse und 2 Seminarauswertungen

5.3   Zweidimensionale Stichproben

5.4   Normalverteilung und Wahrscheinlichkeiten

5.5   Graph der Verteilungsfunktion

5.6   Graphen von Dichtefunktionen

5.7   Die Umkehrung von Phi

5.8   Konfidenzintervall (n-Vertlg.)

5.9   Die Student-Verteilung (t-Vertlg.)

5.10   Konfidenzintervall (t-Vertlg.)

5.11   Hypothesentest »bei großem n«

5.12   Hypothesentest »bei kleinem n«

5.13   Test auf Gleichheit zweier Erwartungswerte

5.14   Mädchen sind normalverteilt

5.15   Wahrscheinlichkeitspapier mit Excel erstellt

5.16   Datenanalyse mit dem Regressionsmodul

5.17   Das Regressionsmodul spart Werbekosten

5.18   Projektplanung

Die Abbildung auf der folgenden Seite zeigt Ihnen 35 Einzelwerte (Anzahl von Kindern pro Familie), die so notiert wurden, wie sie bei der Befragung anfielen. In diesem Rezept lernen Sie, Ordnung in eine unübersichtliche Datenmasse zu bringen.

Das brauchen Sie:

Mittelwert und Varianz sind zu berechnen

1. Folgende Statistikfunktionen von EXCEL:
   =HÄUFIGKEIT(*Daten;Klassen*)
   =MITTELWERT(*Bereich*); Bereich := Zahl1,Zahl2,...
   =STABW(*Bereich*)   (=Standardabweichung)
   =VARIANZ(*Bereich*)   (=Stichprobenvarianz)
2. Der Mittelwert wird berechnet mit der Beziehung

$$\bar{x} = \frac{1}{n} \sum_{i=1}^{m} h_i x_i$$

3. Für die Stichprobenvarianz bezieht sich EXCEL auf die Formel

$$s^2 = \frac{1}{n-1} \left(\sum_{i=1}^{m} h_i x_i^2 - n \bar{x}^2 \right)$$

So wird's gemacht:

F (x)= (Anzahl der Stichproben- werte, die kleiner oder gleich x sind)/n

1. Tragen Sie Ihre Einzelwerte in irgendeinen Bereich auf der linken Seite ein, z.B. so wie in der Abbildung. Rechts daneben bilden Sie eine kleine Klassenliste. Hier also die Auflistung der Werte 0, 5,10,15 und 20. Die Statistikfunktionen finden Sie unter *Einfügen/Funktion*, Kategorie: *Statistik*. (Man tippt die Formeln aber auch schnell von Hand ein!)
   E5: Markieren Sie E5:E10, und tippen Sie in die Eingabezeile:
   =HÄUFIGKEIT(A5:C16;D5:D10)
       Drücken Sie jetzt gleichzeitig die drei Tasten: *Strg+Um- schalt+Eingabe.*
2. B17: =SUMME(E5:E10); (Anzahl n der Stichprobenelemente).
   B18: =MITTELWERT(A5:C16)
   B19: =VARIANZ(A5:C16)
   B20: =STABW(A5:C16)
3. Sie haben nur noch die Spalten G und H zu bearbeiten:
   G5: =E5/B$17; bis G10 kopieren.
   In der H-Spalte wird die empirische Verteilungsfunktion F berechnet: H5: =G5; H6: =G6+H5; bis H10 kopieren. Der letzte Wert ergibt 1.

4. Für die GRAFIK wählen Sie *Säulendiagramm* Nr.7

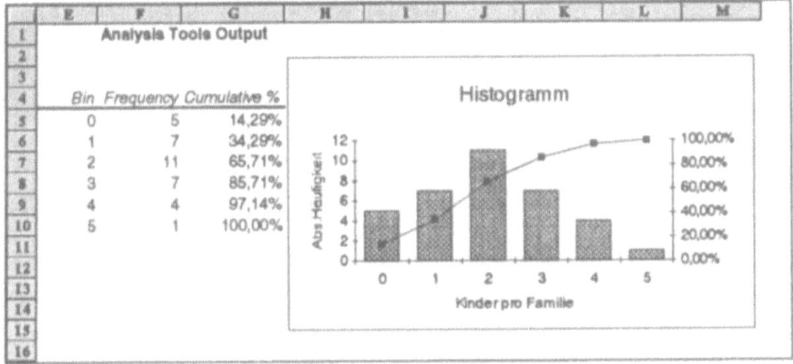

Statistische Datenanalyse

In den *Analysis Tools* unter OPTIONEN finden Sie den Befehl *Histogram*, mit dem die eben geschilderte Arbeit beträchtlich vereinfacht werden kann. Als *Input Range* markieren Sie den Bereich A5 bis C16. *Bin Range*: D5 bis D10 markieren. *Output Range*: $E$4.
In der Dialogbox können Sie entweder ein normales (=Chart Output) oder ein geordnetes (=PARETO-Diagramm) Säulendiagramm anklikken. Wenn Sie auch noch *Cumulative Percentage* anwählen, so erhalten Sie zusammen mit dem Säulendiagramm auch den Graphen der empirischen Verteilungsfunktion.

Arbeiten mit den Analysis Tools

Histogramm und Verteilungsfunktion

Von besonderer Beliebtheit sind *Imageanalysen* in all ihren verschiedenen Formen. Z.B. kann es darum gehen, ein *Seminar* über neuere Methoden der Imageanalyse auszuwerten, oder aber man möchte sich ein Bild über die *Person eines Schülers* machen, usw. Von Seminarteilnehmern oder von Lehrern läßt man auf einer fünf-, sechs- oder siebenstufigen *Ratingskala* an zutreffender Stelle zwischen *gut* und *schlecht* oder *faul* und *fleißig* usw. ein Kreuz zeichnen. Man setzt meist voraus, daß die ankreuzenden Personen so metrisiert urteilen, daß man an ein *Intervallskalenniveau* glauben kann und z.B. einen Mittelwert berechnen darf.

Zur Auswertung wird jedem Abschnitt der Ratingskala ein Zahlenwert zugeordnet: von 1 bis 7 oder von -3 bis 3.

Wir wollen als **Beispiel** annehmen, daß man den EINSTEIN-Spruch: *Biertrinken macht dumm* an 350 Personen hinterfragt hat. Eine 5 bedeutet: *trifft voll und ganz zu* , eine 1 bedeutet natürlich: *trifft ganz und gar nicht zu*. Die Abbildung zeigt die Ergebnisse der Befragung und ihre Auswertung.

Früher sprach man vom semantischen Differential

Bei Intervallskalen sind die Abstände zwischen zwei Punkten berechenbar

Das brauchen Sie:

1. 350 kompetente Biertrinker
2. EXCEL
3. Ein statistisches Konzept

Wir haben eine 5-stufige Ratingskala benutzt, um EINSTEIN zu widerlegen. (Wir fanden allerdings: Bier macht dick.)

	A	B	C	D	E	F	G	H
1			Bier-Image					
2			EINSTEIN: Bier macht dumm					
3								
4	Kategorie	Schlüssel	absolute	relative	absolute	relative		
5			Häufigkeit	Häufigkeit	Summen-	Summen-		
6		xi	hi	%	häufigkeit	häufigkeit	xi*hi	(x-m)^2*h
7								
8	"völlig unzutreffend"	1	185	52,86	185	52,86	185	129,65
9		2	89	25,43	274	78,29	178	2,36
10		3	36	10,29	310	88,57	108	48,68
11		4	28	8,00	338	96,57	112	130,98
12	"absolut zutreffend"	5	12	3,43	350	100,00	60	120,04
13								
14		Summe:	350	100			643	431,72
15								
16		Mittelwert:	1,837					
17		Std.Abw.:	1,112					
18								

Da keine Rohwerte vorliegen, müssen Mittelwert und Standardabweichung mit Hilfe der Definitionen berechnet werden, vergl. Rezept 5.1.

So wird's gemacht:

1. Sie fragen 350 Leute aus und legen sich eine Tabelle an.
2. D8: =C8*100/$C$14; bis D12 kopieren.
   E8: =C8; E9:   =E8+C9; bis E12 kopieren.
   F8: =D8; F9:   =F8+D9; bis F12 kopieren.
   G8: =B8*C8; H8: =(B8-C$16)^2*C8; beide kopieren.
   B16: =G14/C14;   B17: =WURZEL(H14/(C14-1))

Nun folgen zwei Beispiele für eine **Seminarauswertung**.

Im ersten Bild sollte festgestellt werden, ob der Seminarleiter die optimale Themenzahl behandelt hatte; beim zweiten Bild geht es um die Praxisnähe.

Tragen Sie im Arbeitsblatt untereinander ein:

Spalten:	A	B
	zu gering	1
		4
	optimal	12
		8
	zuviel	3

Summen in Zeile 14 : *Zellzeiger in Zelle der Zeile 14 und Summenzeichen anklikken. Eingabetaste drücken.*

Markieren Sie die Einträge. Mit dem Grafikwerkzeug aus der Bilderleiste ziehen Sie dann die Grafik auf. Zweimal anklicken und den Titel hinzufügen

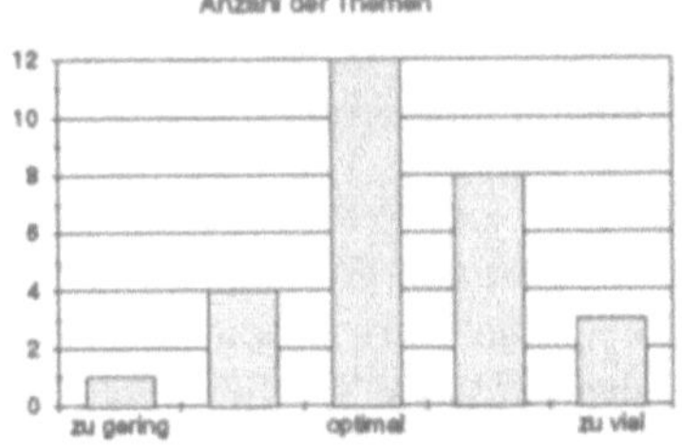

Die Seminarteilnehmer waren i.a. mit der Themenzahl zufrieden

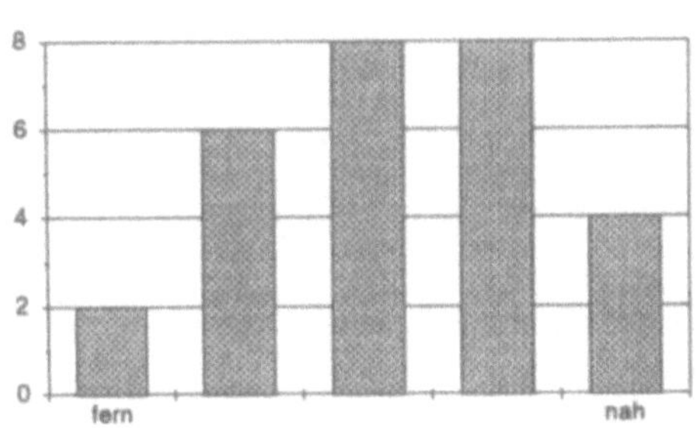

Der Vortragende hatte die Praktiker unter den Zuhörern nicht ganz zufriedengestellt

In der linken oberen Ecke unserer Abbildung sind imaginäre TÜV-Untersuchungen während einer Woche dargestellt. 500 Autos, die 2, 4 oder 6 Jahre alt waren (Variable Y) zeigten 0, 1, 2 oder 3 Fehler (Variable X). Es handelt sich um eine zweidimensionale Häufigkeitsverteilung, vergl. [WIST 81, S.50; WONNACOT 77].

Mit diesem Rezept produzieren Sie die Tafel der Ergebnisse, die im Arbeitsblatt unten rechts zusammengestellt sind.

Das brauchen Sie:

X und Y sind zwei diskrete Zufallsvariablen mit den Ausprägungen x1,x2,... sowie y1,y2,...

f(xi,yi) ist ihre gemeinsame Wahrscheinlichkeitsfunktion

1. Die Tabelle der gemeinsamen Wahrscheinlichkeitsfunktion $f(x_i, y_i)$, oder die *relativen Häufigkeiten*: dividieren Sie jeden Wert aus der Tafel der absoluten Häufigkeiten durch die Gesamtzahl 500.
2. Die *Randverteilungen* $f_X(x)$ und $f_Y(y)$, d.h. die Zeilen- und Spaltensummen.
3. Dividieren Sie die absoluten Häufigkeiten durch die Spaltensummen, so erhalten Sie die *bedingten* Häufigkeiten der Tabelle oben rechts (oder rel.H. durch $f_Y(y)$).
4. Der *Erwartungswert* E(X) der Zufallsvariablen X ergibt sich aus der X-Randverteilung: $E(X) = \sum_i x_i f_X(x_i)$; entsprechend finden Sie E(Y).
5. Die *Varianz* von X (oder Y) erhalten Sie ebenfalls aus der Randverteilung: $Var(X) = \sum_i x_i^2 f_X(x_i) - [E(X)]^2$
6. Die *bedingten* Erwartungswerte und Varianzen berechnen Sie mit Formeln gleicher Struktur.
7. Ein Maß für die Korrelation der Variablen X und Y ist die Kovarianz $Cov(X, Y) = E(XY) - E(X)E(Y)$. Die Berechnung von E(XY) geschieht nach folgender Formel: $\sum_i \sum_j x_i y_j f(x_i, y_j)$, -was im Arbeitsblatt als einfache Nebenrechnung (in K11:N15) abläuft.
8. Schließlich wird noch der *Korrelationskoeffizient* berechnet: $\rho(X, Y) = \frac{Cov(X,Y)}{\sigma_x \sigma_y}$; dabei ist $\sigma_x = \sqrt{Var(X)}$

So wird's gemacht:

1. Fertigen Sie die Tabelle der absoluten Häufigkeiten an, und kopieren Sie sie zweimal.

2. B12: =B4/$E$8; von B12 bis D15 kopieren.
   F4:   =B12/B$16; von F4 bis H7 kopieren.
   I4:   =A4*F4; von I4 bis I7 kopieren. I8: =SUMME(I4:I7)
   J4:   =A4*I4; von J4 bis J7 kopieren. J8: =SUMME(J4:J7)

Die meisten Formeln werden einfach kopiert

3. B16: =SUMME(B12:B15);   C16: =SUMME(C12:C15)
   D16: =SUMME(D12:D15);   B17: =B11*B16, usw. bis D17
   B18: =B17*B11, usw. bis D18
   E12: =SUMME(B12:D12); bis E18 kopieren.
   F12: =A12*E12; bis F15 kopieren.   F16: =SUMME(F12:F15)
   G12: =A12*F12; bis G15 kopieren.   G16: =SUMME(G12:G15)

4. I11: =F16; I12: =E17; I13: =G16-I11^2; I14: =E18-I12^2
   I15: =I8; I16: =J8-I8^2; I17: =N15-I11*I12;
   I18: =I17/WURZEL(I13*I14)

In K11:N15 steht die Berechnung von E(XY)

5. K11: =$A12*B$11*B12; bis M14 kopieren. Mit Summenwerkzeug die Summe aller Zellen von K11:M14 bilden. Das Ergebnis ist E(XY) und steht in N15.

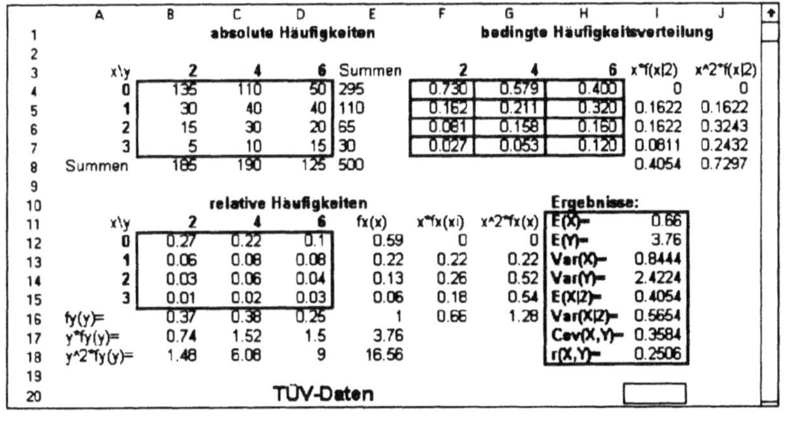

Der "Übersicht" wegen wurden alle Berechnungen auf einem Arbeitsblatt vorgenommen

	A	B	C	D	E	F	G	H	I	J
1			absolute Häufigkeiten				bedingte Häufigkeitsverteilung			
2										
3		x\y	2	4	6	Summen	2	4	6	x*f(x|2)	x^2*f(x|2)
4		0	135	110	50	295	0.730	0.579	0.400	0	0
5		1	30	40	40	110	0.162	0.211	0.320	0.1622	0.1622
6		2	15	30	20	65	0.081	0.158	0.160	0.1622	0.3243
7		3	5	10	15	30	0.027	0.053	0.120	0.0811	0.2432
8	Summen	185	190	125	500				0.4054	0.7297
9										
10			relative Häufigkeiten						Ergebnisse:	
11		x\y	2	4	6	fx(x)	x*fx(xi)	x^2*fx(x)	E(X)= 0.66	
12		0	0.27	0.22	0.1	0.59	0	0	E(Y)= 3.76	
13		1	0.06	0.08	0.08	0.22	0.22	0.22	Var(X)= 0.8444	
14		2	0.03	0.06	0.04	0.13	0.26	0.52	Var(Y)= 2.4224	
15		3	0.01	0.02	0.03	0.06	0.18	0.54	E(X|2)= 0.4054	
16	fy(y)=	0.37	0.38	0.25	1	0.66	1.28	Var(X	2)= 0.5654	
17	y*fy(y)=	0.74	1.52	1.5	3.76			Cov(X,Y)= 0.3584	
18	y^2*fy(y)=	1.48	6.08	9	16.56			r(X,Y)= 0.2506	
19										
20				TÜV-Daten						

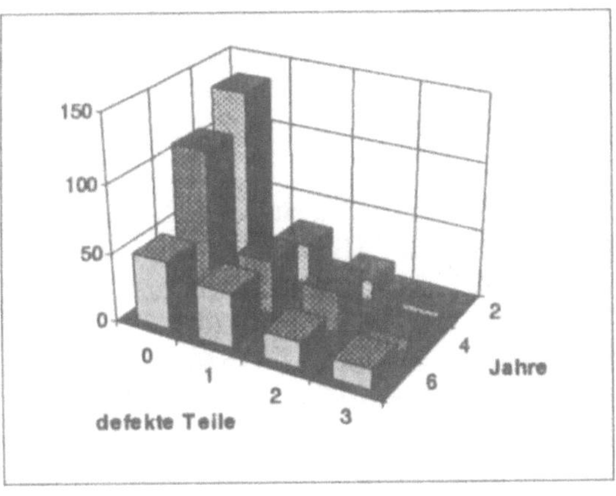

3D-Diagramm:

1. A3 löschen
2. A3:D7 markieren
3. Mit Diagrammassistent Rahmen aufziehen
4. 3D- Säulendiagramm Nr. 6 auswählen

5. Mit Skalierung kann die Reihenfolge der y-Werte

*Der Abbildung
können Sie ent-
nehmen, daß die-
se Wahrschein-
lichkeit 73.33%
beträgt*

Nicht selten steht man vor Fragestellungen der folgenden Art:
Die Dicke von Brettern sei normalverteilt mit dem Erwartungswert
$\mu = 1.4\ cm$ und mit der Standardabweichung $\sigma = 0.05\ cm$. Sie entnehmen der Produktion zufällig ein Brett und fragen sich: wie groß
ist die Wahrscheinlichkeit, daß seine Dicke zwischen 1.36 cm und
1.48 cm liegt? Oder: wie groß ist die Wahrscheinlichkeit, daß die
Dicke größer als 1.45 cm ist?
Fragen dieser Art beantwortet man mit Hilfe einer Tabelle der Standardnormalverteilung. In diesem Rezept berechnen wir diese Werte
mit Hilfe der EXCEL-Funktion =NORMVERT(), die sich unter *Einfü-
gen/Funktion/Statistik* befindet.

Das brauchen Sie :

1. Die Funktion =NORMVERT(*x,Mittel,Stand.Abw.,0/1*)
   Setzt man den letzten Parameter gleich 0, so erhält man
   den Wert der Wahrscheinlichkeitsdichte f(x). Mit dem
   Wert 1 berechnet EXCEL die Verteilungsfunktion F(x) an
   der Stelle x -bei gegebenen Werten von Erwartungswert
   und Standardabweichung.

   (*Excel* verwendet für die Funktion NORMVERT einen
   Algorithmus der folgenden Art: Für $0<=z<\infty$ gilt:
   $\Phi(z) \approx \varphi(z)\,(a\,t + b\,t^2 + c\,t^3 + d\,t^4 + e\,t^5)$. Darin bedeuten
   $\varphi(z) = \frac{1}{\sqrt{2\pi}}e^{-z^2/2}$ und $t := \frac{1}{1+rz}$ mit $r = 0.2316419$

   Die Konstanten lauten:
   a=0.319381530; b=-0.356563782; c=1.781477937
   d=-1.821255978; e=1.330274429
   Die Φ-Werte für negative Zahlen ergeben sich mit der
   Beziehung $\Phi(-z) = 1 - \Phi(z)$)

*C11: 95.45%
aller Bretter wei-
chen um weniger
als c=0.1cm vom
Erwartungswert
ab*

*C12: nur 4.55%
weichen um mehr
als 0.1cm vom
EW ab*

So wird's gemacht:

1. Die einzugebenden Daten befinden sich in B5:B8.
2. E6:   =NORMVERT($B$7;$B$5;$B$6;1)
   E7:   =NORMVERT($B$8;$B$5;$B$6;1)
3. G6:   =NORMVERT($B$7;$B$5;$B$6;0)
   G7:   =NORMVERT($B$8;$B$5;$B$6;0)
4. F10:   =WENN(B7="";"";E7-E6)
5. C11: =2*NORMVERT(2;0;1;1)-1

6. C12: =2*(1-NORMVERT(2;0;1;1))
7. E12: =1-E7;   G12: =E7;

	A	B	C	D	E	F	G	H
1								
2			Normalverteilung					
3								
4				Verteilungsfunktion und Dichte an den Stellen x1 und x2				
5	Erw.-Wert:	1,4		F(x)		f(x)		
6	Stand.Abw.:	0,05		Vert.Fkt.(x1):	0,21186	Dichte(x1):	5,79383	
7	x1=	1,36		Vert.Fkt.(x2):	0,94520	Dichte(x2):	2,21842	
8	x2=	1,48						
9								
10				P(x1<=X<=x2)= 0,7333				
11	Abweichung	P(IX-ul<=c)= 0,9545						
12	vom Erw.-Wert:	P(IX-ul>c)= 0,0455		P(X>x2)= 0,0548		P(X<=x2)= 0,9452		
13						(=Verteilungsfunktion)		
14								
15								

Die Wahrscheinlichkeit für die Abweichung vom Erwartungswert wird hier mit $c = 2\sigma$ berechnet.
Dann gilt $P(|X - \mu| \le 2\sigma) = 2 \cdot \Phi(2) - 1 = 0.9545$. Die TSCHEBY-SCHEW-Ungleichung $P(|X - \mu| \le k\sigma) > 1 - 1/k^2$ liefert mit k = 2 dage-gen $P > 0.75$. Dieses ängstliche Herabsetzen der Grenze auf nur 75% ist der Preis für die Universalität dieser Abschätzung.

Eine Zufallsgröße X heißt *normalverteilt*, wenn ihre Wahrscheinlich-keits*dichte* durch $f(x) = \dfrac{1}{\sigma\sqrt{2\pi}}e^{-\frac{1}{2}(\frac{x-\mu}{\sigma})^2}$ gegeben ist (bei diskreter Zufallsvariable X heißt *f(x)* auch Wakrscheinlichkeits*funktion*). μ ist der Erwartungswert- und σ die Standardabweichung von X. Ihr Graph ist die GAUßsche Glockenkurve. Die Wahrscheinlichkeit des Ereignisses "X<=x", also P(X<=x) = F(x), wird von der *Verteilungs-funktion* $F(x) = \int_{-\infty}^{x} f(t)dt$ geliefert.

Setzt man $\mu = 0$ und $\sigma = 1$, so erhält man die *Standardnormalvertei-lung*. Bei ihr schreibt man üblicherweise φ und Φ anstelle von f und F. Mit der Standardisierung $Z = \frac{X-\mu}{\sigma}$ kann man jede Normalvertei-lung in die Standardnormalverteilung überführen. Man kann dem-nach schreiben $F(x) = \Phi(\frac{x-\mu}{\sigma})$.

Das Arbeitsblatt zu 5.4 enthält auch die Ergebnisse von 5.5 und 5.6.

Sie werden sehen, daß die NORMVERT-Funktion des letzten Rezeptes mit Hilfe einer *Was-Wäre-Wenn*-Betrachtung leicht dazu gebracht werden kann, eine kleine Tabelle der Verteilungsfunktion F zu erzeugen, die dann problemlos in eine Grafik umgesetzt werden kann. Eingesetzt wird hier EXCELS Befehl *Mehrfachoperationen* aus dem Menü *Daten*.

Das brauchen Sie :

1. Das Arbeitsblatt des Rezeptes zur Normalverteilung
2. Den Befehl *Mehrfachoperationen* aus dem Menü *Daten*
3. Den Diagramm-Assistenten

So wird's gemacht:

1. Laden Sie das Arbeitsblatt zur Normalverteilung, und setzen Sie bitte den Zellzeiger auf C23. Tragen Sie ein: =E7
2. Zellzeiger auf B24; *Bearbeiten/Ausfüllen/Reihen* (*/BAH*) aufrufen. Wählen Sie: *Spalten, Inkrement*: 0,2; *Endwert*: 12, OK.
3. Markieren Sie bitte den Bereich B23:C94. Sodann *Daten/Mehrfachoperation...*anklicken.   In das Feld der Option *Werte aus Spalte* tragen Sie ein: B8. (Der x-Wert in B8 soll durch die x-Werte des Bereichs B24:B94 ersetzt werden. In *Werte aus Zeile* nichts eintragen.)

   In die Zellen von C24 bis C94 setzt EXCEL die Arrayformel {=MEHRFACHOPERATION(;B8)}. Das erste Argument wird hier nicht benötigt.
4. Mit Hilfe des Diagramm-Assistenten ziehen Sie die Grafik auf.

EXCEL setzt der Reihe nach alle x-Werte von B24 bis B94 in B8 ein und überträgt die jeweiligen F-Werte aus E7 in die Zellen C23:C94

Tabelle (teilweise) und Graph der Verteilungsfunktion der Normalverteilung mit dem Erwartungswert 5 und der Standardabweichung 2

Tabelle ist bei NR5_4_6

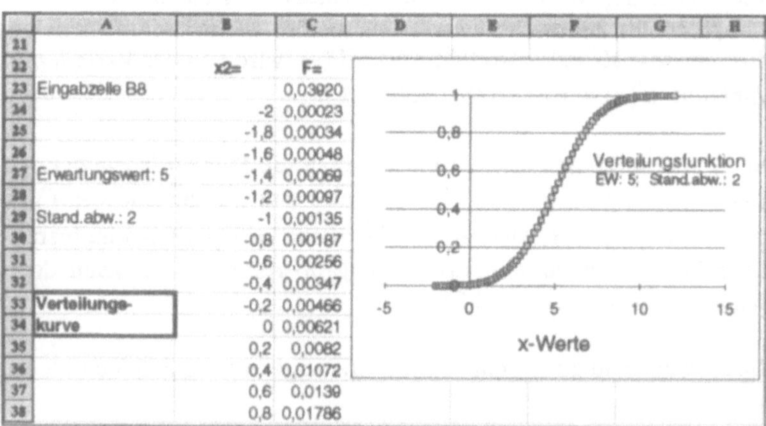

	A	B	C
21			
22		x2=	F=
23	Eingabzelle B8		0,03920
24		-2	0,00023
25		-1,8	0,00034
26		-1,6	0,00048
27	Erwartungswert: 5	-1,4	0,00069
28		-1,2	0,00097
29	Stand.abw.: 2	-1	0,00135
30		-0,8	0,00187
31		-0,6	0,00256
32		-0,4	0,00347
33	Verteilungs-	-0,2	0,00466
34	kurve	0	0,00621
35		0,2	0,0082
36		0,4	0,01072
37		0,6	0,0139
38		0,8	0,01786

Nachdem wir mit der grafischen Darstellung der Verteilungsfunktion Erfolg hatten, sollte es eigentlich auch möglich sein, die Graphen der N(0;1)- und der N(5;2)- *Dichte*funktionen darzustellen. Diesmal gehen wir nicht den Umweg über die *Mehrfachoperationen*, wir berechnen die Funktionswerte direkt mit EXCELS NORMVERT-Funktion.

Das brauchen Sie:

1. Die Funktion =NORMVERT(), vergl. Rezept 5.4
2. Den Diagramm-Assistenten

So wird's gemacht:

1. Gestalten Sie das Arbeitsblatt nach der folgenden Abbildung. In B3 und C3 stehen die Erwartungswerte 0 und 5. In B4 und C4 befinden sich die Standardabweichungen 1 und 2.
2. Füllen Sie den Bereich A6:A76 mit Hilfe von **/BAH** (Startwert -4 in A6); *Spalten, Inkrement*: 0,2; *Endwert*: 10. ☑
3. B6:   =NORMVERT(A6;$B$3;$B$4;0)
4. C6:   =NORMVERT(A6;$C$3;$C$4;0); B6 und B7 bis Zeile 76 kopieren (mit Ausfüllkästchen).
5. Mit dem Diagrammassistenten legen Sie ein XY-Diagramm an (A6:C76 vorher markieren). Das Diagramm befindet sich auf der Begleitdiskette bei NR5_4_6.

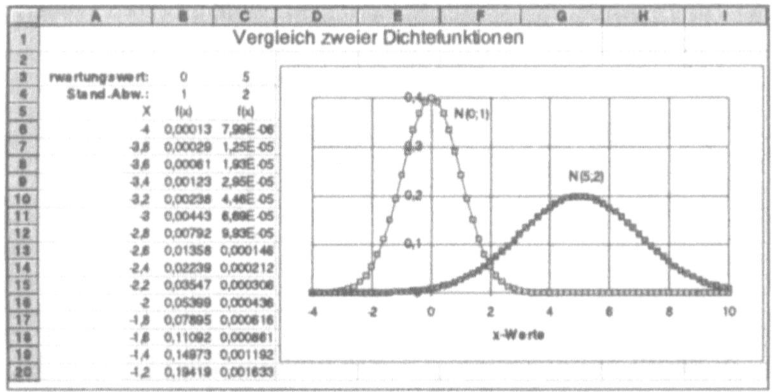

	A	B	C
1			Vergleich zweier Dichtefunktionen
2			
3	rwartungswert:	0	5
4	Stand.Abw.:	1	2
5	X	f(x)	f(x)
6	-4	0,00013	7,99E-06
7	-3,8	0,00029	1,25E-05
8	-3,6	0,00061	1,93E-05
9	-3,4	0,00123	2,95E-05
10	-3,2	0,00238	4,46E-05
11	-3	0,00443	6,69E-05
12	-2,8	0,00792	9,93E-05
13	-2,6	0,01358	0,000146
14	-2,4	0,02239	0,000212
15	-2,2	0,03547	0,000306
16	-2	0,05399	0,000436
17	-1,8	0,07895	0,000616
18	-1,6	0,11092	0,000861
19	-1,4	0,14973	0,001192
20	-1,2	0,19419	0,001633

Gaußsche Glockenkurven für die Erwartungswerte 5 und 0 sowie Standardabw. 2 und 0

Die beiden Wendepunkte der Dichtefunktion liegen bei $\mu \pm \sigma$. Das Maximum hat die Koordinaten (μ; $1/\sigma\sqrt{2\pi}$). Bei der N(0;1)-Verteilung beträgt die Höhe des Maximums ca. 0,399.

Zur Berechnung von Konfidenzintervallen und fürs Schätzen brauchen wir zu einem gegebenen Wert der Verteilungsfunktion Φ das zugehörige z, d.h. wir müssen die Gleichung $\Phi(z) = 1 - \alpha$ umkehren. Geschlossen geht's nicht, aber für Näherungslösungen gibt's eine Reihe von Methoden, vergl. [HARTUNG 89, S. 891] sowie [BOSCH 86, S. 61]. Wir verwenden die Funktion =NORMINV(), die sich bei EXCEL unter *Einfügen/Funktion/Statistik* findet.

Das brauchen Sie :

1. Die Funktion =NORMINV(*Wahrsch.,Mittel,Stand.abw.*)
   (Zur Berechnung der Quantile der Normalverteilung könnte man sich auch des folgenden Algorithmus bedienen: Für $0.5 \le \gamma := 1 - \alpha < 1$ gilt (auf 3 Dezimalstellen):
   $$z_\gamma \approx t - \frac{a+b\,t+c\,t^2}{1+d\,t+e\,t^2+f\,t^3} \quad \text{mit } t = \sqrt{-2\ln(1-\gamma)}$$
   a=2,515517;   b=0,802853;   c=0,010328
   d=1,432788;   e=0,189269;   f =0,001308
   Die z_γ-Quantile der Werte $0 < \gamma \le 0,5$ erhält man mit $z_\gamma = -z_{1-\gamma}$. Aus diesen z_γ-Quantilen der Standardnormalverteilung erhält man schließlich mit $x_\gamma = \mu + \sigma z_\gamma$ die x_γ-Quantile der $N(\mu; \sigma)$-Verteilung.)

So wird's gemacht:

1. Die Dateneingabe ersehen Sie aus dem Arbeitsblatt.
2. F10: =NORMINV(WENN(B5=1;B13;0,5+B13/2);B9;B10)
3. F12: =NORMINV(WENN(B5=1;B13;0,5+B13/2);0;1)

Das Arbeitsblatt berechnet ein- und zweiseitige Schwellenwerte

	A	B	C	D	E	F
1						
2			Umkehrung der Summenfunktion			
3						
4						
5	einseitig?	1	(d.h. oberer Schwellenwert)			
6	(ja=1;nein=0)		("nein" liefert zweiseitige Schwellenwerte für			
7			eine eingeschlossene Fläche)			
8						
9	Erwartungswert:	5,2		Quantile:		
10	Stand.abweichung:	1,25		x-Wert der N(u;s)-Verteilung:		6,8019
11						
12				z-Wert der N(0;1)-Verteilung:		1,2816
13	Wahrscheinlichkeit:	0,9				
14						
15						
16						

Aufgaben zu *Konfidenzintervallen* für das unbekannte Mittel μ einer gewissen Grundgesamtheit haben oft eine Standardgestalt, etwa so: Man erhält eine große Menge (N) von Batterien, von denen man wissen möchte, in welchem Intervall sich der Erwartungswert $\mu_{\bar{x}} = E(\bar{X})$ der Mittelwertgröße $\bar{X}$ (=Lebensdauer) befindet. Der Statistiker sagt Ihnen, daß es ausreicht, eine *Stichprobe* (Umfang n) zu untersuchen. Ist die Standardabweichung $\sigma_{\bar{x}} = \sigma_x / \sqrt{n}$ bekannt, so enthält das Zu-

fallsintervall $\left[\bar{X} - z\frac{\sigma_x}{\sqrt{n}}; \bar{X} + z\frac{\sigma_x}{\sqrt{n}} \right]$ den Erwartungswert $\mu_{\bar{x}}$ mit der

Sicherheit $\gamma = 2\Phi(z) - 1$ (zweiseitiges Intervall). Sie müssen also z durch Umkehrung der Φ-Funktion gewinnen und haben dann zum konkreten Mittelwert $\bar{x}$ der Stichprobe den sogenannten Stichprobenfehler $a_{\bar{x}} = z\frac{\sigma_x}{\sqrt{n}}$ zu addieren, bzw. davon zu subtrahieren.

Ist σ_x nicht bekannt, so ist der *Schätzwert* $s = \sqrt{\frac{1}{n-1} \sum_{i=1}^{n} (x_i - \bar{x})^2}$ zu benutzen. Ist der Stichprobenumfang zu klein, n<30, so nehmen Sie die *t-Verteilung*, vergl. Sie bitte die folgenden Rezepte.

Bei zweiseitigen Stichproben ist z zu 1-a/2 zu berechnen. Bei einseitigen verwendet man z zu 1-a.

Die Konfidenzwahrscheinlichkeit Gamma ist gleich 1-a; a=Irrtumswahrscheinlichkeit

Das brauchen Sie:

1. Die EXCEL-Funktion =NORMINV() zur Umkehrung der Φ- Funktion
2. Die EXCEL-Funktion =KONFIDENZ() für zweiseitige Intervalle (wird aber auch mit NORMINV erledigt)

So wird's gemacht:

1. D9: =WENN(B9=1;B14-G19;""); E9: =WENN(B9=1;"<=u<=";""); F9: =WENN(B9=1;B14+G19;""); entsprechend D7, D8 usw.
2. E14: =WENN(B9=1;0.5+B16/2;B16); E16: =WENN(E14<=0.5;1-E14;E14); G14: =NORMINV(E16;0;1)
3. G16: =ABS(G14*B15/=WURZEL(B13))

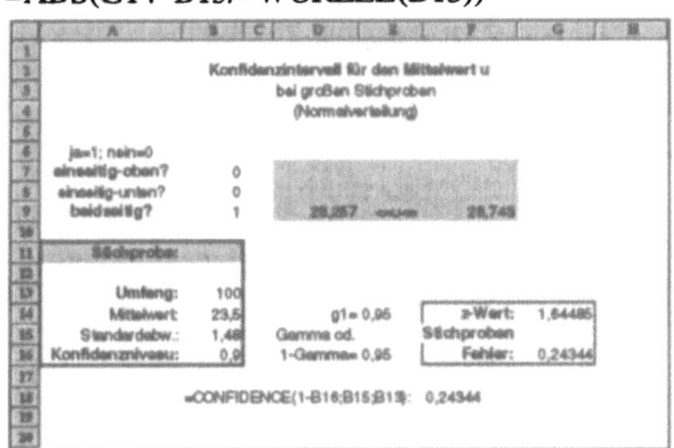

Für zweiseitige Intervalle kann der Stichprobenfehler auch mit der EXCEL-Funktion KONFIDENZ berechnet werden. Auch das Analysis-Tool *berechnet Konfidenzintervalle (vergl. descript. Statistics).*

Im Jahre 1908 fand W.S.Gosset die Student-Verteilung, auch t-Verteilung genannt, die bei *kleinem Stichprobenumfang* an die Stelle der Normalverteilung tritt. (Student ist ein Pseudonym.) Wir benötigen zur Berechnung von Konfidenzintervallen die sogenannten t-Werte (t-Quantile), d.h. die Lösung der Integralgleichung $\Phi_s(t_{1-\alpha;f}) = 1 - o$.

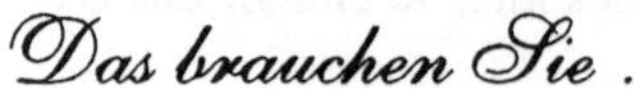

TINV()
*berechnet
zweiseitige
t-Werte*

$\mathcal{D}$as brauchen $\mathcal{S}$ie :

1. Die Funktion =TINV(*Wahrsch;Freiheitsgrade*)
   Zum Vergleich werden die t-Werte auch mit folgender Formel berechnet:

2. $t_{f,q} \approx \dfrac{au+bu^3+cu^5+du^7+eu^9}{92160f^4}$ mit folgenden Werten für die Konstanten:

3. $a = 92160f^4 + 23040f^3 + 2880f^2 - 3600f - 945$
   $b = 23040f^3 + 15360f^2 + 4080f - 1920$
   $c = 4800f^2 + 4560f + 1482$
   $d = 720f + 776; \ e = 79$
   $u =$ Quantile der N(0;1)-Verteilung

$\mathcal{S}$o wird's gemacht:

1. Holen Sie sich TINV mit Hilfe von *Einfügen/Funktion*, Kategorie: *Statistik*, oder tippen Sie sie einfach ein:
   G6:   =WENN(B16<=0,5;-TINV(E8;F);TINV(E8;F); F ist E13
   E7:   =WENN(B7=1;1-B16;0,5+B16/2)
   E8:   =WENN(E7<=0,5;2*E7;2*(1-E7))

2. Bei der Auswertung der *Formel* habe ich mich an eine BASIC-Version von K.Bosch angelehnt, vergl. [Bosch 86,S.74 und Mehr 92,S.136]. Das Arbeitsblatt auf der Begleitdiskette enthält die hier fehlenden Einzelheiten.

Alle Zellen wurden mit Strg+F3 *benannt;* E13 *heißt* F, J6 *ist* A
J12: T, J13: ZA....

G16:
WENN(B16<=
0.5; -TQ;TQ)

E15:
WENN(B7=1;B16; 0.5+B16/2)

E16: (=Q)
WENN(E15<=0.

	A	B	C	D	E	F	G	H	I	J
2				t-Verteilung						
4										Rechnung:
6					t-Wert nach EXCEL:	1,7531			A=	4,7E+09
7	einseitig?	1		g1=	0,05				B=	8,1E+07
8	(ja=1;nein=0)			g od. 1-g	0,1				C=	1149882
9									D=	11576
12				Freiheitsgrade:					T=	2,44775
13	Umfang:	16		f=	15				ZA=	4,54258
14									NE=	5,66028
15				g1=	0,95				ZQ=	1,64521
16	Gamma:	0,95		g od. 1-g:	0,95	t-Wert:	1,7535		RG=	4,7E+09
17									H=	2,70672
18									TQ=	1,75347

Sie haben eine *kleine* Meßreihe (Stichprobe) von Daten mit berechneten $\bar{x}$ und s vorliegen (n<30) und möchten wissen, in welchem Bereich das wahre Mittel μ liegen mag. Sie kennen von der Normalverteilung her: ist $\bar{x}$ das arithmetische Mittel einer Stichprobe und $a_{\bar{x}}$ der *Stichprobenfehler*, so schließt das Intervall $\bar{x} - a_{\bar{x}} < \mu < \bar{x} + a_{\bar{x}}$ (Vertrauensintervall) den unbekannten Erwartungswert der Grundgesamtheit mit der *statistischen Sicherheit* $(1-\alpha) \cdot 100\%$ ein. Dieses Intervall gilt es jetzt für n<30 zu berechnen.

Das brauchen Sie:

1. Die Formel für den Stichprobenfehler bei kleinem Stichprobenumfang (n<30) aber *großer Grundgesamtheit*:
   $$a_{\bar{x}} = \frac{s}{\sqrt{n}} t_{1-\alpha;f} \text{ bei } \textit{einseitigem} \text{ Vertrauensbereich und}$$
   $$a_{\bar{x}} = \frac{s}{\sqrt{n}} t_{1-\alpha/2;f} \text{ bei } \textit{zweiseitigem} \text{ Vertrauensbereich.}$$

2. Zieht man eine Stichprobe (n) aus einer kleinen Grundgesamtheit (N), so ist in $a_{\bar{x}}$ für den Fall »nicht Zurücklegen« noch der Korrekturfaktor $\sqrt{\frac{N-n}{N-1}}$ aufzunehmen.

3. Die t-Werte berechnen wir mit der TINV-Funktion.

μ erhalten Sie mit ALT 230

So wird's gemacht:

1. E15: =WENN(B9=0;1-B16;0,5+B16/2);
   E16: =WENN(E15<=0,5;2*E15;2*(1-E15))
   E7: =WENN(B7=1;B14-G19;""); E8: =WENN(B8=1;B14+G19;""); F7: =WENN(B7=1;"<=µ";""); D8:=WENN(B8=1," µ<=";"")
   E9:=WENN(B9=1;B14-G19;"");G9:=WENN(B9=1;B14+G19;"")
   G16: =WENN(B16<=0,5;-TINV(E16;F);TINV(E16;F)); F ist E13
   G19: =B15*G16/WURZEL(B13) (=Stichprobenfehler)

Eine Stichprobe (Meßreihe) vom Umfang n=24 ergab ein arithm. Mittel von 1.08148 bei einer Stand.abw. von s=0.00258. Nur in 5 von 100 Fällen wird das wahre Mittel nicht im Intervall [1.0804;1.0826] liegen.

	A	B	C	D	E	F	G	H
1								
2		Konfidenzintervall für den Erwartungswert µ						
3		bei kleinen Stichproben						
4		(t-Verteilung)						
5								
6	ja=1; nein=0							
7	einseitig-oben?	0						
8	einseitig-unten?	0						
9	beidseitig?	1			1,08039	<=µ<=	1,0826	
10								
11	Stichprobe:							
12								
13	Umfang:	24		f=	23			
14	Mittelwert	1,081						
15	Standardabw.:	0,003		Q2=	0,975			
16	Konfidenzniveau:	0,95		Q1=	0,05	t-Wert:	2,06865	
17								
18						Stichproben		
19						Fehler:	0,00109	
20								

$H_0 : \mu \geq 230$

*Signifikanz-
niveau: 90%*

$$k = \sqrt{\tfrac{N-n}{N-1}}$$

*Hier werden die
z-Werte nicht er-
rechnet; eine Ta-
belle wird
eingesetzt!*

*D34 wird für's
Konfidenzinter-
vall benötigt*

P-Wertetafel:

A24   C24

60   0.26   0.84
65   0.39   0.94

....

95   1.65   1.96
99   2.33   2.58

*Die B-Spalte ent-
hält die z-Werte
beim einseitigen
Test; die C-Spal-
te gilt für zwei-
seitige Tests*

Ihr Lieferant behauptet, die mittlere Lebensdauer der N=3000 geschickten Batterien betrage mind. 230 Stunden (*Nullhypothese*).
Sie entschließen sich, diese Nullhypothese gegen die *Alternativhypothese $H_a : \mu < 230$* zu testen. Gleichzeitig soll auch ein Konfidenzintervall für den wahren Erwartungswert der Lebensdauer errechnet werden. Sie untersuchen eine Stichprobe von 50 Batterien und finden: mittlere Lebensdauer: 223 Stunden; Standardabw.: s = 21 Stdn.

Das brauchen Sie:

1. Kritische Werte: $c_k = \mu_0 \pm a$ mit $a = z_k \dfrac{\sigma_x}{\sqrt{n}}$, evtl. einen Korrekturfaktor k verwenden.
2. Eine kleine Tafel der z-Werte (A24:C32)
3. Für das Konfidenzintervall kann man auch die Funktion =KONFIDENZ(*Alpha;Standabwn;Umfang_S*) benutzen

So wird's gemacht:

1. D32: =SVERWEIS(B14;A24:C32;B34+1)
2. A34: =$D$32*E8/WURZEL(E6)*B35 (mit k multipliziert)
   B34: =WENN(B13=1;2;1); D34: =SVERWEIS(B14;A24:C32;3)
3. E11: =WENN(B11=1;B6+A34;"")
   F11: =WENN(B11=1;WENN(E$7>=E11;"ablehnen   ";"annehmen");""); Bei E12: =WENN(B12=1;B6-A34;"")
   F12: =WENN(B12=1;WENN(E$7<=E12;"ablehnen";"ann";"")
4. E13: =WENN(B13=1;B6-$D$32*E8/WURZEL(E6);"")
   G13: =WENN(B13=1;B6+$D$32*E8/@WURZEL(E6);"")
5. E15: =WENN(B13=1;WENN(ODER(E7<=E13;E7>=G13);"Sie sollten ablehnen";"Sie sollten annehmen");"")
6. B17: =E7-$D$34*E8/WURZEL(E6)*B35
   D17: =E7+$D$34*E8/WURZEL(E6)*B35

	A	B	C	D	E	F	G
2		Test des Erwartungswertes μ (n>30)					
3							
4	Nullhypothese:			Stichprobe:			
5	(Sollwert)						
6	μo=	230		Umfang n:	50		
7				Mittelwert:	223		
8	Umfang N der Gesamtheit	3000		Standardabw.:	21		
9	0,9918						
10	Alternativhypothese:			Ergebnis:	Grenze:		
11	μ>μo?(ja=1/nein=0)	0					
12	μ<μo?	1			226,23 ablehnen		
13	μ<>μo?	0					
14	gewünschte Sicherheit:	90	%				
15				Falls B13=1:			
16	Konfidenzintervall						
17	für den wahren Mittelwert:	218,14	und	227,86			

Beim Stichprobenumfang **n<30** ist die t-Verteilung zu verwenden.
Beispiel: Es wird behauptet, daß eine große Firma in Fragen der Beförderung Frauen benachteiligt. Männer erhalten im Durchschnitt ihre erste Beförderung nach 3.5 Jahren. Eine Zufallsstichprobe von 25 Frauen, die vergleichbar lange bei der Firma waren, ergab, daß sie im Schnitt erst nach 4.2 Jahren aufstiegen. Die Standardabweichung betrug s = 1.4 Jahre; Signifikanzniveau 95%.

Sie testen die Hypothese $\mu>\mu o$; Ho: $\mu o=3,5$

Das brauchen Sie:

1. Die Funktion =TINV(*Wahrsch;Freiheitsgrade*)

So wird's gemacht:

F ist der Name für E11

1. E15: =WENN(B15=0;1-B16;0.5+B16/2);
   E16: =WENN (E15<= 0.5; 2*E15;2*(1-E15));
   E18: =WENN(B16<=0.5;-TINV(E16;F);TINV(E16;F));
   E19: =G10*E18/WURZEL(G8); G13: =WENN(B13=1;B8+E19;""); H13: =WENN(B13=1;WENN(G9>=G13;"µo ablehnen";"µo annehmen");""); G14: =WENN(B14=1;B8-E19;"");
   G15: =WENN(B15=1;B8-E19;""); G20: =G9-E19; I20: =G9+E19
2. H16: =WENN(B15=1;WENN(ODER(G9<=G15;G9>=I15);"µo ablehnen";"µo annehmen");"")

Der Aufbau des Arbeitsblattes ist dem vorigen Rezept ähnlich

3. *Ergebnis:* Da 4.2 > 3.98 ist, sollten Sie die Nullhypothese ablehnen. Die durchschnittl. Zeit für Frauen ist >3.5 Jahre.

	A	B	C	D	E	F	G	H	I
1									
2			Test des Erwartungswertes µ (n<30)						
3			(mit t-Verteilung)						
4									
5									
6	Nullhypothese:					Stichprobe:			
7	(Sollwert)								
8	µo=	3,5				Umfang n:	25		
9						Mittelwert:	4,2		
10				Freiheitsgrade:		Stand.abw.:	1,4		
11	Alternativhypothese:			f=	24				
12						Ergebnis:	Grenze:		
13	µ>µo?(ja=1/nein=0)	1					3,98	µo ablehnen	
14	µ<µo?	0							
15	µ<>µo?	0		g1=	0,05				
16	Signifikanzniveau:	0,95		g od. 1-g:	0,1				
17									
18				t-Wert:	1,7109				
19				a=	0,479047				
20				Konfidenzintervall:		von	3,72	bis	4,679
21									
22									

In der Praxis tritt der Fall kleiner Stichproben besonders häufig auf

Dieses Arbeitsblatt ist jedoch auch bei großem Stichprobenumfang einsetzbar. Die t-Verteilung strebt mit wachsendem n gegen die N(0;1)-Verteilung

Im Berufsleben sind häufig Entscheidungen zu treffen, die sich auf *Änderungen* bzw. auf *Gleichheit* zweier Prozesse, Methoden (z.B. Lehr -oder Produktionsmethoden), usw. beziehen. Da es sich dabei oft um viel Geld handelt, ist das Fällen einer Entscheidung besonders kritisch und schwierig. Ich gebe Ihnen ein weniger tragikanfälliges *Beispiel*: zwei Meßinstrumente werden zur Messung einer gewissen Größe, z.B. einer Stromstärke, eingesetzt. Gerät 1 liefert bei 8 Messungen einen Mittelwert von $\bar{x}_1 = 1,486$, Gerät 2 ergibt mit 13 Messungen das arithmetische Mittel $\bar{x}_2 = 1,492$. Die Standardabweichungen der beiden Stichproben sind $s_1 = 0,026$ und $s_2 = 0,021$. (Geben Sie immer derjenigen Stichprobe den Index 1, die die größte Varianz hat.) Die Frage ist, ob beide Anzeigen signifikant verschieden sind oder ob man sagen kann, daß die Mittelwerte μ_1 und μ_2 der zugrundeliegenden Grundgesamtheiten gleich sind.

Wir setzen voraus, daß beide Stichproben unabhängig sind und daß die Grundgesamtheiten von gleicher Varianz sind

---

Das brauchen Sie :

1. Sie müssen wissen, ob beide Grundgesamtheiten gleiche Varianzen haben (F-Test). (Das ist der Fall, wenn der Quotient s_1^2/s_2^2 kleiner ist als der zugehörige Wert $F_{1-\alpha;f_1,f_2}$ der F-Verteilung, den Sie für $\alpha = 0,05$ mit =FINV(0,05;7;12) erhalten. Dies trifft hier zu: 1,53 < 2,91)

2. Eine Prüfgröße y für die Differenz $d = \bar{x}_1 - \bar{x}_2$ der beiden Mittelwerte: $y = \frac{d}{s}\sqrt{\frac{n_1 n_2}{n_1+n_2}}$. Die Gesamtvarianz ist gegeben durch $s^2 = \frac{(n_1-1)s_1^2+(n_2-1)s_2^2}{n_1+n_2-2}$ *(pooled variance)*

3. Nullhypothese Ho: $\mu_1 = \mu_2$. Gegenhypothesen :
   $$H_a : \mu_1 < \mu_2; \mu_1 > \mu_2; \mu_1 \neq \mu_2$$
   Im Falle $\mu_1 > \mu_2$ verwerfen Sie Ho, wenn $y > t_{1-\alpha;f}$ ist. (Den t-Wert liefert Ihnen wieder unser Rezept zur t-Verteilung.) Wählen Sie $\mu_1 < \mu_2$, so lautet Ihr Kriterium zur Ablehnung von Ho: $y < -t_{1-\alpha;f}$. Im allgemeinen aber werden Sie $\mu_1 \neq \mu_2$ wählen. Ist dies so, dann werden Sie Ho ablehnen, falls $|y| > t_{1-\alpha/2;f}$ eintritt.

4. Das *Konfidenzintervall* für die Differenz der Erwartungswerte lautet:
   $$[d - t\,d/y; d + t\,d/y]$$

Haben beide Grundgesamtheiten gleiche Varianzen, so ist die Zahl der Freiheitsgrade $f=n_1+n_2-2$

So wird's gemacht:

1. B14: =((B10*B8^2+C10*C8^2)/H8); B15: =(1/B9+1/C9)
   B16: =WURZEL(B14*B15);   B17: =B12/B16 (=y)
2. E15: =WENN(D15=1;H4*B16;-H4*B16)
3. F15: =WENN(D15=0;H4*B16;"")
4. G15: =WENN(D15=1;WENN(B12>E15;"μ1 ist größer als μ2" ;"μ2 ist größer als μ1");WENN(ODER(B12<E15;B12>F15); "Ho ablehnen";"Ho nicht ablehnen"))
5. D20: =WENN(D15=0;B12-H4*B12/B17;"")
   F20: =WENN(D15=0;B12+H4*B12/B17;"")
6. H4:   =WENN(B5<=0,5;-TINV(H11;F);TINV(H11;F))
   H10: =WENN(D15=1;1-B5;0,5+B5/2)
   H11: =WENN(H10<=0,5;2*H10;2*(1-H10))

In B15 und B16 stehen Hilfsgrößen

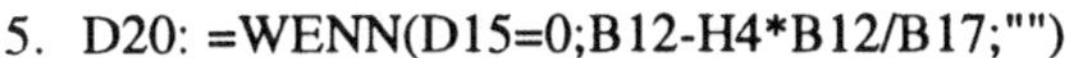

	A	B	C	D	E	F	G	H
1								
2		**Test auf Gleichheit zweier Erwartungswerte**						
3		(unverbundene Stichproben gleicher Varianz)						
4							**t-Wert:**	2,0930
5	Konfidenzniveau:	0,95						
6		Probe1:	Probe2:					
7	Mittelwert:	1,486	1,492				Freiheitsgrade:	
8	Stand.abw.:	0,026	0,021				f=	19
9	Stichpr.Umfang:	8,000	13,000					
10	n-1:	7,000	12,000				g1=	0,975
11							g od. 1-g=	0,05
12	d:=μ1-μ2=	-0,006	Hypothesentest :					
13			Ho: μ1=μ2					
14	Gesamtvarianz s^2:	0,00053			Grenze(n):			
15	B=	0,202	einseitig?	0	-0,022	0,022	Ho nicht ablehnen	
16	C=	0,010	(ja=1;nein=0)					
17	Prüfgröße y:	-0,581						
18								
19	Gesamtvarianz=		Konfidenzintervall:	(μ1-μ2)	liegt			
20	pooled variance		zwischen	-0,028	und	0,016		
21								

Die Nullhypothese $\mu_1=\mu_2$ wird zum 5%-Niveau gegen die Alternative $\mu_1<>\mu_2$ getestet

Zusätzlich wird ein Konfidenzintervall errechnet

Im *Analysis Tool Pack* (unter *Optionen* laden) bietet EXCEL drei Module zu t-Tests an. Hier verwenden Sie das Modul: *t-Test: Two-Sample Assuming Unequal Variances.* Sie müssen zwei vollständige Meßreihen eingeben. Das Programm berechnet Mittelwerte, Varianzen usw.

Interpretation der Ergebnisse:
Da die Differenz d = -0,006 im Innern des Intervalls [-0,022; 0,022] liegt, ist es dem Test nicht gelungen, die Nullhypothese abzuweisen. Mit 95% Sicherheit kann man demnach annehmen, daß beide Grundgesamtheiten gleiche Erwartungswerte haben oder: die Anzeige von Gerät 1 ist zum 5%-Niveau nicht signifikant verschieden von der Anzeige des Gerätes 2.

Auf einem Signifikanzniveau von $\alpha = 0.05$ soll überprüft werden, ob das Körpergewicht von neugeborenen Mädchen normalverteilt ist. Eine Klinik untersuchte 140 Neugeborene und ordnete die Gewichte in 11 Klassen, je mit einer Breite von 200 g.

Das brauchen Sie:

1. Klassenmitten $x_i{'}$ und beobachtete abs.Häufigkeiten $h_{i,b}$
2. Formel zur Berechnung des Erwartungswertes bei klassifizierten Daten mit k Klassen und N Beobachtungen:

$$\mu = \frac{1}{N} \sum_{i=1}^{k} x_i{'} h_i$$

3. Formel für die Varianz: $\sigma^2 = \frac{1}{N} \sum_{i=1}^{k} (x_i{'} - \mu)^2 h_i$

4. Formel für Chi-Quadrat-Test: $\chi^2 = \sum_{i=1}^{k} \frac{(h_{bi} - h_{ei})^2}{h_{ei}}$

5. Die Funktion =NORMVERT(*x;Mittel;Stand.Abw.;1*)
6. Den Befehl *Mehrfachoperationen* aus dem Menü *Daten*
7. Die Funktion =CHIINV(*Wahrsch;Freiheitsgrade*) zur Berechnung des kritischen CHI-Wertes

So wird's gemacht:

1. Legen Sie sich das abgebildete Arbeitsblatt an.
2. Die Spalten A, B und D mit den gemessenen Daten füllen.
   C5: =(A5+B5)/2 bis C15 kopieren; E5: =C5*D5; kopieren.

	A	B	C	D	E	F	G	H	I	J
1				Prüfung auf Normalverteilung						
2							Was-Wenn?	F		
3	Grenzen:		Mitte	hi,b	xi'*hi	xi'-u)^2*hi		0,0000	hi,e	Chi^2
4			xi'				-10000	0,0000		
5	2200	2400	2300	5	11500	5216582	2400	0,0235	3,29	0,886
6	2400	2600	2500	6	15000	4048469	2600	0,0600	5,10	0,157
7	2600	2800	2700	8	21600	3089388	2800	0,1305	9,88	0,357
8	2800	3000	2900	14	40600	2486429	3000	0,2442	15,92	0,231
9	3000	3200	3100	17	52700	833520	3200	0,3968	21,36	0,889
10	3200	3400	3300	29	95700	13316	3400	0,5672	23,87	1,104
11	3400	3600	3500	24	84000	765306	3600	0,7259	22,21	0,144
12	3600	3800	3700	18	66600	2579694	3800	0,8488	17,21	0,036
13	3800	4000	3900	8	31200	2677959	4000	0,9282	11,11	0,871
14	4000	4200	4100	6	24600	3637041	4200	0,97086	5,97	0,000
15	4200	4400	4300	5	21500	4788010	10000	1	4,06	0,208
16			N=	140		30135714				
17	Erw.-Wert:	3321,429		µ:	3321,4				Chi^2=	4,883
18	Stand.Abw.:	463,9559		Sigma:	463,956					
19	N:	140							Chi-krit=	15,507
20	X=	10		F-Wert:	4,79E-13				Grafik====>	

D16: =SUMME(D5:D15); (mit **Ctrg+F3** mit *Anzahl* bezeichnen)
E17: =SUMME(E5:E15)/ANZAHL; (wird MU genannt).
3. F5: =(C5-MU)^2*D5; kopieren bis F15
   F16: =SUMME(F5:F15); F18: =WURZEL(F16/ANZAHL);
       (dies wird SIGMA genannt)
   F20: =NORMVERT(B20;B17;B18;1)
4. H3: =F20; (in F20 befindet sich der Wert von F(x)).
5. Die Funktionswerte von F werden mit Hilfe des Befehls *Mehr-fachoperationen* in H4 bis H15 berechnet: G3 bis H15 markieren und *Daten/Mehrfachoperationen* anklicken. In das Feld *Werte aus Zeile* nichts eintragen. In *Werte aus Spalte* wird B20 eingetragen. (Der x-Wert in B20 wird von EXCEL durch die Werte in G4:G15 ersetzt. G4 und G15 wurde so belegt, daß H4 den Wert Null und H15 den Wert Eins ergibt. x steht auf 10, um in H3 ebenfalls 0 zu erzeugen.)
6. In der Spalte I werden die *errechneten* Häufigkeiten ausgegeben:
   I5: =(H5-H4)*ANZAHL; kopieren bis I15.
7. J5: =(D5-I5)^2/I5, bis J15 kopieren.
8. J17: =SUMME(J5:J15); das ist der Wert von CHI-Quadrat.

Damit der CHI-Quadrat-Test angewendet werden konnte -Häufig-keiten >=5-, habe ich die Werte in Spalte D "frisiert"; andernfalls wäre es nötig gewesen, einige Klassen zusammenzufassen.)
Die Zahl der Freiheitsgrade ist hier *Klassenzahl -3*, also 8. Der kritische CHI-Wert bei 5% ist 15,51 (=CHIINV(0,05;8).
Also ist anzunehmen, daß die Gewichte der weiblichen Babys normalverteilt sind. Die Abbildung zeigt dies ebenfalls deutlich.

Freiheits-grade = k-3. (3 = Anzahl der Bedingungen:

$\Sigma n_i = n; \mu = \bar{x}$

$und\ \ \sigma = s)$

Die Normal-verteilung der berechne-ten Häufig-keiten stimmt recht gut mit den gemesse-nen Gewich-ten der Babys überein

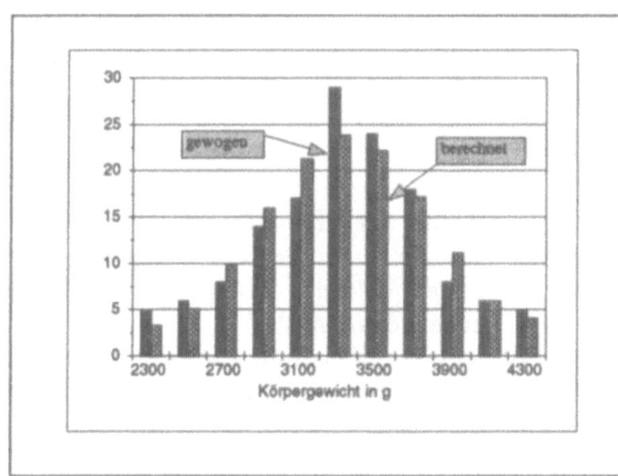

Eine grafische Methode zum Test einer Datenreihe auf Normalität besteht darin, zu den experimentellen kumulierten Häufigkeiten, die man als kumulierte Wahrscheinlichkeiten $P(Z<=z)$ einer standardisierten Zufallsgröße Z interpretiert-, die dazugehörenden z-Werte zu berechnen (mit Hilfe des z-Werte-Rezeptes 5.7).

Die z-Werte gegen die Gewichte G aufgetragen, sollten die Gerade $Z = \frac{G-\mu}{\sigma} = \frac{1}{\sigma}G - \frac{\mu}{\sigma}$ ergeben, deren Nullstelle den Erwartungswert, und deren Steigung den $1/\sigma$- Wert liefern, [ATHEN ET AL. 87, S.129].

Der graphische Normalitätstest mit Wahrscheinlichkeitspapier ist schnell ausgeführt

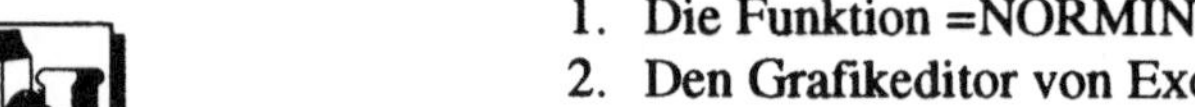

$\mathcal{D}as\ brauchen\ \mathcal{S}ie:$

1. Die Funktion =NORMINV(*Wahrsch.;Mittel;Std.abw.*)
2. Den Grafikeditor von EXCEL

Wenn die Meß-werte einer Normalvertei-lung folgen, so liegen sie alle in der Nähe einer Geraden im Meßwert-z-Wert-Plot

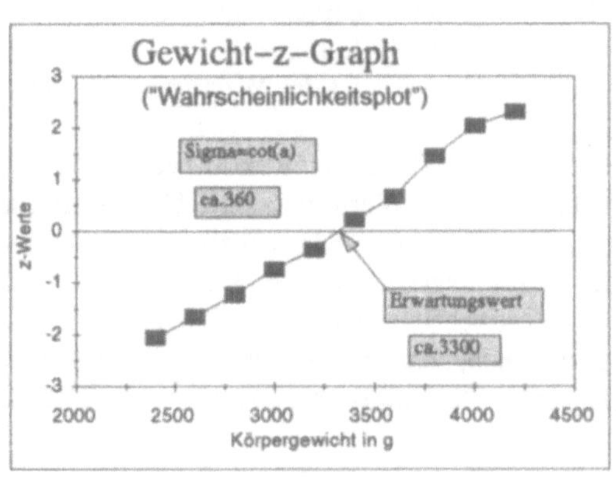

$\mathcal{S}o\ wird's\ gemacht:$

1. Orientieren Sie sich bitte am dargestellten Arbeitsblatt.
2. Tragen Sie die Werte für die ersten beiden Spalten ein. Sie können dabei den *Reihe berechnen*-Befehl aus dem *Bearbeiten/ Ausfüllen*-Menü verwenden (**/BAH**).
3. C7:   =B7; C8:   =B8+C7, bis C16 kopieren (mit Ausfüllkäst-chen); C17:   0,999. Zur kumulierten Häufigkeit 1 gehört der z-Wert ∞.
   D7:   =NORMINV(C7;0;1); bis D17 kopieren.

4. Bevor Sie an die F-Spalte gehen, sollten Sie einen Graphen anfertigen:
   Markieren Sie die Bereiche A7:A16 und D7:D16, und klicken Sie den Diagramm-Assistenten an. Sie sollten sich für ein *Punkt[XY]*-Diagramm entscheiden.

5. Sie sehen, daß die Datenpunkte in der Nähe einer Geraden liegen, was sehr stark vermuten läßt, daß die Babygewichte normalverteilt sind. Lesen Sie den Schnittpunkt μ der »Geraden« mit der G-Achse ab: ca. 3300g. Aus der Geradensteigung erhalten Sie $1/\sigma$-und damit Sigma selbst: ca. 360 g. (Es gilt auch, daß $\sigma = G - \mu$ an der Stelle z = 1 ist.) Diese Werte tragen Sie nun ins Arbeitsblatt als Erwartungswert und als Standardabweichung ein: D18 und D19.

7. Die dazugehörenden erwarteten Gewichte (Spalte F) finden Sie mit = NORMINV(C7;D\$18;D\$19); bis F16 kopieren.

8. Denken Sie daran, daß Sie auch eine Regressionsanalyse starten könnten. Mit dem Regressionsmodul aus den *Analysis Tools* ergibt sich die Regressionsgerade $y = -8,29+0,00253\,x$. In Spalte G stehen die mit dieser Formel errechneten Werte.
   Einfacher ist es sogar, sich der Arrayformel =RGP() zu bedienen. Markieren Sie zwei nebeneinander liegende Zellen, z.B. E19, F19, und schreiben Sie in der Eingabezeile: =RGP(D7:D16; A7:A16). Wenn Sie nun gleichzeitig *Strg+Umschalt+Eingabe* drücken, so erhalten Sie in E19 den Wert 0,00253, und in F19 steht -8,29.
   Wenn Sie das Diagramm anklicken und *Trendlinie einfügen* wählen, zeichnet EXCEL eine Ausgleichskurve. Den Kurventyp können Sie festlegen. Anschließend ist es auch möglich, die Trendlinie zu formatieren: einfach anklicken.

Erwartungswert und Standardabweichung ergeben sich als Nullstelle bzw. als inverse Steigung derjenigen Geraden, die am besten mit den Meßwerten harmoniert- falls es eine solche Gerade geben sollte...

Mit RGP erhält man die Parameter einer Regressionsgeraden

EXCEL zeichnet Ihnen eine Trendlinie

Durch Aufsuchen von z-Werten, die zu den kumulierten experimentellen Häufigkeiten passen, bereitet man den G-z-Graphen vor. Mit geschätzten oder errechneten Werten für Mittelwert und Standardabweichung kann man zum Vergleich auch Gewichte errechnen

	A	B	C	D	E	F	G	H
1								
2			Test auf Normalverteilung					
3								
4						errechnetes	z-Werte nach	
5				z-Werte		Gewicht	Regressionsgerade	
6	beob.Wert	rel.Häuf.	kum.Häuf.	N(0,1)-Vert.				
7	2400	0,02	0,02	-2,054		2541	-2,218	
8	2600	0,03	0,05	-1,645		2688	-1,712	
9	2800	0,06	0,11	-1,227		2838	-1,206	
10	3000	0,12	0,23	-0,739		3014	-0,7	
11	3200	0,13	0,36	-0,358		3151	-0,194	
12	3400	0,23	0,59	0,228		3362	0,312	
13	3600	0,16	0,75	0,674		3523	0,818	
14	3800	0,18	0,93	1,476		3811	1,324	
15	4000	0,05	0,98	2,054		4019	1,83	
16	4200	0,01	0,99	2,326		4117	2,336	
17	4400	0,01	0,999	3,090		4392		
18			Mittelwert:	3280			0,0084	
19			Std.abw.:	360				
20								

Das *Regressions-Modul* von EXCEL werden Sie immer dann einsetzen, wenn Sie nach Zusammenhängen zwischen zwei oder mehr Merkmalen suchen. Um das Modul kennenzulernen, untersuchen wir einen fiktiven Fall von *linearer Einfachregression.*

Beispiel: Seine Behauptung, *wer in Englisch gut ist, ist auch in Mathematik gut,* belegt Studienrat Stein mit folgendem Zahlenmaterial:

Schüler	1	2	3	4	5	6	7	8	9	10	11	12
Englisch(X)	2	7	5	9	9	4	8	4	6	3	10	10
Math.(Y)	3	5	4	7	8	5	7	3	4	2	7	9

Nach der Methode der kleinsten Quadrate soll eine lineare Regressionsfunktion der Form $\hat{y} = b_1 + b_2 x$ gesucht werden.

$\mathcal{D}as\ brauchen\ \mathcal{S}ie:$

1. Die Funktion =RGP(*y_Werte;x_Werte;Konst.;Stats*) oder das Modul *Regression* aus *Optionen/Analysis Tools*

$\mathcal{S}o\ wird's\ gemacht:$

1. Präparieren Sie ein Arbeitsblatt nach dem dargestellten Muster. Markieren Sie F7:G11. Tragen Sie in die Bearbeitungszeile die Array-Formel =RGP(C4:C15;B4:B15;1;1) ein. Mit *Strg+Umschalt+Eingabe* übernehmen Sie die Formel in den markierten Array-Bereich.

2. Die Ausgabe erscheint in der Form einer Tabelle, die zunächst die Regressionskoeffizienten b_1 und b_2 ausweist: $b_1 = 0{,}658$; $b_2 = 0{,}729$. Darunter stehen die Standardabweichungen von b_1 und b_2. Die Standardabweichungen hängen wie folgt zusammen:

$$s_{b_1} = s_{b_2} \sqrt{\frac{1}{n} \Sigma x_i^2}$$

$$r^2 = 1 - \frac{QSR}{QST}$$

mit

$$QST = \Sigma(y_i - \bar{y})^2$$

und

$$QSR := \Sigma(y_i - \hat{y}_i)^2$$

3. In der dritten Zeile wird zuerst das Bestimmtheitsmaß $r^2 = 0{,}844$ angezeigt. Daneben folgt der Standardfehler der Regressionsschätzung (Standardabweichung der Residuen) $s_e = 0{,}923$.

    (Mit der Quadratsumme der Residuen QSR gilt: $s_e = \sqrt{\frac{QSR}{n-2}}$.)

    r^2 = 0,844 besagt, daß 84,4% der Variation der y-Werte (Mathematikpunkte) durch die lineare Regressionsfunktion erklärt werden.

4. EXCEL zeigt in den Zeilen 4 und 5 des Array-Bereichs noch die Werte von F, f, QSR und QST.

5. Legen Sie eine *Punkt[XY]*-Grafik mit zwei Datenreihen an. Mit *Datenreihen bearbeiten* geben Sie der Reihe 1 den Namen *Einzelwerte*. Reihe 2 soll *Ausgleichgerade* heißen. Klicken Sie Reihe 2 rechts an, und wählen Sie *Datenreihe formatieren/Muster/Linie/Benutzerdefiniert*. Ferner: *Punktmarkierung/keine*. (Die Werte für die Regressionsgerade berechnen Sie mit Hilfe von $\hat{y} = 0,658 + 0,729 \cdot x$.) Einfacher ist es aber, die Meßwerte im Diagramm anzuklicken und mit *Trendlinie einfügen* die Ausgleichsgerade zeichnen zu lassen.

Sie können noch *Konfidenzintervalle* für die unbekannten Regressionskoeffizienten β_1, β_2 der *wahren* Regressionsgeraden $y' = \beta_1 + \beta_2 x$ berechnen: $b_1 - t\, s_{b_1} \leq \beta_1 \leq b_1 + t\, s_b$ und $b_2 - t\, s_{b_2} \leq \beta_2 \leq b_2 + t\, s_b$.

Für f = n-2 = 10 und $1 - \alpha = 0,95$ ist t = 2,228 (vergl. *Studentverteilung*). α = Signifikanzniveau (5%)

Das 95% -Konfidenzintervall für β_1 lautet: $-0,877 \leq \beta_1 \leq 2,193$.

$t_{1-\alpha/2;n-2}$

	A Schüler	B Englisch Merkmal X	C Mathematik Merkmal Y	D Modell	E	F	G	H
3		0		0,657				
4	1	2	3	2				
5	2	7	5	6		Regressionsanalyse:		
6	3	5	4	4				
7	4	9	7	7	b2=	0,728667	0,657718	=b1
8	5	9	8	7	Std.abw. v. b2=	0,098994	0,688824	=Std.abw. v.b1
9	6	4	5	4	r^2=	0,844188	0,922918	=Std.abw. se
10	7	8	7	6	F-Wert=	54,1796	10	=Freih.grade f
11	8	4	3	4	QSR=	46,14893	8,517737	=QST
12	9	6	4	5				
13	10	3	2	3				
14	11	10	7	8	Regressionsfunktion:	y=0,658+0,729*x		
15	12	10	9	8				
17	Lineare Einfachregression							

Lineare Einfachregression mit Hilfe von EXCEL

Die Regressionsfunktion wurde hinzugefügt

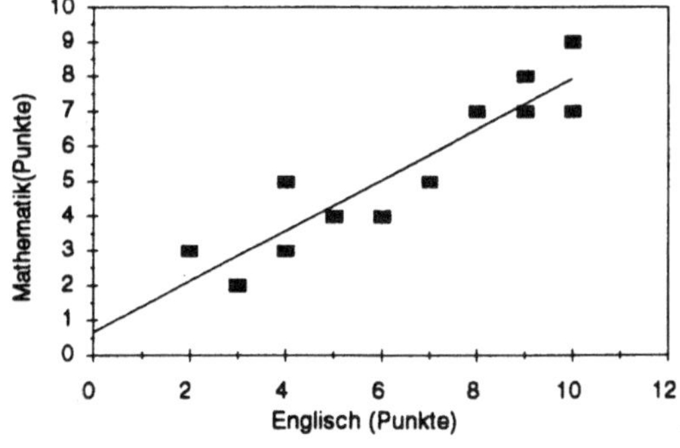

Die Korrelation zwischen den Punktzahlen in Englisch und Mathematik ist beachtlich, -wenngleich in diesem Beispiel nur fiktiv

*Ist der Ge-
winn von der
Werbung ab-
hängig?*

Mit EXCEL führen Sie auch leicht eine *multiple Regression* aus, wie Sie an einem einfachen *Beispiel* erkennen können:
Die Geschäftsleitung eines Kosmetikartikelkonzerns vermutet, daß der Verkaufsgewinn y (pro Person) des Spitzenproduktes *Goldduft* nicht nur von der Einwohnerzahl x_1 eines Verkaufsgebietes abhängt, sondern auch von den pro Person gezahlten Werbungskosten x_2. Die folgenden Daten sollen auf einen möglichen Zusammenhang hin untersucht werden:

*Erst eine Re-
gressionsana-
lyse wird zei-
gen, ob die
Werbung
wirksam war*

Verkaufs-bereich	Bevölkerung x_1(Millionen)	Werbekosten x_2(DM/Person)	Gewinn y(p.P.)
1	2,4	0,32	7,2
2	1,3	0,42	5,0
3	5,1	0,24	8,4
4	4,9	0,28	8,2
5	3,2	0,52	8,0
6	6,7	0,2	10,2

Gesucht ist eine Regressionsgleichung der Form

$$\hat{y} = a + b_1 x_1 + b_2 x_2,$$

in der $\hat{y}$ ein Schätzwert für den Gewinn y ist. x_1 und x_2 sind die Werte der beiden unabhängigen Variablen. a ist der y-Achsenabschnitt. (Wir haben es nicht mit einer Ausgleichsgeraden, sondern mit einer Ausgleichsebenen zu tun.) Die Werte von a, b_1, b_2 sollen mit Hilfe der Methode der kleinsten Fehlerquadratsumme berechnet werden.

Das brauchen Sie :

1. Die Funktion =RGP(*y_Werte;x1_x2_Werte;1;1*) oder das Modul *Regression* aus *Optionen/Analysis Tools*

So wird's gemacht:

1. Legen Sie, wie in der Abbildung gezeigt, eine Tabelle an, die x_1, x_2 und den Gewinn y enthält. Die Verkaufsbereiche müssen nicht eingetragen werden. In der G-Spalte werden später die Werte eingetragen, die sich aus der Regressionsgleichung ergeben. In der H-Spalte werden die Abweichungsquadrate $(y - \hat{y})^2$ berechnet.

2. Die abhängigen Variablen stehen in E2:E7. (In E8 steht noch die Summe dieser Werte.) Markieren Sie den Bereich C11:E15 zur Aufnahme der Array-Formel =RGP(E2:E7;B2:C7;1;1), vergl. voriges Rezept.

3. Der Standardfehler von y (= root mean square error -in D13 und H8) ist im Falle des Beispiels: s = 0,6884 mit $s^2 = \dfrac{\Sigma(y-\hat{y})^2}{n-k-1}$; n = Anzahl der Beobachtungen (hier 6), k = Anzahl der unabhängigen Veränderlichen (2).

Die Zahl der Freiheitsgrade beträgt n-k-1 = 3.

Die Funktion =RGP() gilt auch bei mehrfacher linearer Regression

	A	B	C	D	E	F	G	H
1	Verkaufsbereich	Bevölkerung	Werbung		Gewinn		Regr.	´(y-y)^2
2	1	2,4	0,32		7,2		6,35	0,722358
3	2	1,3	0,42		5		5,63	0,401631
4	3	5,1	0,24		8,4	Mittel:	8,65	0,060122
5	4	4,9	0,28		8,2	7,8	8,59	0,148798
6	5	3,2	0,52		8		7,76	0,059568
7	6	6,7	0,2		10,2		10,03	0,029139
8					47		Summe:	1,421616
9			Regressionsanalyse:				root mse:	0,688384
10			b2	b1	a			
11			3,244546	0,946177	3,041005			
12			3,779797	0,227767	2,019104			t(0,05;3)=
13			0,902048	0,688384	#NV			3,182449
14			13,81356	3	#NV			
15			13,09172	1,421616	#NV			
19			Regressionsgleichung:		y=3,04+0,946*X1+3,245*X2			

Das gute r-Quadrat sagt noch nichts über die Wirkung der Werbung aus

Beachten Sie bitte, daß die Standardabweichung s_2 des *Kleinste-Quadrate-Schätzers* b_2 mit 3,78 ungewöhnlich groß ist.

Da $t = \dfrac{b_2}{s_2} = \dfrac{3.245}{3.78} = 0.858 < t_{0.05;3} = 3.18$ (=TINV(0,05;3)), folgt, daß b_2 mit 95% Sicherheit nicht signifikant von Null verschieden ist, (vergl. Rezept *Die Student-Verteilung*). Das bedeutet, daß die Werbung keine Wirkung zeigte! Tatsächlich ergibt eine einfache Regression, in der nur x_1 verwendet wird, einen *root mse* von 0,665.

Die Regressionsgleichung $\hat{y} = 4,676 + 0,803 \cdot x_1$ ist für die Gewinne ein befriedigendes Modell. *Also hat man ungeheure Werbungskosten umsonst investiert!*

Dieses Beispiel dürfte deutlich machen, daß man mit Statistik Geld sparen kann. Zumindest sollte man sich überlegen, ob die Werbung nicht völlig anders angelegt werden sollte.

Man kann annehmen, daß die Schätzer b_1 und b_2 t-verteilt sind, vergl. [SACHS 74, S.339].

*Mindest-
dauer,
Höchstdauer
und wahr-
scheinlichste
Dauer müs-
sen für jeden
Task bekannt
sein*

Die Zeit für die Durchführung eines Projektes läßt sich auf einfache Weise abschätzen, wenn man die ungefähren Zeiten für die Teilprojekte (Tasks) kennt, aus denen das eigentliche Projekt besteht.

Von jeder Teilaufgabe müssen Sie eine Mindest- und eine Höchstdauer angeben. Auch benötigen Sie eine Angabe über die wahrscheinlichste Zeitdauer. (Natürlich wird die Schätzung des Zeitbedarfs des Hauptprojekts umso genauer sein, je genauer Sie die Teilprojekte abschätzen können.)

Das Arbeitsblatt geht von einem Projekt aus, das aus 8 Teilprojekten besteht. Task Nr. 1 wird mindestens 3, aber höchstens 18 Tage beanspruchen (Krankheit, Lieferverzug usw. berücksichtigen). Wahrscheinlich aber wird es nach 9 Tagen abgeschlossen sein.

Geben Sie die weiteren Daten ein, und schätzen Sie ab, mit welchem Zeitaufwand für das Hauptprojekt zu rechnen ist.

Das brauchen Sie :

*Der wahr-
scheinlichste
Wert* W *er-
hält das dop-
pelte Gewicht*

*Der zentrale
Grenzwert-
satz ist der
Schutzpatron
der Statisti-
ker*

O-U *ist die*
Spannweite

1. Einen Erwartungswert für die Dauer der einzelnen Teilaufgaben:

$$E = (2W + (U + O)/2)/3$$

   U und O sind die Schätzwerte für Mindest- und Höchstdauer. W ist die wahrscheinlichste Zeit.

2. Den *Erwartungswert* für die Dauer des Gesamtprojektes: er ist die Summe der Erwartungswerte der Zeiten der Teilprojekte. (Egal, welche Verteilungen die Teilprojekte haben, ihre Summe strebt einer Normalverteilung zu. Je mehr Teilprojekte, umso *normaler* ist die Summe!)

3. Die *Standardabweichung* s (Streuung um den Erwartungswert) für jede Teilaufgabe wird durch (O-U)/6 geschätzt.

4. Die Standardabweichung der Verteilung des Gesamtprojekts: es ist die Wurzel aus der Summe der Standardabweichungsquadrate der Teilprojekte.

So wird's gemacht:

1. Tragen Sie Ihre Daten der Vorlage gemäß in Ihr Arbeitsblatt ein.
2. E7: =(2*C7+(B7+G7)/2)/3 (Erwartungswert der Dauer einer Teilaufgabe). Kopieren bis E14.
3. F7: =(D7-B7)/6 (Standardabweichung der Teilaufgaben). Kopieren bis F14.
4. G7: =F7*F7; kopieren bis G14.
5. G15: =SUMME(G7:G14)
6. E16: =SUMME(E7:E14); (Erwartungswert E der Zeitdauer des Gesamtprojektes).
7. E17: =WURZEL(G15);   (Standardabweichung s des Projektes).

Die Wahrscheinlichkeit, daß das Projekt in (E-2s)-Tagen fertig wird, beträgt nur (100-97,92)%, d.h. ca. 2%. Die %-Werte der Wahrscheinlichkeiten errechnen Sie mit der Funktion =NORMVERT():   C20:   =NORMVERT(C19;$E$16;$E$17;1).
Kopieren Sie diese Formel horizontal bis G20 (bei gedrückter **Strg**-Taste den Rahmen nach Rechts ziehen).

8. C19:   =E16-2*E17;   D19:   =E16-E17; E19:   =E16
   F19:   =E16+E17;   G19:   =E16+2*E17.

Ergebnis: *Mit 98% Wahrscheinlichkeit wird die Ausführung des Projektes 87 Tage dauern.*

	A	B	C	D	E	F	G	H
1								
2				Zeitplanung				
3								
4	Task Nr.	unten	wahrschein-	oben	Erwartungs-	Std.abwei-	s*s	
5			lich		wert	chung s		
6								
7	1	3	9	18	9,50	2,50	6,25	
8	2	5	6	12	6,83	1,17	1,36	
9	3	4	8	11	7,83	1,17	1,36	
10	4	6	11	16	11,00	1,67	2,78	
11	5	9	14	30	15,83	3,50	12,25	
12	6	3	5	13	6,00	1,67	2,78	
13	7	4	10	15	9,83	1,83	3,36	
14	8	2	7	18	8,00	2,67	7,11	
15						Summe:	37,25	
16			Dauer (Erwartungswert)		74,83			
17			Standardabweichung:		6,10			
18								
19		Zeit:	62,6	68,7	74,8	80,9	87,0	Tage
20	Wahrscheinlichkeit:		2%	16%	50%	84%	98%	
21								

Übersicht über die Zeitplanung eines Projektes, das aus 8 Teilprojekten besteht.

Jedes Projekt gehorcht einer Beta-Verteilung, deren Summe angenähert normalverteilt ist

6 Ein paar Anwendungen aus Physik und Technik

6.1 Der freie Fall einer Kugel

6.2 Der schiefe Schuß

6.3 Wie entsteht v_0?

6.4 Die Geburt eines Schusses

6.5 Bilder der Geburt

6.6 Der Skydiver

6.7 Countdown

6.8 Von Alphateilchen und Satelliten

6.9 Der Compton-Effekt

6.10 The drunken Sailor - oder der Irrweg eines Gasmoleküls

6.11 Poisson-Verteilung mit CHI-Quadrat-Test

6.12 Wechselstromschaltungen

6.13 Das Spiel des Lebens mit Hingabe gespielt

Bei der Auswertung von Meßwerten leistet EXCEL vorzügliche Hilfe. Das soll am Beispiel des freien Falles einer Kugel demonstriert werden. Die Kugel fiel vor einem Lineal aus einer Höhe von 1,30m, wurde alle 0,02s angeblitzt und bei geöffnetem Objektiv zusammen mit dem Lineal fotografiert. Der Ort der Kugel konnte anschließend dem stroboskopischen Bild entnommen werden.

Die Intervallgeschwindigkeiten sollen aus den vorliegenden Daten ermittelt werden. Aus dem v-t-Graphen kann schließlich die Fallbeschleunigung a berechnet werden [RUPRECHT 67].

Das brauchen Sie:

1. Meßwerte (Höhen y zu verschiedenen Zeiten)
2. Intervallgeschwindigkeiten $\bar{v} = \dfrac{\Delta y}{\Delta t}$

   Bei einer linearen Bewegung mit konstanter Beschleunigung ist die Intervallgeschwindigkeit gleich der Momentangeschwindigkeit *in der Mitte* des Zeitintervalls.
3. Mit Hilfe von $\bar{a} = \dfrac{\Delta v}{\Delta t}$ läßt sich eine Serie von Beschleunigungen berechnen, deren Mittelwert dann die gesuchte Fallbeschleunigung liefert. Wegen der Unsicherheiten, die in den v-Werten stecken, führt dieser Weg jedoch zu stark streuenden a-Werten. Man sollte die mittlere Beschleunigung besser als Steigung der v-t-Geraden bestimmen.

So wird's gemacht:

1. Füllen Sie die A-Spalte von A5 bis A51 mit den Zeiten 0,02; 0,04 usw. bis 0,48 Sekunden. *Aber, Sie sollten zwischen je zwei Zeitwerten eine Zelle frei lassen;* vergleichen Sie bitte die erste Abbildung.

   Dieses Problem können Sie mit einem *Trick* lösen:

   A5: 0,02; A6: leer lassen; A7: =A5+0,02; A6 und A7 markieren. Das Ausfüllkästchen bis A50 ziehen, voilà!

So erzeugt man unterbrochene Spalten...

2. In der B-Spalte werden die Intervallmitten notiert:

   B5: leer; B6: =(A5+A7)/2;   B5 und B6 markieren und Ausfüllkästchen bis B49 ziehen.
3. In der C-Spalte sind von Hand die Höhen y einzutragen.
4. Mittlere Geschwindigkeiten:

   D6:   =(C7-C5)/(A7-A5); bis D50 mit Zwischenraum kopieren.

5. In der E-Spalte wurden mittlere Beschleunigungen errechnet:
E7:   =(D8-D6)/(B8-B6); bis B48 kopieren.
Mit =MITTELWERT(E5:E50) finden Sie a=-988,6 cm/s²
Wenn Sie a mit Hilfe der Geschwindigkeiten v_1=-0,40 m/s im Zeitpunkt t_1=0,03s und v_2=-4,75m/s zur Zeit t_2=0,47s berechnen, so erhalten Sie den Wert $\bar{a} = \dfrac{v_2 - v_1}{t_2 - t_1} = \dfrac{-4,35\,m/s}{0,44\,s} = -9,9\,m/s^2$

Hier könnte man auch eine Ausgleichsgerade berechnen, -vergl. weiter unten

	A	B	C	D	E	F	G	H	I
1									
2							Experiment zum freien Fall		
3	t in s	t-Mitte	y in cm	v in cm/s	a in m/s^2		(stroboskopische Registrierung)		
4									
5	0,02		129,6						
6		0,03		-40					
7	0,04		128,8		-1000				
8		0,05		-60					
9	0,06		127,6		-1000				
10		0,07		-80					
11	0,08		126		-750				
12		0,09		-95					
13	0,1		124,1		-1250				
14		0,11		-120					
15	0,12		121,7		-1000				
16		0,13		-140					
17	0,14		118,9		-1000				
18		0,15		-160			Mittel aller a-Werte:	-988,6 cm/s^2	
19	0,16		115,7		-1000				
20		0,17		-180					

Die Meßwerte stehen in der A-und in der B-Spalte

Die Daten ergeben einen Wert von 9,9m/s^2 für die Fallbeschleunigung

Das v-t-Diagramm zeichnen Sie als *Punkt[XY]*-Diagramm. Markieren Sie die B-Spalte (B6:B50) als X-Achse und die D-Spalte (D6:D50) als Y-Achse.

(Die Regressionsgerade lautet: $v = -0,107\frac{m}{s} - 9,87\frac{m}{s^2}t$)

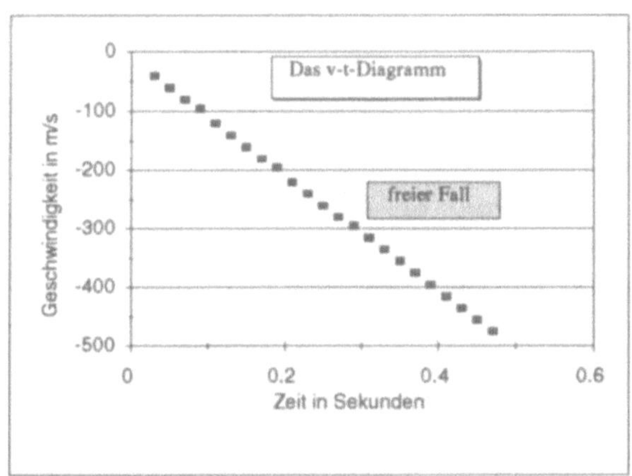

Der 1.Punkt hat die Koordinaten (0,03;-40); der letzte Punkt: (0,47;-475)

Mit EXCEL können Sie auf elegante Art Rezepte entwerfen, die Ihnen das Studium bewegter Objekte ermöglichen. Hat eine Kugel den Lauf des Gewehrs verlassen, so steht sie nur noch unter der Einwirkung der Schwerkraft, -sofern Sie die Luftreibung vernachlässigen. Was mit der Kugel im Lauf geschah, soll anschließend erörtert werden.

Das brauchen Sie :

1. Anfangsgeschwindigkeit vo, Abschußwinkel ß, Anfangshöhe ho und die Gravitationsbeschleunigung g
2. $\quad x = v_0 \cos \beta\, t$
3. $\quad y = v_0 \sin \beta\, t - \frac{1}{2} g t^2 + h_0$

So wird's gemacht:

1. Legen Sie dem Bild entsprechend ein Arbeitsblatt an.
2. A10: 0; A11: =A10+0,5; bitte bis A35 kopieren.
3. B10: =H$1*COS(H$2*PI()/180)*A10; bis B35 kopieren.
   C10: =H$1*SIN(H$2*PI()/180)*A10-H$4*A10^2/2+H$3;
        bis C35 kopieren.
4. Für die Grafik markieren Sie B10:B35 als X-Wertebereich und C10:C35 als Y-Wertebereich. Grafiktyp: *Punkt[XY]*.
   Durch Rechtsklicken der Achsen können Sie die Skalierung selbst festlegen.

Die Auswirkungen veränderter Anfangsbedingungen sehen Sie sofortnotfalls die Achsen neu einteilen

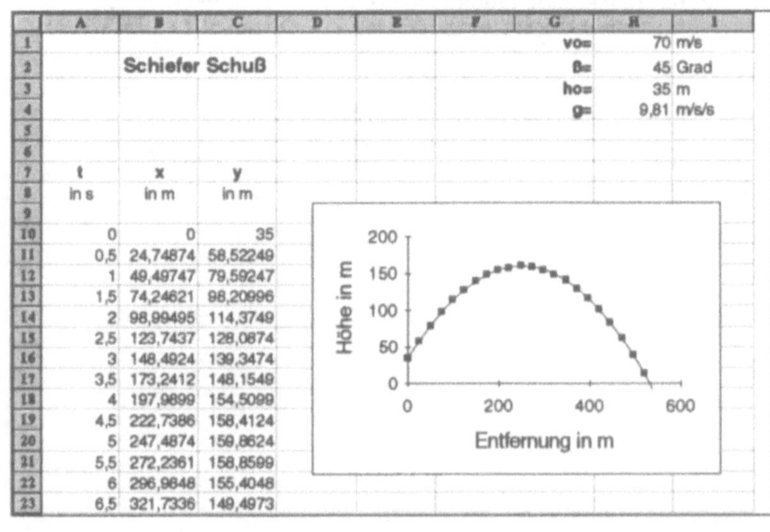

		A	B	C	D	...	G	H	I
1							vo=	70	m/s
2			Schiefer Schuß				ß=	45	Grad
3							ho=	35	m
4							g=	9,81	m/s/s
5									
6									
7		t	x	y					
8		in s	in m	in m					
9									
10		0	0	35					
11		0,5	24,74874	58,52249					
12		1	49,49747	79,59247					
13		1,5	74,24621	98,20996					
14		2	98,99495	114,3749					
15		2,5	123,7437	128,0874					
16		3	148,4924	139,3474					
17		3,5	173,2412	148,1549					
18		4	197,9899	154,5099					
19		4,5	222,7386	158,4124					
20		5	247,4874	159,8624					
21		5,5	272,2361	158,8599					
22		6	296,9848	155,4048					
23		6,5	321,7336	149,4973					

Wenn Sie wissen wollen, wie die Kugel ihre Anfangsgeschwindigkeit vo erhält, so nehmen Sie doch einfach an, daß sie im Innern des Laufs während sehr kurzer Zeit einem linear abfallenden Beschleunigungsvorgang unterliegt. Durch numerische Integration -hier nach SIMPSON, Rezept 4.13- ermitteln Sie sodann die Geschwindigkeit der Kugel für die Zeit, in der sie sich im Lauf befindet. Das Rezept 6.4 wird dann die Realität zu Worte kommen lassen.

Das brauchen Sie:

1. Ein Beschleunigungsmodell, z.B.:
   $a(t) = b - c\,t$, falls $0<t<0,05$s; sonst sei $a(t) = 0$
   Die Konstanten b und c kann man beliebig anpassen

So wird's gemacht:

1. Vergleichen Sie die Abbildung mit Ihrem Arbeitsblatt.
2. A5: 0; B5: =A5-H$3; C5: =WENN(A5<=0,05;H$5-H$6*A5;0);
   bis C60 kopieren. Den D5-Eintrag bis D60 kopieren.
   D5: =WENN(B5<=0,05;H$5-H$6*B5;0); E5: =H4
   F5: =H$5*A5-H$6*A5^2/2+H$4 (=analytische Lösung)
   A6: =A5+H$2; bis A60 kopieren. B6: =A6-H$3; kopieren.
3. E6: **=H$2*(C5+4*D6+C6)/6+E5** (=Simpsonsche Regel), bitte
   bis E60 kopieren.

4. Nach 0,049 Sekunden liefert dieses Modell eine *Endgeschwindigkeit* von ca. 938 m/s. Dabei waren b=20000 und c=35000.

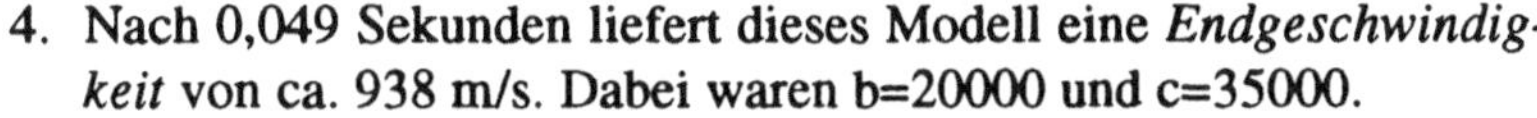

	A	B	C	D	E	F	G	H	I
1									
2							h=	0,001	
3	t	t-h/2	a(t)	a(t-h/2)	v(t)/num	v(t)/analyt.	h/2=	0,0005	
4							v0=	0	
5	0	-0,0005	20000	20017,5	0,00	0,00	b=	20000	
6	0,001	0,0005	19965	19982,5	19,98	19,98	c=	35000	
7	0,002	0,0015	19930	19947,5	39,93	39,93			
8	0,003	0,0025	19895	19912,5	59,84	59,84			
9	0,004	0,0035	19860	19877,5	79,72	79,72	Einfaches Modell für		
10	0,005	0,0045	19825	19842,5	99,56	99,56	Beschleunigung und		
11	0,006	0,0055	19790	19807,5	119,37	119,37	Geschwindigkeit einer Kugel		
12	0,007	0,0065	19755	19772,5	139,14	139,14	in einem Gewehrlauf		
13	0,008	0,0075	19720	19737,5	158,88	158,88			
15	0,01	0,0095	19650	19667,5	198,25	198,25	Analytische Lösung ist zum		
16	0,011	0,0105	19615	19632,5	217,8825	217,8825	Vergleich mit angegeben		
17	0,012	0,0115	19580	19597,5	237,48	237,48			
61	0,056	0,0555	18040	18057,5	968,2533	1065,12			
62	0,057	0,0565	18005	18022,5	986,2758	652,65			
63	0,058	0,0575	17970	17987,5	1004,263	655,4			

Die Geschwindigkeit einer Kugel in einem Gewehrlauf wird mit Hilfe der Simpsonschen Regel berechnet

Was geschieht mit einer Kugel, *bevor* der Schuß losgeht?
Nachdem diese Frage im vorigen Rezept anhand eines vereinfachten Modells untersucht wurde, sollen jetzt realistische Daten verwendet werden. Also: aus einer *gemessenen* Druckverteilung im Innern des Gewehrs M-14, [M.L.JAMES et al.67], soll EXCEL *Lauf-Zeit* und *Mündungs-Geschwindigkeit* mit Hilfe der Trapezregel berechnen.

Da der Quotient unter dem Integral für x=0 nicht berechnet werden kann- Division durch Null-, muß in E6 ein besonderer Anfangswert berechnet werden: t=3x/v

$\mathcal{D}as\ brauchen\ \mathcal{S}ie$:

1. Experimentelle Daten (hier in inch und lb/inch^2)
2. Kugelmasse: m = 0,0215 lb (= 9,75g)
3. Querschnitt des Laufs:A = 0,07069inch^2 (=0,456cm^2)
4. Aus dem Energieerhaltungssatz im Intervall $\left[x_i, x_{i+1}\right]$ folgt für die Geschwindigkeit:

$$\dot{x}_{i+1} = \sqrt{\dot{x}_i^2 + \frac{2A}{m} \int_{x_i}^{x_{i+1}} p(x)\,dx}$$

5. Für die Zeit gilt die Rekursionsformel

$$t_{i+1} = t_i + \int_{x_i}^{x_{i+1}} 1/\dot{x}\,dx$$

6. Die Integrale werden mit dem arithm. Mittel angenähert

$\mathcal{S}o\ wird's\ gemacht:$

1. C6: =WURZEL(G$4*(B5+B6)*1000*0.5/2); in G4 steht 2A/m
   E6: =3*A6/C6; in C6 und E6 stehen die Werte für x=h (=0,5)
   C7: =WURZEL(C6^2+G$4*(B6+B7)*1000*0,5/2);
        bis C53 kopieren.
   E7: =E6+(1/C6+1/C7)*0,5/2; bis E53 kopieren

Der Firmenwert für die Endge-schwindigkeit ist etwas niedriger als unser Wert (9%). Das sollte auch so sein, denn wir haben keine Reibung berücksichtigt

Die Geschwin-digkeiten wurden in m/s umgerech-net

osition	Druck	v	v	t				
inch	lb/inch^2	inch/s	m/s	ms	Konst=	2538,26		
0	0	0	0	0				
0,5	14700	3054,19	77,5765	0,4911	Endgeschwindigkeit:	927,526 m/s		
1	29100	6092,79	154,757	0,614	*restliche Daten:*			
1,5	39600	8984,25	228,2	0,6829	*Position*	*Druck*	*Position*	*Druck*
2	45100	11595,9	294,535	0,7323	7	33500	16	12300
2,5	48000	13911,9	353,364	0,7718	8	29500	17	11200
3	49300	15977,7	405,832	0,8054	9	26100	18	10200
3,5	50000	17840,9	453,159	0,8351	10	22900	19	9400
4	48700	19517,4	495,742	0,8619	11	20200	20	8600
4,5	45700	20996	533,299	0,8866	12	18200	21	7800
5	42900	22294,7	566,286	0,9097	13	16300	22	7000
5,5	40200	23447,5	595,568	0,9316	14	14800	23	6200
6	37900	24481,6	621,832	0,9525	15	13500	24	5600

Druckverteilung in einem Gewehrlauf

Von besonderem Interesse dürfte es sein, sich *grafisch* zu veranschaulichen, wie sich die Geschwindigkeit der Kugel im Gewehrlauf aufbaut. Wie lange bleibt die Kugel im Lauf?
EXCEL bietet die Möglichkeit, mit zwei y-Achsen zu zeichnen. Dies ist in unserem Fall besonders wichtig, da die Werte sehr verschiedene Größen haben.

Das brauchen Sie:

1. Die experimentelle Druckverteilung
2. Die berechneten Geschwindigkeiten und Zeiten in Funktion der Lage im Gewehrlauf

So wird's gemacht:

1. Markieren Sie die 3 Spalten, die dargestellt werden sollen (bei gedrückter Strg-Taste), und klicken Sie den Diagramm-Assistenten an. In Schritt 2 ein *Verbunddiagramm* aussuchen. In Schritt 3 *Variante 3* anklicken.

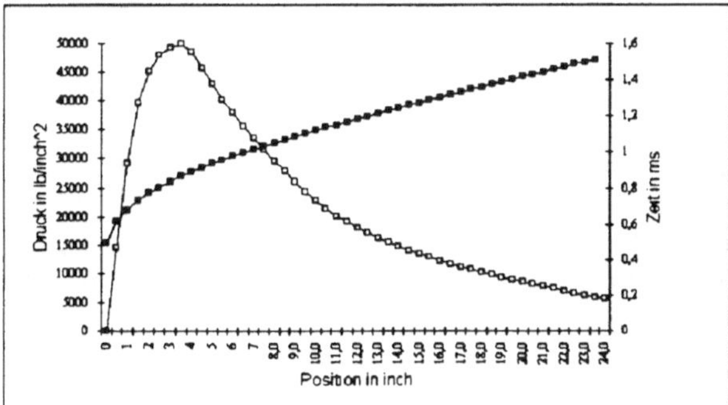

Nach ca. 1,5 ms verläßt die Kugel den Lauf

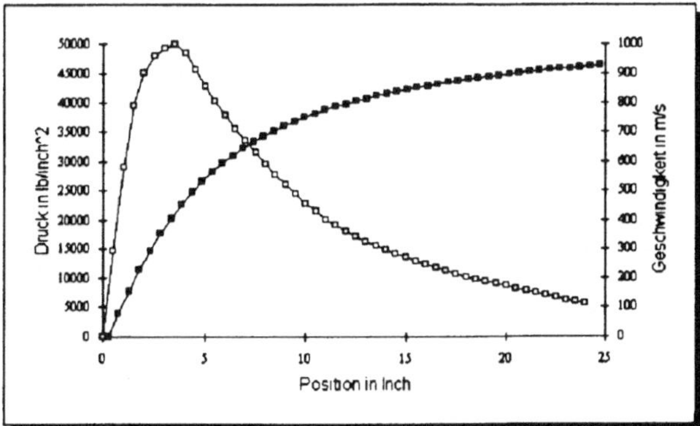

Die Druckwelle erteilt der Kugel eine Endgeschwindigkeit von 927 m/s – das ist die Anfangsgeschwindigkeit für den schiefen Schuß

Vor dem Driften am geöffneten Fallschirm liegt der fast freie Fall. Springt ein Fallschrimspringer mit der horizontalen Geschwindigkeit u_o (ca. 150m/s) des Flugzeuges in die Tiefe, so wird die Luftreibung seine Geschwindigkeit auf ein Minimum reduzieren (ca. 50m/s). In diesem Augenblick sollte er den Schirm öffnen, damit die Schirmleinen ihn nicht allzusehr beuteln.

Mit dieser Anleitung können Sie den günstigsten Zeitpunkt fürs Schirmöffnen berechnen, wenn v also minimal ist.

Die Beschleunigungen in x-und y-Richtung werden numerisch integriert.

Das brauchen Sie :

$$1. \qquad \ddot{x} = -\frac{g}{v_t^2}\sqrt{\dot{x}^2 + \dot{y}^2}\,\dot{x}$$

$$2. \qquad \ddot{y} = g - \frac{g}{v_t^2}\sqrt{\dot{x}^2 + \dot{y}^2}\,\dot{y}$$

Mit $v_t = 50\frac{m}{s}$ (=Endgeschwindigkeit) ist die Luftreibung in guter Näherung berücksichtigt.

So wird's gemacht:

Die Startformeln in D11 und E11 werden nur einmal benötigt.

1. Das Arbeitsblatt verwendet die FEYNMAN-Methode [MEHR 92] zur Lösung der beiden Differentialgleichungen.
2. A10: 0; B10: =G$2; C10: =G$3; D10: =G$4; E10: =G$5
3. F10: =WURZEL(D10^2+E10^2)*I$3; G10: = -D10*F10
   H10: =I$1-E10*F10;   I10: =WURZEL(D10^2+E10^2)
4. A11: =G$1+A10; B11: =B10+G$1*D11; C11: =C10+G$1*E11; D11: =D10+G10*G$1/2; E11: =E10+H10*G$1/2; bis auf D11 und E11 alles bis Zeile 1000 kopieren (viel Rechenarbeit für EXCEL!)
5. D12: =D11+G11*G$1;   E12: =E11+H11*G$1; kopieren!

Der Bildeinschub zeigt die Geschwindigkeit in m/s gegen die Zeit in s.

Nach 6,7s ist die Minimalgeschwindigkeit erreicht: 44,95536m/s-also ca. 45m/s

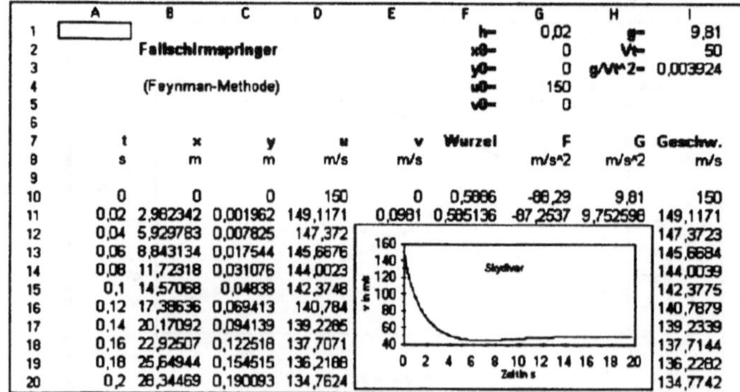

	A	B	C	D	E	F	G	H	I
1						h=	0,02	g=	9,81
2		Fallschirmspringer				x0=	0	Vt=	50
3						y0=	0	g/Vt^2=	0,003924
4		(Feynman-Methode)				u0=	150		
5						v0=	0		
6									
7		t	x	y	u	v	Wurzel	F	G	Geschw.
8		s	m	m	m/s	m/s		m/s^2	m/s^2	m/s
9										
10	0	0	0	150	0	0,5886	-88,29	9,81	150
11	0,02	2,982342	0,001962	149,1171	0,0981	0,585136	-87,2537	9,752598	149,1171
12	0,04	5,929783	0,007825	147,372					147,3723
13	0,06	8,843134	0,017544	145,6676					145,6684
14	0,08	11,72318	0,031076	144,0023					144,0039
15	0,1	14,57068	0,04838	142,3748					142,3775
16	0,12	17,38636	0,069413	140,784					140,7879
17	0,14	20,17092	0,094139	139,2285					139,2339
18	0,16	22,92507	0,122518	137,7071					137,7144
19	0,18	25,64944	0,154515	136,2188					136,2282
20	0,2	28,34469	0,190093	134,7624					134,7742

Mit der folgenden Anleitung können Sie eine dreistufige **Spielzeug-rakete** starten. Daten finden Sie in der Literatur, z.B. [EISBERG 79]

Das brauchen Sie:

1. Raketenformel: $a = -g + \dfrac{S}{m(t)} - \dfrac{K}{m(t)}v^2$

2. Für m(t) wähle ich Mittelwerte

   K ist die Widerstandszahl: $K = \frac{1}{2}c_w\rho A$

   . Der Querschnitt A der Rakete beträgt im Beispiel $0{,}000483\ m^2$, also K = 0,000229 kg/m

3. m_i = Raketenmasse (i-te Stufe); $t_1 = 0{,}35$ s (=Brenndauer der 1.Stufe). Entsprechend: $t_2 = 0{,}80$ s und $t_3 = 0{,}35$ s

$C_w = 0{,}75$

Dichte der Luft =

$1{,}266 kg/m^3$

Schübe:
S1=14,29N;
S2=6,25N;
S3=14,29N

	A	B	C	D	E	F	G	H	I
1						h=	0,0200	S1/m1=	120,8000
2		Feynman-Methode				t0=	0,0000	t1=	0,3500
3						x0=	0,0000	S2/m2=	69,0800
4	Raketengleichung:		a=-g+S/m-K*v^2/m			v0=	0,0000	t2=	1,1500
5	für 3 Stufen		S=Schub in N			g=	9,8100	S3/m3=	224,8
6	eingerichtet		K=Widerstandszahl					t3=	1,5000
7	t	x(t)	v(t-h/2)	a(t)	S/m				
8	s	m	m/s	m/s^2				K/m1=	0,001667
9							k/mi	K/m2=	0,002179
10	0,0000	0,0000	0,0000	110,9900	120,8000		0,0017	K/m3=	0,003102
11	0,0200	0,0222	1,1099	110,9879	120,8000		0,0017	K/m4=	0,003262
12	0,0400	0,0888	3,3297	110,9715	120,8000		0,0017		

So wird's gemacht:

1. Verwenden Sie wieder die FEYNMAN-Methode.
2. B10: =G$3; C10: =G$4; B11: =B10+G$1*C11
   C11: =C10+D10*G$1/2 (wird nur hier verwendet)
   B12: =B11+G$1*C12;   C12: =C11+D11*G$1;
3. D10: =E10-G$5-G10*C10^2; kopieren bis D423!
   E10: =WENN(A10<I$2;I$1;WENN(UND(A10>=I$2;A10<I$4);I$3;WENN(UND(A10>=I$4;A10<I$6);I$5;0)))
4. G10: =WENN(A10<I$2;I$8;WENN(UND(A10>=I$2;A10<I$4);I$9;WENN(UND(A10>=I$4;A10<I$6);I$10;I$11)))

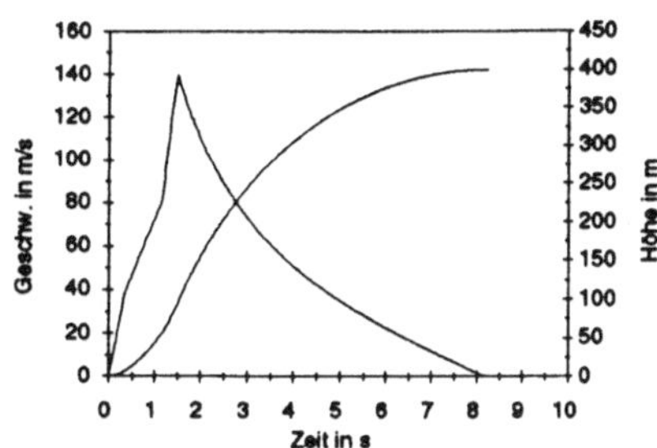

Nun werden Sie zu einem Schlüsselexperiment der neueren Physik geführt: das Streuexperiment von RUTHERFORD aus dem Jahre 1911, das zur Entdeckung der Atomkerne führte. Alphateilchen aus einem Röhrchen, das Radiumemanation enthielt, wurden auf eine sehr dünne Goldfolie geschossen. Ihre Ablenkung (Streuung) wurde beobachtet.

Wegen sehr vieler mathematischer Ähnlichkeiten der Modelle, biete ich Ihnen anschließend **ein zweites Rezept** an: die Bewegung von *Satelliten* um ein ruhendes Zentralgestirn.

Das brauchen Sie :

Das Modell arbeitet zunächst mit wirklichen Daten. Das führt zu sehr kurzen Zeiten und Strecken. Kleinere Zahlen erhält man mit reduzierten Daten.

1. Die Kraft auf das Alphateilchen: $F = \dfrac{1}{4\pi\varepsilon_0}\dfrac{Q_1 Q_2}{r^2}$

$$K := \frac{Q_1 Q_2}{4\pi\varepsilon_0 m} = 5{,}486\frac{m^3}{s^2}.$$ m = 6,65E-27 kg ist die

Masse des Alphateilchens mit der Ladung Q_1 = +2e. Ein Goldkern hat die Ladung Q_2 = +79e

2. Die beiden Beschleunigungen sind:
$$\ddot{x} = K\frac{x}{r^3} \text{ und } \ddot{y} = K\frac{y}{r^3}$$

3. Abschätzung für die *Schrittweite* h: Der Kerndurchmesser beträgt etwa 10 F = 1E-14 m. Wenn wir das Alphateilchen über 400 F verfolgen wollen, so benötigen wir 2E-20 s, wobei eine Geschwindigkeit von 2E7 m/s angenommen wurde. Soll eine Trajektorie aus 50 Punkten bestehen, dann ist die Schrittweite mit h = 4E-22 s anzusetzen. Das Teilchen soll in x = -200 F = -2E-13 m starten. Für y (Stoßparameter) wählen wir drei verschiedene Werte zwischen 5 F und 80 F.

4. Für den Ablenkwinkel ϑ fand RUTHERFORD folgenden Ausdruck: $\tan(\frac{\vartheta}{2}) = \dfrac{K}{bv^2}$. Darin ist b der Stoßparameter, also der y-Wert, wenn das Teilchen noch auf gerader Bahn auf den Kern zuläuft.

So wird's gemacht :

1. Erneut verwenden wir das FEYNMAN-Arbeitsblatt, vergl. *Skydiver*.
2. I1: 5,486; I2: 2; G1:   4E-22; G2: -2E-13; G3: 5E-15
   G4:   2E7; in H3 und I3 stehen noch 2E-14 und 5E-14
3. F10: =WURZEL(B10^2+C10^2); G10: =I$1*B10/F10^(I$2+1)
   H10: =I$1*C10/F10^(I$2+1)(Beschleunigungen in G10 und H10)

Kopieren Sie F10, G10 und H10 bis Zeile 100. Um drei Trajektorien zu produzieren, müssen Sie A10:H100 einmal bis A102:H192 und dann noch bis A194:H284 kopieren. In C10 eintragen =G$3, in C102: =H$3 und in C194: =I$3.

In der GRAFIK geht der x-Bereich von B10:B284, der y-Bereich von C10:C284. Achseneinteilung automatisch mit anschließender manueller Anpassung.

Im Kraftgesetz wird auch der Exponent n variabel gehalten. Wählen Sie auch andere n-Werte!

	A	B	C	D	E	F	G	H	I
1						h=	4E-22	K=	5,486
2		Streuung von Alphateilchen				x0=	-2E-13	n=	2
3		an einem Gold-Atomkern				y0=	5E-15	2E-14	5E-14
4						u0=	20000000		
5		(Feynman-Methode)				v0=	0		
6									
7		t	x	y	u	v	Wurzel	F	G
8		s	m	m	m/s	m/s		m/s^2	m/s^2
9									
10		0	-2E-13	5E-15	20000000	0	2,001E-13	-1,37E+26	3,426E+24
11		4E-22	-1,92E-13	5E-15	19972596	685,10761	1,921E-13	-1,486E+26	3,871E+24
12		8E-22	-1,84E-13	5,001E-15					
13		1,2E-21	-1,761E-13	5,003E-15					
14		1,6E-21	-1,682E-13	5,005E-15					
15		2E-21	-1,603E-13	5,008E-15					
16		2,4E-21	-1,525E-13	5,013E-15					
17		2,8E-21	-1,447E-13	5,019E-15					
18		3,2E-21	-1,369E-13	5,026E-15					
19		3,6E-21	-1,292E-13	5,034E-15					
20		4E-21	-1,215E-13	5,045E-15					
21		4,4E-21	-1,139E-13	5,059E-15					
22		4,8E-21	-1,064E-13	5,075E-15					
23		5,2E-21	-9,89E-14	5,095E-15					
24		5,6E-21	-9,152E-14	5,119E-15					
25		6E-21	-8,425E-14	5,15E-15	18173592	76070,201	8,441E-14	-7,685E+26	4,698E+25

Sie können sehr schöne Trajektorien erhalten, wenn Sie mit *reduzierten* Werten operieren, also z.B. h = 0,15; x0 = 4, y0 = 0,4 (1,2;1,8) u0 = -0,8, v0 = 0 und Konstante = 1.

Das gilt auch, wenn Sie das gleiche Programm auf *Satellitenbewegungen* anwenden wollen. Setzen Sie K = -1; h = 0,024, xo = 0,3, alle y-Werte und alle uo-Werte Null. Setzen Sie vo = 2,15 (1,8;1,6). In E10: =G$5; E102: =H$5 und E194: =I$5- fertig!

Das Kraftgesetz bei Satellitenbewegungen um eine Sonne (Newtonsches Gravitationsgesetz) *hat dieselbe Struktur wie das* Coulombsche *Gesetz der Alphastreuung*

Mit x0=0,30779 und v0=1,9772 modellieren Sie den Merkur. *Dann sind die Zeiten mit 5,019 E+6 zu multiplizieren. Die Längen sind dann in AU- Einheiten*

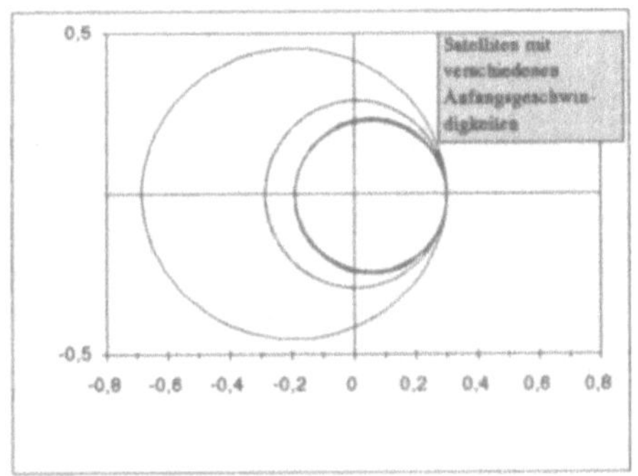

Beim Compton-Effekt wird ein Foton an einem praktisch freien Elektron gestreut

A.H.Compton zeigte in einer Reihe von klassischen Experimenten[1], daß sich mit Fotonen und Elektronen eine Art Billard spielen läßt. (Die Analogie stimmt nicht ganz, da beim Quantenbillard die Plancksche Konstante mitspielt. Aber dennoch: Compton zeigte, daß ein Foton gelegentlich Teilchenmanieren haben kann.)

Kürzlich[2] zeigte Kinderman, daß sich der Compton-Effekt vorzüglich mit einem Spreadsheet simulieren läßt.

Das brauchen Sie :

1. Die Tortengrafik von Excel (2D-Kreisdiagramm).
2. Formeln zum Compton-Effekt:
   Nach Eingabe der Wellenlänge λ des einfallenden Fotons und seines Streuwinkels ϑ werden die übrigen Größen in folgender Reihenfolge berechnet:

   2.1 $\lambda' = \lambda + \lambda_c(1 - \cos\vartheta)$; mit $\lambda_c := \frac{hc}{W_0}$; $W_0 = m_0 c^2$

   λ' = Wellenlänge des Fotons nach dem Stoß

   2.2 Kin. Energie des Elektrons: $W_k = hc/\lambda - hc/\lambda'$

   2.3 pc aus $(pc)^2 = W_k^2 + 2W_0 W_k$

   2.4 Streuwinkel φ des Elektrons aus dem Impuls in y-Richtung: $-pc\sin\varphi + h\frac{c}{\lambda'}\sin\vartheta = 0$

   2.5 Die Gleichung $pc\cos\varphi + h\frac{c}{\lambda'}\cos\vartheta = h\frac{c}{\lambda}$ kann zur Kontrolle verwendet werden. (Impulskomponente in x-Richtung.)

So wird's gemacht:

In B21 steht Theta und in B26 ist Phi

1. In B29:B34 stehen der Reihe nach die Konstanten: e, mo, c, h, hc und die Ruheenergie Wo des Elektrons. B34: =B$30*B$31^2
   B35: =B34/B29
2. D3: =D2*1000*B29;   D4: =B33/D$3;   B4: =D4
3. G14: =B$27;   G15: =360-(G14+G16);   G16: =B$5
4. B18: =B33/B4/B29/1000; B19: =H19/1000; B20: =H20/1000
5. F18: =B$33*SIN(B$21)/B$22; F19: =B33/B22
   F20: =B$23;   H18: =B$25*SIN(B$26); H19: =F19/B29

---

[1]   A.H.Compton: The Spectrum of Scattered X-Rays, Physical Review **22**, 409 (1923); **26**, 289 (1925)

[2]   J.V.Kinderman: Investigating the Compton Effect with a Spreadsheet, The Physics Teacher **30**, 426, (1992)

6.   B21: =B5*PI()/180;   B22: =B4+B33*(1-COS(B21))/ B34
    B23: =B33*(1/B4-1/B22);   B24: =B23/B29;   H20: =B$24
    B25: =WURZEL(B23*(2*B34+B23))
    B26: =ARCSIN(B33*SIN(B21)/(B22*B25))
    B27: =B26*180/PI()

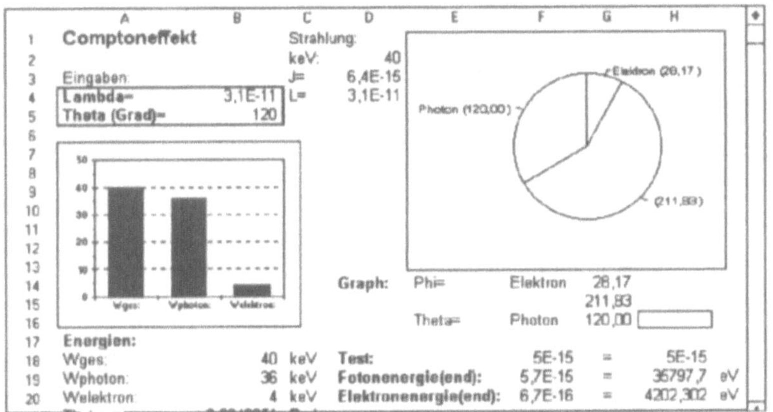

Die Wellenlänge der einfallenden Strahlung kann aus der Energie (40keV) berechnet werden. Das Balkendiagramm zeigt die Aufteilung der Energie. Das Elektron übernimmt nur einen Bruchteil der Gesamtenergie

Den Graphen erzeugen Sie mit dem Diagrammassistenten: X-Achse: F14:F16. Y-Achse: G14:G16.
Wählen Sie *Kreisdiagramm*, Format 7 (die %-Anzeige können Sie durch eine absolute Anzeige ersetzen.)

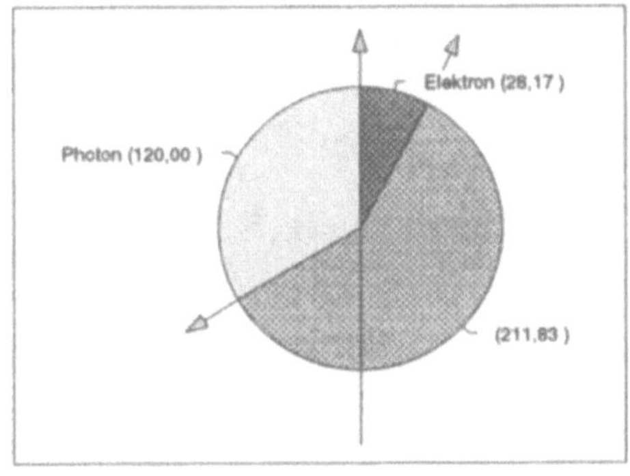

Die Pfeile wurden später hinzugefügt

Das gestreute Foton hat eine größere Wellenlänge (einige Prozent) als das einfallende Foton

Der chaotische Irrweg eines Gasmoleküls und der nicht weniger zufallsgesteuerte Weg eines volltrunkenen Matrosen werden nun mit EXCEL simuliert.[1]

Das brauchen Sie :

1. Die Formel für die freie Weglänge λ eines Gasmoleküls:

$$\lambda = 31073 \frac{T}{pd^2}$$

λ und der Moleküldurchmesser d werden in Angström (10^{-10}m) gemessen, der Gasdruck p in mbar.

Bei T=300K, p=1000mbar und d=3E-10m ist die freie Weglänge ca. 1036 Angström.

2. Befindet sich ein Molekül nach einem Stoß an der Stelle P=(x,y), so legt es bis zum nächsten Zusammenstoß eine Strecke s unter dem Winkel ß (gegen die x-Achse) zurück und gelangt zum Punkt P´=(x´,y´). Die neuen Koordinaten sind:

$$x´ = x + s \cos \beta$$
$$y´ = y + s \sin \beta$$

mit $s = -\lambda \ln R1$ und $\beta = 2\pi R2$.
R1 und R2 sind Zufallszahlen.

Das Molekül startet in (0;0). Nach 200 Zusammenstößen befindet es sich in (xs;ys). Die Variable Ls enthält die Summe der freien Wege.

Ls/N ist ungefähr gleich Lambda.

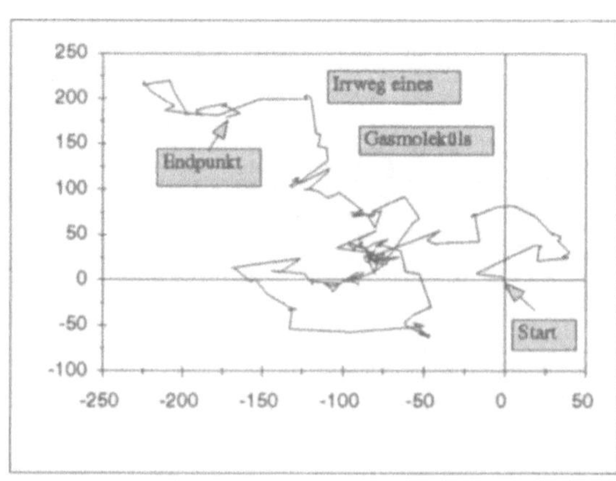

---

[1]   F.J.MEHR : Simulation von stochastischen Trajektorien in der Ebenen.   Praxis der Naturwiss. - Physik **11**,329 (1983)

So wird's gemacht:

1. In Zeile 10 befinden sich die Anfangswerte aller Daten:
   B10: R1:=0; C10: R2:=0; D10: 0 ; E10: =G\$1; F10:H10: 0
2. In Zeile 11 werden die Prototypen der Formeln eingetragen:
   A10: **/BAH** (*Reihe berechnen*) bis A210 füllen.
   B11: =ZUFALLSZAHL()(=R1); C11: =ZUFALLSZAHL()(=R2)

   D11: =2*PI()*B11;E11:=-G\$1*LN(C11); F11: =E11+F10
   G11: =G10+E11*COS(D11); H11: =H10+E11*SIN(D11)
   B11:H11 markieren und mit Ausfüllkästchen bis B11:H210 kopieren. In F5 steht die direkte Entfernung zwischen Anfangs- und Endpunkt: =WURZEL(H210^2+G210^2);
   F6 enthält das Mittel aller freien Wege: =F210/A210
3. Mit dem Diagramm-Assistenten legen Sie eine XY-Grafik des Irrwegs an. *Bereich*: =\$G\$10:\$H\$210; *Punkt[XY]-Diagramm, Variante 6.*

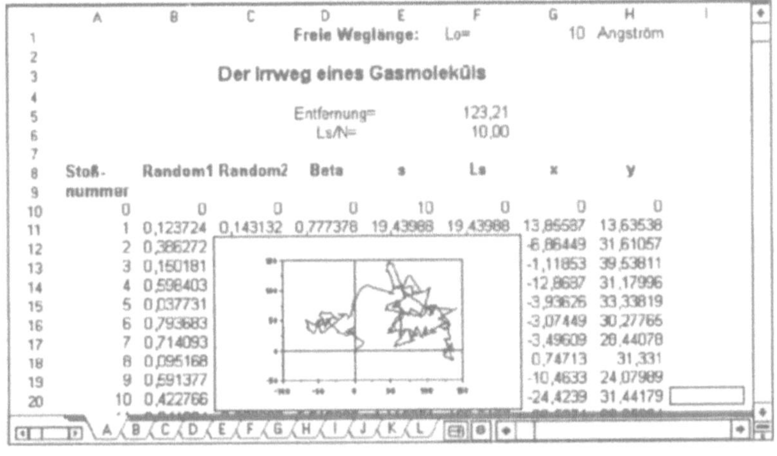

	A	B Random1	C Random2	D Beta	E s	F Ls	G x	H y
1				Freie Weglänge:	Lo=		10	Angström
3				Der Irrweg eines Gasmoleküls				
5				Entfernung=		123,21		
6				Ls/N=		10,00		
8	Stoß-							
9	nummer							
10	0	0	0	0	10	0	0	0
11	1	0,123724	0,143132	0,777378	19,43988	19,43988	13,85587	13,63538
12	2	0,386272					-6,86449	31,61057
13	3	0,150181					-1,11853	39,53811
14	4	0,598403					-12,8687	31,17996
15	5	0,037731					-3,93626	33,33819
16	6	0,793683					-3,07449	30,27765
17	7	0,714093					-3,49609	28,44078
18	8	0,095168					0,74713	31,331
19	9	0,591377					-10,4633	24,07989
20	10	0,422766					-24,4239	31,44179

In G1 wird die freie Weglänge eingegeben. Wenn Sie F9 drücken, erhalten Sie eine neue Simulation

Stellen Sie die Neuberechnung mit *Extras/Optionen/Berechnen* auf manuell (*auf Befehl*). Jede Neuberechnung starten Sie mit F9.

Um molekulare Zusammenstöße mit einem Computer zu simulieren, benötigt man die Verteilung der freien Wege im Gas. Man weiß, vergl. [1], daß sie einer Exponentialverteilung genügen. Die Dichte der Verteilung der freien Wege ist gegeben durch $f(x) = e^{-x/\lambda}/\lambda$.
Das Molekül befindet sich schließlich in der Entfernung $L = \sqrt{xs^2 + xy^2}$ vom Startpunkt. Ls/N ist ein guter Schätzer für λ.

Seltene Ereignisse gehorchen oft einer POISSON-Verteilung. Die Beantwortung der Frage, ob eine Reihe von Meßwerten einer POISSON-Verteilung genügt oder nicht, soll am Beispiel des *Alphazerfalls* von Polonium-210 demonstriert werden. Die Daten stammen aus einer Veröffentlichung aus dem Jahre 1910 von E.RUTHERFORD und H.GEIGER (Phil. Magazine (6) **20**, 1910, S.698). Die Forscher registrierten 2608 mal die Anzahl der in 7.5s emittierten Alphateilchen. Es gab sechs 7.5s-Intervalle mit 11 oder mehr Impulsen (Zerfällen).

Das brauchen Sie:

1. Die Wahrscheinlichkeitsfunktion der POISSON-Verteilung:
$$f_P(x; \mu) = \mu^x e^{-\mu}/x!$$
Das arithmetische Mittel der Stichprobe dient als Schätzwert für den Parameter μ. Die erwarteten Häufigkeiten berechnen wir mit $h_{e,i} = N \cdot f_P(x_i; \bar{x})$; N=Summe der beobachteten Häufigkeiten $h_{b,i}$

2. Eine Näherungsformel zur Berechnung des kritischen CHI-Quadrat-Wertes, z.B.:
$$\chi^2 \approx f + z\sqrt{2f} + \frac{2}{3}(z^2 - 1) + \frac{z^3 - 7z}{9\sqrt{2f}}$$
$$-(6z^4 + 14z^2 - 32)/(405f)$$
z ist das (1-α)-Quantil der Standardnormalverteilung.
Eine etwas kürzere Formel kann gut für f>=30 eingesetzt werden:
$$\chi^2 \approx f(1 - \frac{2}{9f} + z\sqrt{\frac{2}{9f}})^3$$

So wird's gemacht:

1. In den Spalten A und B stehen die Meßwerte.
2. C6:   =A6*B6;   bis C17 kopieren.
   D6:   1;   D7:   =D6*A7;   bis D17 kopieren (Fakultät).
   C18: =SUMME(C6:C17);   C19:   =C18/B18
3. E6:   =C$19^A6*EXP(-C$19)/D6;   bis E17 kopieren.
   F6:   =E6*B$18;   bis F17 kopieren.
4. G6:   =(F6-B6)^2/F6; bis G17 kopieren.
5. G18: =SUMME(G6:G17) (das ist die Prüfgröße CHI-Quadrat)
   Da die Prüfgröße kleiner ist als das kritische CHI^2 (=18.308), darf man annehmen, daß die Daten einer POISSON-Verteilung ge-

nügen. Das kritische CHI^2 wurde für eine Sicherheit von 95% berechnet. Die Zahl der Freiheitsgrade beträgt f=12-2=10.

G19: =E24.

In G24 steht zur Berechnung des kritischen CHI^2-Wertes die EXCEL-Funktion =CHINV(Wahrsch;Freiheitsgrade). Ein Rechenweg nach obigem Algorithmus kann folgendermaßen laufen:

6. B23 wird mit F bezeichnet (**Strg+F3**); G30 mit ZN benennen (=z-Wert der N(0;1)-Verteilung)

   E24:

   =F+(2*F)^0.5*ZN+2*(ZN^2-1)/3+(ZN^3-7*ZN)/((2*F)^0.5*9)-(6*ZN^4+14*ZN^2-32)/(405*F)

7. D26: =WENN(B26<0.5;1-B26;B26)

   G26: =WURZEL(-2*LN(1-D26)); wird T genannt

   G27: =2.515517+T*(0.802853+0.010328*T); heißt ZA

   G28: =1+T*(1.432788+T*(0.189269+0.001308*T)); heißt NE

   G29: =T-ZA/NE; dies wird mit H bezeichnet

8. In G30 steht der z-Wert: =WENN(B26<=0.5;-H;H)

9. In G31 wird eine für f >= 30 gute Näherung berechnet:

   =F*(1-2/(9*F)+ZN*WURZEL(2/(9*F)))^3; diese Formel wird nur zum Vergleich angeführt.

Den kritischen CHI^2-Wert liefert Excel mit CHINV

CHI-Quadrat wird berechnet, man braucht es nicht nachzuschlagen. Auch die Formel in G31 kann - wenn's nicht zu genau sein soll - bis f=5 benutzt werden

	A	B	C	D	E	F	G
1			Prüfung auf POISSON-Verteilung				
2							
3	Anzahl der	Zahl der Intervalle			Poisson-		
4	Alphateilchen	mit xi Impulsen			Wahrsch.:		
5	xi	hi,b	xi*hi,b	x!	fp(xi;3.87)	hi,e	CHI^2
6	0	57	0	1	0.021	54.4	0.122
7	1	203	203	1	0.081	210.6	0.273
8	2	383	766	2	0.156	407.4	1.465
9	3	525	1575	6	0.202	525.5	0.001
10	4	532	2128	24	0.195	508.4	1.094
11	5	408	2040	120	0.151	393.5	0.536
12	6	273	1638	720	0.097	253.8	1.458
13	7	139	973	5040	0.054	140.3	0.012
14	8	45	360	40320	0.026	67.9	7.698
15	9	27	243	362880	0.011	29.2	0.162
16	10	10	100	3628800	0.004	11.3	0.147
17	11	6	66	39916800	0.002	4.0	1.036
18	N=	2608	10092			CHI^2=	14.005
19	Mu=	3.870			0.95%-	CHI^2krit=	18.308
20							

In der B-Spalte wird angegeben, in wievielen 7.5s-Intervallen man genau xi Alphas "gesehen" hat. Die berechneten Häufigkeiten in Spalte F stimmen recht gut mit den beobachteten in Spalte B überein

Die Berechnung des kritischen χ^2-Wertes geschieht nach folgendem Schema:

	A	B	C	D	E	F	G
23	Freiheitsgrade:		10 Ergebnis: CHI^2=		18.294	(f>=30)	
24			genauerer Wert:		18.308		
25							
26	Sicherheit:		0.95 x=	0.95	N(0;1)	T=	2.447747
27					"	ZA=	4.542578
28					"	NE=	5.660283
29					"	H=	1.645211
30					z-Wert:	ZN=	1.645211
31						CHI^2=	18.29418
32							

Nur die Zahl der Freiheitsgrade und die Sicherheit sind einzutragen

EXCEL befreit Sie von den schrecklichen Mühen bei der Berechnung gemischter Wechselstromschaltungen.
Legen Sie sich für die gebräuchlichsten Schaltungen Arbeitsblätter an. Dann geben Sie die Daten ein und lassen EXCEL sich durch die Schaltung werkeln.

Beim Aufbau der Arbeitsblätter ist es vorteilhaft, alle Widerstände komplex einzugeben, anstatt fertige Formeln zu benutzen, die doch meist fürchterlich umfangreich sind.

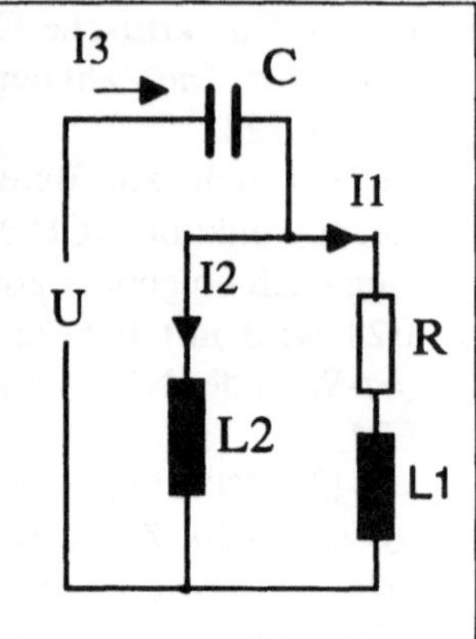

Das brauchen Sie :

1. Die konkrete Schaltung
2. Beispieldaten: U=220V, f=50Hz, C=20µF, R=50Ω
   L1=1H, L2=2H
3. Die komplexe Form der Widerstände. Also für den rechten Zweig: $Z_1 = R_1 + \omega L_1 \cdot j$; für den linken Zweig: $Z_2 = R_2 + \omega L_2 \cdot j$; R2 ist in der Schaltung 0. Für den Kondensator haben wir $Z_3 = 0 - \frac{1}{\omega C} \cdot j$

   Den Phasenwinkel berechnen wir aus $\tan \varphi = \frac{Im(Z)}{Re(Z)}$

   Den komplexen Gesamtwiderstand der Parallelschaltung ermittle ich mit $Z_{parall} = \frac{Z_1 Z_2}{Z_1 + Z_2}$, wobei ich den Quotienten mit den Formeln berechne, die im Rezept *Komplexe Zahlen I* , Nr4_3, mitgeteilt wurden.

So wird's gemacht:

1 Die Abbildung zeigt Ihnen das von mir benutzte Arbeitsblatt.
2. B10: =2*PI()*B6; C1: =D6;   D10: =B10*F6; E10: =E6
   F10: =B10*G6;   G10: =(C10*E10-D10*F10)
   H10: =(C10*F10+D10*E10);
   B14: =(C10+E10); C14: =(D10+F10); D14: =B14^2+C14^2
   E14: =(G10*B14+H10*C14)/D14;
   F14: =(H10*B14-G10*C14)/D14

Zges=Zparallel+ Z3 in G14,H14

G14: =E14; H14: =F14-1/(B10*H6)
I14: =WURZEL(G14^2+H14^2)

3. In Zeile 18 stehen die physikalisch bedeutsamen Größen:
   B18: =C6/I14; C18: =B18*WURZEL(E14^2+F14^2)
   D18: =B18/(B10*H6);
   E18: =C18/WURZEL(C10^2+D10^2)
   F18: =C18/WURZEL(E10^2+F10^2)
   G18: =C6*B18*COS(H18*PI()/180)   (Leistung in Watt)
   H18: =ATAN(H14/G14)*180/PI()
   I18: =E18*B10*F6 (Spannung über L1); I20: =E18*D6

Bei dieser Anwendung von EXCEL ist es natürlich sehr verlockend, sich ein ganzes Arsenal von Schaltungsbeispielen in Form einer Arbeitsmappe zusammenzustellen. Der Einfluß der Schaltungsparameter auf Spannungen, Stromstärken und Leistung ist dann rasch zu überblicken.

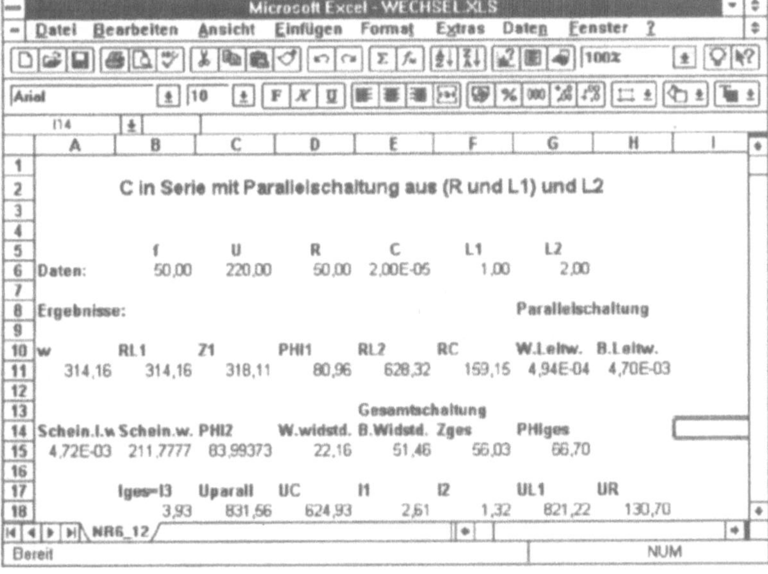

Arbeitsblatt zur obigen Schaltung

Das Brettspiel "Life" wurde von dem englischen Mathematiker JOHN HORTON CONWAY in den 60-er Jahren erfunden. CONWAY setzte einfache "Lebewesen" in eine unendliche Welt und definierte für sie strenge Überlebensregeln. Einmal geboren, unterliegen diese Spielbakterien nur noch dem Determinismus dieser Regeln. Sie kennen kein Wirken des Zufalls, was doch für wirkliches Leben so bedeutsam ist. Da der Lebensraum einer CONWAY-Bakterie eine (fast) unendlich ausgedehnte Zellenebene ist, ist es klar, daß Spreadsheets hier zuständig sind.

Das brauchen Sie:

1. Die acht Nachbarn einer Zelle als ihre Umwelt.
2. Die Spielregeln für Überleben, Tod und Geburt:
   Überleben: Eine besetzte Zelle überlebt bis zur nächsten Generation, wenn 2 oder 3 Nachbarn vorhanden sind.
   Sterben: Eine besetzte Zelle stirbt, wenn sie entweder weniger als 2 oder mehr als 3 Nachbarn besitzt.
   Geburt: Ein vorher nicht besetztes Feld wird besetzt, wenn es genau 3 Nachbarn hat.

Beispiel: Die 1. Generation in der Anordnung:

```
    + (in M5)
  + +
      +
  +
  +
```

liefert nach Anwendung der Regeln die rechts gezeigte 2. Generation. Die 14. Generation nimmt folgende Gestalt an:

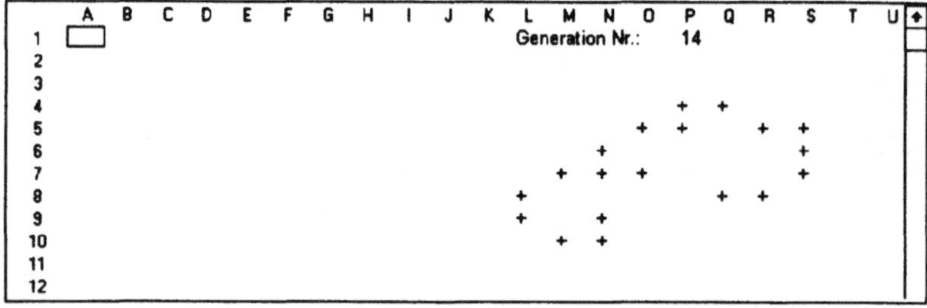

Ähnlich wie beim Spiel »Schiffeversenken« werden wir mit zwei Arbeitsblättern arbeiten: der Konfigurationsseite und der Regelseite. Auf dem Blatt *Konfiguration* halten wir die aktuelle Population fest, auf dem Blatt *Regeln* erzeugen wir die neue Generation, -die anschließend als aktuelle Population dient und wieder den Regeln unterworfen wird, usw. Damit wir möglichst viele Zellen zur Hand haben, reduzieren wir die Spaltenbreite auf 3. Als Spielfeld verwenden wir den Bereich **B2:X20**, -damit ist dann jede Zelle von Nachbarn umgeben. (Man kann sich die obere Regelebene durchsichtig vorstellen. Unter ihr sehen wir dann jederzeit die letzte Bakterien-Konfiguration.)

Zwei Arbeitsblätter werden benutzt

Spielfeld ist der Bereich B2:X20

Die Anzahl ihrer Nachbarn definiert den Zustand einer Zelle. D.h.: eine leere Zelle mit 3 Nachbarn befindet sich im Zustand 3 -und gebiert dann in der nächsten Generation eine "Bakterie". (War die leere Zelle mit 0 gekennzeichnet, so erhält die Zelle "über" ihr zum Zeichen der Geburt eine 1. Statt einer 1 kann man ein +-Zeichen setzen, falls man den ganzen Bereich B2:X20 mit +formatiert. Markieren und: *Zellen formatieren/Zahlen/Zahl: +*)

Jede Zelle besitzt einen Zustand

Beispiel: Der Ausdruck

=SUMME(KON.XLS!J9:L11)-KON.XLS!K10

ermittelt die Anzahl der Nachbarn der Zelle K10 auf der Seite KON.XLS (KON=Konfiguration).

Mit der am Rand gezeigten Übergangstabelle kann man zu jedem Zustand feststellen, ob für die neue Generation eine 0 oder eine 1 einzutragen ist. Die Zustände 0 bis 8 gelten für leere Zellen, die von 9 bis 17 für lebende Zellen. Zustand 9 bedeutet: die Zelle lebt und hat keine Nachbarn, sie wird also sterben. Nur die Zustände 11 und 12 führen zu überlebenden Zellen. Denn bei der Zustandsnummer 11 wissen wir, daß die Zelle lebt und daß sie von 2 lebenden Nachbarn umgeben ist. Bei der Nummer 12 sind es 3 Nachbarn.

	A	B
22	0	0
23	1	0
24	2	0
25	3	1
26	4	0
27	5	0
28	6	0
29	7	0
30	8	0
31	9	0
32	10	0
33	11	1
34	12	1
35	13	0
36	14	0
37	15	0
38	16	0
39	17	0
40		

So wird's gemacht:

1. Laden Sie zwei neue Tabellenblätter, und geben sie ihnen die Namen KON und REG.
2. Tragen Sie bitte die Übergangstabelle in das REGEL-Blatt ein.
3. Den Bereich REG: B2:X20 markieren. Wählen Sie das Format +. Über *Extras/Optionen/Berechnen* den Rechenmodus auf *Befehl* (=manuell) stellen.

Alles mit F9 durchrechnen

5. Folgendes In B2 von REG.XLS eintragen:
   =WENN((SVERWEIS(Kon!B2*9+SUMME(Kon!A1:C3)-Kon!B2;$A$22:$B$39;2))=0;"";1);
   von B2 bis B2:X20 kopieren. (Die Zustände 9 bis 17 werden künstlich eingeführt, indem man zu der wirklichen Zahl der Nachbarn 9 addiert. Ist B2 mit 0 besetzt, so ist B2*9 ebenfalls 0, und wir erhalten nur Zustände von 0 bis 8. Ist B2 mit 1 besetzt, so geht die Zustandszahl vo 9 bis 17.)

6. Tragen Sie in das zweite Arbeitsblatt, also in **Kon**, eine Figur (=Konfiguration) aus +-Zeichen ein (jedesmal eine 1 eingeben!), etwa wie im Beispiel oben. Blättern Sie dann zurück nach dem 1. Arbeitsblatt, also **Reg**. Wenn Sie nun **F9** drücken (=Rechentaste), so wird die neue Generation berechnet, also die 2., wenn die Startkonfiguration mit 1 bezeichnet wurde.

7. Bevor eine neue Generation mit **F9** berechnet werden kann, müssen die **Werte** von **Reg!B2:X20** nach **Kon!B2:X20** kopiert werden (nicht die Formeln, nur die Werte!).

8. **F9** drücken und danach erneut Punkt 7 ausführen, usw. (Leider muß das ganze Spielfeld vorher »gereinigt« werden (Makro!), was einige Sekunden dauert. Bei anderen Programmen ist dies nicht nötig, wie z.B. bei QUATTRO PRO.)

9. Wenn Sie ein **neues Spiel** starten wollen, so löschen Sie alle +-Zeichen im Konfigurationsblatt, also in Arbeitsblatt 2.
   Tragen Sie dann mit der 1 eine neue Generation ein.

Das fortwährende Markieren und Kopieren kann man natürlich einem **Makro** überlassen. Hier haben Sie je einen Vorschlag für ein

	A	B
1	copy(k)	
2	=WERT.FESTLEGEN(A3;1)	von 2. Zeile an
3	=WENN(A3=20;GEHEZU(A10);A3+1)	bis Zeile 20
4	=WERT.FESTLEGEN(A5;1)	von 2. Spalte an
5	=WENN(A5=24;GEHEZU(A3);A5+1)	bis Spalte X
6	="!Z"&A3&"S"&A5	aktuelle Zelle
7	=TEXTPOS("REG.XLS"&A6;0)	
8	=FORMEL(A7;"KON.XLS"&A6)	
9	=GEHEZU(A5)	
10	=RÜCKSPRUNG()	
11		
12	Löschmakro	
13	lösch(l)	
14	=AKTIVIEREN("kon.xls")	
15	=AUSWÄHLEN(!B2:X20)	
16	=INHALTE.LÖSCHEN(1)	
17	=AUSWÄHLEN(!A1)	
18	=RÜCKSPRUNG()	
19		
20		

Kopier- und für ein Löschmakro. Gestartet werden sie entweder mit **Strg+k** oder mit **Strg+l**

Das Kopiermakro ist an einen Vorschlag in [SCHELS 92,S.206] angelehnt. Es arbeitet recht langsam, da es Zelle für Zelle absucht.

Nachdem Sie die Makros eingetippt haben, müssen Sie ihnen einen Namen geben. Zellzeiger auf A1, **Strg+F3** drücken. In der Dialogbox tragen Sie hinter *Taste: STRG+* ein »k« als Tastaturschlüssel ein. Markieren Sie auch das Feld *Befehl*. Mit **Strg+k** starten Sie das Kopiermakro. Verfahren Sie entsprechend mit dem Löschmakro.

Das beschriebene Spiel arbeitet mit einer sogenannten MOORE-Umgebung der Zellen, also mit 8 Nachbarn. Sie können das Life-Spiel auch mit einer NEUMANN-Umgebung spielen, d.h. mit 4 Nachbarn. Dann werden Sie auch das Phänomen der *Selbstreplikation* beobachten, falls Sie folgende Spielregeln beachten (von E.FREDKIN)

> 1. Jede Zelle mit einer geraden Anzahl lebender Nachbarn (0,2,4) wird oder bleibt leer.
> 2. Jede Zelle mit einer ungeraden Zahl lebender Nachbarn (1,3) lebt weiter oder wird zum Leben erweckt.

Sie können auch Selbstreplikationen studieren

Sie müssen die =SVERWEIS-Funktion abändern. Tragen Sie sie in B2 von **Kon** ein, und kopieren Sie sie dann bis X20:

$$=SVERWEIS(Kon!A2+Kon!B1+Kon!C2+\\ Kon!B3; \$A\$22..\$B\$26;2)$$

In der Zustandstabelle, die nur den Bereich A22:B26 umfaßt, steht neben dem Zustand 1 nicht 0, sondern 1.

Wenn Sie das Spiel mit der Konfiguration

$$+\qquad+$$
$$+$$

beginnen, so werden Sie sehen, daß bereits in der 3. Generation 4 Reproduktionen der Ausgangsfigur vorliegen.

7 Anhang

7.1 Makros

7.2 Literaturverzeichnis

7.3 Sachwortverzeichnis

Im Buch habe ich des öfteren Makros eingesetzt, um mich von gewissen mechanischen Arbeiten zu befreien.

In diesem Kapitel möchte ich die Elemente der Makro-Programmierung unter EXCEL 5.0 anhand einiger einfacher Beispiele erläutern.

Ab EXCEL 5 gibt es zwei Makrotypen: MS EXCEL 4.0-Makros und Visual Basic-Makros. Für beide Typen lassen sich Befehls-und Funktionsmakros schreiben.

Sogenannte Tastatur-Makros, bei denen Tasten gedrückt oder Menüoptionen angeklickt werden, lassen sich automatisch mit dem Makrorekorder von EXCEL 5.0 registrieren, worauf ich hier aber nicht eingehen werde.

Die Eingabe von Hand geschieht über das Menü *Einfügen* (**/EME**) , die automatische Aufzeichnung wird im Menü *Extras* gestartet (**/XFZ**).

Beispiel 1: (*Auswählen und eintragen von Ergebnissen*)

Erstellen Sie ein Makro, das aus B1 die Länge und aus B2 die Breite eines Rechtecks holt und das in B5 den Flächeninhalt ablegt.

Lösung:

1.   Mit **/EME** holen Sie sich eine Makrovorlage für ein EXCEL 4.0-Makro.

2.   Füllen Sie bitte die Zellen A1 bis A6 der Vorlage wie folgt aus:

Die Fläche eines Rechtecks wird berechnet

       A1:   fläche(a)
       A2:   =AUSWÄHLEN("Z5S5")
       A3:   =FORMEL("Fläche:")
       A4:   =AUSWÄHLEN("Z5S2")
       A5:   =FORMEL(!B1*!B2)
       A6:   =RÜCKSPRUNG()

Makros müssen einen Namen erhalten

3.   Stellen Sie den Zellzeiger auf die erste Programmzeile, also auf A1. Mit **Strg+F3** rufen Sie ein Dialogfeld ab, in dem Sie unter *Name* fläche_a eintragen (EXCEL schlägt dies auch vor). Hinter *Zugeordnet zu* sollte der Makroanfang, also *Makro1!$A$1* stehen. Klicken Sie *Befehl* an, und schreiben Sie hinter *Taste:Strg+* ein a.

(Wenn Ihnen die Spaltbreite nicht weit genug ist, so wählen Sie mit **/TSB** einen geeigneteren Wert. Manchmal möchten Sie eine Programmzeile einfügen oder löschen. Dies erreichen Sie über *Einfügen/Zeilen* bzw. *Bearbeiten/Zeilen löschen.*)

4. Nach diesen drei Schritten sollten Sie das Makro austesten. Gehen Sie in ein beliebiges Arbeitsblatt, z.B. Tabelle1, und tragen Sie ein: A1: Länge; A2: Breite; B1: 5; B2: 12.

   Mit **Strag+a** das Makro starten. Sie sehen: In A5 erscheint der Eintrag *Fläche,* in B5 steht das Ergebnis 60.

Erklärungen:

fläche(a): Das Makro mit dem Namen »fläche« kann, z.B. in *Tabelle1*, mit **Strg+a** gestartet werden. EXCEL unterscheidet bei den Makronamen zwischen a und A!

=AUSWÄHLEN("Z5S1") veranlaßt den Zellzeiger, in die 5. Zeile und in die 1.Spalte der aktiven Tabelle zu springen.

Diese sogenannte Z1S1-Notation hat Microsoft wohl den MULTIPLAN-Freunden zuliebe in EXCEL eingebaut. Man hätte auch schreiben können: =AUSWÄHLEN(!A5)

=FORMEL(!B1*!B2) schreibt in Zelle A5 das Produkt der beiden Zahlen, die in B1 und B2 stehen. (Die !-Zeichen besagen, daß es sich um Zellen der aktiven Tabelle handelt und nicht um die Zellen B1, B2 der Makrovorlage.)

Mit Strg+a wird das Makro gestartet

Zum Vergleich soll das gleiche Makro in der **Visual Basic**-Version gebracht werden. Hier ist es:

Ein Visual Basic-Makro beginnt mit Sub und endet mit Ende Sub

```
' vb_Makro Makro
' Shortcut: Strg+b
'
Sub vb_Makro()
    Bereich("A5").Auswählen
    AktiveZelle.Z1S1Formel = "Fläche"
    Bereich("B5").Auswählen
    AktiveZelle.Z1S1Formel = "=Z(-4)S*Z(-3)S"
Ende Sub
```

Erklärungen:

Ein Visual Basic-Makro beginnt mit *Sub* und endet mit *Ende Sub.* vb_Makro() ist der Name des Makros, den Sie selbst festlegen. Die Klammern werden gelegentlich benötigt, um gewisse Parameter aufzunehmen, darüber aber später, vergl. Beispiel 3. Die seltsame Formel in der vorletzten Zeile besagt, daß die

Zahl, die in der aktuellen Spalte S -das ist hier die B-Spalte-
und 4 Zeilen höher -das ist Zeile 1- steht, multipliziert werden
soll mit der Zahl in B2. Kommentare werden mit Hochkomma
(') angekündigt.
Das Makro schreiben Sie auf einer Vorlage, die Sie über das
Menü *Einfügen* erhalten: *Einfügen/Makro/Visual Basic-Modul*.
Das Kürzel (shortcut), hier b, geben Sie dem Makro über
Extras/Makro/Optionen.

Beispiel 2: (*Verwendung von Für-Schleifen*)

Ein Makro soll entwickelt werden, mit dessen Hilfe sich Zahlen
einlesen lassen. Zum Schluß soll das arithmetische Mittel ausgegeben werden.
(Verwenden Sie für eine *Für-Weiter-Schleife* die Makrofunkti-

Für-Weiter-
Schleife
on: FÜR(*Zähler;Anfang;Ende;Schrittweite*)
Der Schleifenzähler muß zwischen Hochkommmatas stehen, die
Schrittweite ist optional. Fehlt sie, wird 1 angenommen.

Lösung:

1.   **/EME**, dann **/TSB** 20
2.   A1:   mittelwert(m)

Es wird der
Mittelwert
von n Zahlen
berechnet

A2:   anzahl=EINGABE("wieviele Zahlen?";1)
A3:   =WENN(anzahl=FALSCH;STOP())
A4:   =AUSWÄHLEN("Z1S1")
A5:   =FÜR("Wert";1;anzahl)
A6:   =FORMEL(EINGABE(" Zahl eingeben:";1))
A7:   =AUSWÄHLEN("Z(1)S1")
A8:   =WEITER()
A9:   =AUSWÄHLEN("Z(1)S1")
A10:   =FORMEL(SUMME(!A1:AKTIVE.ZELLE())/anzahl)
A11:   =RÜCKSPRUNG()
3.   Zellzeiger auf A1 setzen und mit **Strg+F3** den Namen *mittel_m*
      vergeben. Als Makrokürzel setzen Sie m hinter *STRG+* ein.
4.   Gehen Sie nach *Tabelle1*, starten Sie das Makro mit **Strg+m**.
      Wenn Sie 3 Zahlen eingeben -sie erscheinen in A1, A2, A3-, so
      setzt das Makro das Ergebnis in die Zelle A5.

Erklärungen:

A2:   Die Makrofunktion EINGABE() erzeugt ein Eingabe-Dialog-
      feld mit den Schaltflächen OK und Abbrechen. Da eine Zahl

eingetragen werden soll, ist der CodeWert 1 zu verwenden. Die möglichen Code-Nummern sind: 0 für Formeln, 1: Zahlen, 2: Text, 4: logisch, 8: Referenz, 16: Fehler, 64: Datenfeld (Array). Gibt man die Summe zweier Werte ein, z.B. 1+2 = 3, so kann man den einen oder den anderen Datentyp verwenden; bei 3 also Text oder Zahlen, usw.

Die Variable »anzahl« nimmt den eingegebenen Wert auf.

A3: Hat man in der Eingabemaske nicht OK, sondern Abbrechen gewählt, so ist anzahl=FALSCH, und das Programm hält an: STOP().

A4: Sprung nach A1 in der aktiven Tabelle. Sie hätten auch =AUSWÄHLEN(!A1) schreiben können.

A5: Hat »anzahl« den Wert n, so werden A6 und A7 n-mal ausgeführt.

A6: Die Anweisung in A6 schreibt den eingegebenen Wert in die jeweils aktive Zelle.

A7: Der Zellzeiger wird nach jeder Eingabe um eine Zeile tiefer gesetzt.

A8: =WEITER() schließt die *Für-Weiter-Schleife* ab.

A9: Der Zellzeiger wird zwei Zeilen unter die letzte Eingabe gesetzt.

A10: SUMME und Mittelwert werden berechnet. Das Ergebnis wird in die aktive Zelle geschrieben.

Das folgende **Visual Basic**-Makro berechnet ebenfalls den Mittelwert:

```
'Makro für Mittelwertberechnung
'shortcut w

Sub VB_Makro2()
    Anzahl = Wert(EingabeDlg("Wieviele Zah
            len?"))
    Wenn Anzahl <> 2 Dann
        Für n = 1 Bis Anzahl
        zahl = Wert(EingabeDlg("bitte Zahl ein
                geben"))
        Summe = Summe + zahl
        Nächste n
        Mittelwert = Summe / Anzahl
        antwort = MeldungsDlg("Mittelwert=" +
            ZuZnF(Mittelwert); 1)
    Ende Wenn
Ende Sub
```

Das Visual Basic-Makro verwendet eine Eingabebox (EingabeDlg) und eine Ausgabebox (Meldungs Dlg)

In »Anzahl« wird der Wert des Eingabe-Dialog-Fensters gespeichert. Falls die Schaltfläche *Abbruch* nicht betätigt wurde, (Anzahl <>2) , werden die folgenden Anweisungen abgearbeitet, andernfalls hält die Bearbeitung an.
ZuZnF verwandelt den Zahlenwert von Mittelwert in einen Textwert (=Zeichenkette), der mit Hilfe der Dialogbox MeldungsDlg angezeigt wird.

Beispiel 3: (*Unterprogramme*)

Unterpro-
gramme er-
leichtern den
Überblick

Um die Technik der Unterprogramme kennenzulernen, benutzen wir ein simples Beispiel: Von einem Zylinder sollen in Unterprogrammen die Basisfläche und das Volumen berechnet werden. (Ein Unterprogramm wird mit *=NAME()* aufgerufen.)

Lösung:

1.   **/EME**, dann **/TSB** 20
2.   A1:   zylinder(z)

Basisfläche
und Volumen
werden in
Unterpro-
grammen
berechnet

A2:   =NAMEN.FESTLEGEN("Basis";B1)
A3:   =NAMEN.FESTLEGEN("Volumen";B6)
A4:   =NAMEN.FESTLEGEN("Abschluss";B10)
A5:   =FORMEL("Radius=";!A1)
A6:   =AUSWÄHLEN(!B1)
A7:   =FORMEL(EINGABE("Radius?";1))
A8:   =Basis()
A9:   =FORMEL("Länge?";!A2)
A10:   =AUSWÄHLEN(!B2)
A11:   =FORMEL(EINGABE("Länge?";1))
A12:   =Volumen()
A13:   =Abschluss()
A14:   =RÜCKSPRUNG()
B1:   Basis
B2:   =FORMEL("Fläche=";!C1)
B3:   a=!B1^2*PI()
B4:   =FORMEL(a;!D1)
B5:   =RÜCKSPRUNG()
B6:   Volumen
B7:   =FORMEL("Volumen=";!C2)
B8:   =FORMEL(a*!B2;!D2)
B9:   =RÜCKSPRUNG()

```
B10: Abschluss
B11: ok=EINGABE("Nochmal?";)
B12: =WENN(ok=FALSCH;STOP();GEHEZU(A1))
B13: =RÜCKSPRUNG()
```

Erklärungen:

Die in B3 eingeführte Variable a ist als globale Variable im ganzen Programm bekannt, speziell auch in B8 des Unterprogramms *Volumen*. Jedes Unterprogramm muß mit =RÜCKSPRUNG() abgeschlossen werden. Ist *Basis* abgearbeitet, so springt der Programmzeiger zurück nach A9. In *Abschluss* wird eine Eingabebox geöffnet mit der Frage »Nochmal?«. Wenn Sie »Abbrechen« anklicken, wird das Programm abgebrochen, andernfalls kann ein neuer Zylinder berechnet werden.

Das äquivalente **Visual Basic**-Makro sieht so aus:

```
Makro zu Beispiel3
'shortcut y
Sub VB_Makro()
    Solange antwort <> 2
    l = Wert(EingabeDlg("Länge?"))
    r = Wert(EingabeDlg("Radius?"))
    ergebnis = fläche(r)
    antwort = MeldungsDlg("Fläche=" +
        ZuZnF(ergebnis) + "cm^2"; 1)
    ergebnis = Volumen(ergebnis; 1)
    antwort = MeldungsDlg("Volumen=" +
        ZuZnF(ergebnis) + "cm^3"; 1)
    EndeSolange
Ende Sub

Funktion Fläche(a) Als Einfach
    fläche = a * a * 3,14159
Ende Funktion

Funktion Volumen(x; y)
    Volumen = x * y
Ende Funktion
```

Im Hauptprogramm werden zwei Funktionen aufgerufen

Der Einsatz einer Solange-Schleife wird gezeigt

Hier werden zum ersten Male auch Parameter übergeben. Die Funktion `Fläche` erhält den Radius r, den sie über ihre lokale Variable a übernimmt. Fläche ist eine *einfach* genaue Dezimalzahl.

Volumen übernimmt die beiden Parameter *Ergebnis* (=Fläche) und Länge *l*. Mit *Extras/Makro/Optionen* wird dem Makro das Kürzel y zugeordnet. Beachten Sie, daß die *Solange*-Schleife mit *EndeSolange* abgeschlossen wird.

Funktionsmakros können wie normale EXCEL-*Funktionen eingesetzt werden*

Mit *Funktionsmakros* erweitert man den Funktionsschatz, den EXCEL von Hause aus mitbringt. Man muß sie wie die Befehlsmakros in eine Makrovorlage eintragen. Mit **Strg+F3** gibt man auch ihnen einen Namen. Unterschied zu den Befehlsmakros: Im Dialogfenster *Namen festlegen* hat man in dem Feld *Makro* nicht »Befehl« sondern »Funktion« anzuklicken. Die neu definierte Funktion wird von EXCEL automatisch in die Funktionsliste eingetragen (schauen Sie nach!). Wenn Sie eine benutzerdefinierte Funktion in Visual Basic schreiben, so übernimmt EXCEL von sich aus den Funktionsnamen aus dem V.B.-Modul. Vergleichen Sie die folgenden Beispiele. (Nur wenn Sie ein Funktionsmakro in der Startdatei XLSTART speichern, wird es bei jeder neuen EXCEL-Sitzung automatisch geladen.)

Beispiel 4: (*Funktionsmakros*)

=Rechteck (Länge;Breite) ist eine neue EXCEL-*Funktion*

Es soll eine Funktion =RECHTECK definiert werden, die zu *Länge* und *Breite*, die sie z.B. in A1 und A2 findet, den Flächeninhalt eines Rechtecks berechnet.

Lösung:

1.   Mit **/EME** eine Makrovorlage holen; /dann **/TSB** 20
2.   A1:   Rechteck
      A2:   =ARGUMENT("Länge")
      A3:   =ARGUMENT("Breite")
      A4:   Fläche=Länge*Breite
      A5:   =RUNDEN(Fläche;3)
      A6:   =RÜCKSPRUNG(A5)
3.   Zellzeiger auf A1 der Makrovorlage und mit **Strg+F3** den Namen *Rechteck* übernehmen. Der Bezug ist $A$1. Klicken Sie, wie oben schon gesagt, »Funktion« an.

Erklärungen:

A2: Um in A4 *Fläche* aus *Länge* und *Breite* berechnen zu können, sind zuvor die Variablen zu deklarieren, nämlich in A2 und A3. Um Fehleingaben zu vermeiden, hätte ich auch den Datentyp angeben sollen, also 1 für Zahl, 2 für Text usw., vergl. Beispiel 2. Hier also: =ARGUMENT("Länge";1). EXCEL nimmt den Wert 7 (=1+2+4) an, wenn kein Datentyp angegeben wird.

A6: Mit =RÜCKSPRUNG(A5) muß das Makro abgeschlossen werden. Der Sprung geht nach A5, um den gerundeten Flächeninhalt auszugeben.

Nun zur *Anwendung*: Gehen Sie zu Tabelle1, und tragen Sie in A1 24(=Länge), in A2 5(=Breite) ein. Wollen Sie in A5 den Flächeninhalt sehen, so fahren Sie den Zellzeiger nach A5 und tragen dort ein: =Rechteck(A1;A2). Nach Drücken der Eingabetaste erscheint der gesuchte Flächeninhalt in A5, und zwar auf 3 Dezimalstellen gerundet.

=Rechteck (A1;A2) berechnet den Flächeninhalt

An einem *weiteren Beispiel* soll der Umgang mit Funktionsmakros nochmals gezeigt werden, dieses Mal auch in Visual Basic.

Beispiel 5:   (*Funktionsmakros mit Verzweigungen*)

Man möchte ein Funktionsmakro zur Verfügung haben, das einem den Gewinn (Provision) beim Verkauf von Aktien zu berechnen erlaubt. Als Werte werden eingegeben *Aktienzahl* und *Aktienpreis* (=Verkaufspreis). Bei einem Gesamtpreis von höchstens 5000 DM soll die Provision mit der Formel *50 + 0,008*Gesamtpreis* berechnet werden. In allen anderen Fällen rechnet man *Provision = 0,015*Gesamtpreis*.

Provision beim Aktienverkauf

Lösung:

Provision wird eine neue EXCEL-Funktion

1.   A1:   Provision
      A2:   =ARGUMENT("Aktienzahl")
      A3:   =ARGUMENT("Aktienpreis")
      A4:   Gesamtpreis=Aktienzahl*Aktienpreis
      A5:   =WENN(Gesamtpreis<=50000;GEHEZU(A8))

A6:   =RUNDEN(0,015*Gesamtpreis;2)
A7:   =RÜCKSPRUNG(B6)
A8:   =RUNDEN(50+0,008*Gesamtpreis)
A9:   =RÜCKSPRUNG(A8)

2.   Gehen Sie nach A1 und rufen Sie **Strg+F3,** usw.

3.   Wenn Sie in A1 von Tabelle1 die Zahl 20 stehen haben (=Aktienzahl) und in in A2 den Wert 230 (Aktienpreis), so ergibt der Eintrag *=Provision(A1;A2)* in A4 das Ergebnis 86,8.

Hier folgt noch das **Visual Basic**-Funktionsmakro, das Sie mit *=Gewinn(A1;A2)* aufrufen. (Ich habe einen anderen Namen gewählt als beim EXCEL 4.0-Makro.)

Die Visual Basic Funktion wird mit **Wenn-Dann-Sonst** *gesteuert*

```
Funktion Gewinn(Aktienzahl; Aktienpreis)
    Gesamtpreis = Aktienzahl * Aktienpreis
    Wenn Gesamtzahl <= 5000 Dann
      Gewinn = 50 + 0,008 * Gesamtpreis
    Sonst
      Gewinn = 0,015 * Gesamtpreis
    Ende Wenn
Ende Funktion
```

EXCEL trägt ohne weitere Aufforderung den Namen *Gewinn* in alphabetischer Reihenfolge in die Funktionsliste ein (erscheint unter *Alle*).

Abramowitz 64
M.Abramowitz, I.Stegun
"Handbook of Mathematical Functions..."
National Bureau of Standards Washington D.C., 4.th Printing 1965

Athen et al. 87
H.Athen, H.Griesel, H.Postel
"Mathematik heute: Leistungskurs Stochastik"
Schroedel Schulbuchverlag GmbH Hannover, 1987

Bassermann 91
Göhler u.a.
"Erfolgreiche Kaufmannspraxis"
Verlag Bassermann, neue Auflage 1991

Bosch 86
K.Bosch
"Angewandte Statistik"
Vieweg-Verlag Braunschweig/Wiesbaden, 1.Auflage 1986

Denk-Stöber 77
Denk-Stöber
"Moderne Kosten-und Leistungsrechnung"
Industrieverlag Peter Linde GmbH Wien, 1977

Eisberg 79
R.Eisberg, W.Hyde
"Countdown: Skydiver, Rocket and Satellite Motion..."
Dilithium Press Portland,Oregon, 1.Edition 1979

Hartmann 92
N.Hartmann,
"Excel 4.0 Tabellen und Diagramme..."
te-wi-Verlag München, 1.Auflage 1992

Hartung 89
J.Hartung, B.Elpelt, K.-H.Klösener
"Statistik: Lehr- und Handbuch der angewandten Statistik"
R.Oldenburg-Verlag München/Wien, 7.Auflage 1989

James et al. 67
M.L.James, G.M.Smith, J.C.Wolford
"Applied Numerical Methods"
International Textbook Co. Scranton, Penna., 1.Edition 1967

Knorr-Gönner 88
W.Knorr, K.Gönner
"Buchführung im Einzelhandel 2"
Verlag Dr.Max Gehlen Bad Homburg vor der Höhe, 1988

Laudel 90
  H.Laudel
  "Rechnen mit Bleistift, Rechner und Computer"
  Xenos-Verlag Hamburg, 1.Auflage 1990

Mehr 92
  F.J.Mehr
  "Spreadsheets: Tabellenkalkulation für Naturwissenschaftler"
  Vieweg-Verlag Braunschweig/Wiesbaden, 1.Auflage 1992

Mehr 93
  F.J.Mehr
  "91 Anwendungen mit Quattro Pro für Windows"
  Vieweg-Verlag Braunschweig/Wiesbaden, 1.Auflage 1993

Ruprecht 67
  E.Ruprecht
  "Mechanik"
  Bayerischer Schulbuch-Verlag München, 1.Auflage 1967

Sachs 74
  L.Sachs
  "Angewandte Statistik"
  Springer-Verlag Berlin/Heidelberg/New York, 4.Auflage 1974

Schels 92
  I. Schels
  "Makro Programmierung mit Excel 4.0"
  Markt und Technik Verlag AG Haar bei München, 1992

WIST 81
  J.Bleymüller, G.Gehlert, H.Gülicher
  "Statistik für Wirtschaftswissenschaftler"
  Verlag Franz Vahlen München, 2.Auflage 1981

Wonnacott 77
  T.H.Wonnacott, R.J.Wonnacott
  "Introductory Statistics for Business and Economics"
  John Wiley & Sons, Inc. New York, 2. Edition 1977

=ABS 114,126
=ACHSENABSCHNITT 98
=ARCCOS 114,122
=ARCSIN 104
=ARCTAN2 119,129
=BW 42f
=COS 114
=CHIINV 174,201
=DATUM 6,29, 36
=EXP 118,126
=FINV 172
=GANZZAHL 22
=GDA 66f
=HÄUFIGKEIT 16,156
=HEUTE 2,3,4,62f
=JAHR 36,78
=JETZT 62
=KONFIDENZ 167
=LIA 66f
=LN 118
=MAX 90,106
=MIN 90,106
=MITTELWERT 13,60,156
=MONAT 36
=NORMINV 166,176
=NORMVERT 162,164
=NV 72
=ODER 57,62
=PI() 29
=RGP 177
=REST 22,33,90
=RMZ 46
=RUNDEN 13,20
=SIN 29,114
=STABW 156
=STEIGUNG 98
=SUMME 31,129
=SVERWEIS 14,33,131
=TAG 36
=TAGE360 36,78
=TINV 168
=UND 57,131

=WENN 22,33,64,68,69,78,167ff
=WURZEL 118,120,123
=ZELLE 27
=ZINS 38
=ZUFALLSZAHL 21,199
=ZZR 37,39,50
=ZW 39

A

Abfrage 58
Abschreibung (AFA) 66ff
ALLES-Markieren-Schalter 8,10
Alphateilchen 94
Alternativhypothesen 170
Analysis Tools 16,157
Arbeitsmappe anlegen 12,18
Arrayformel 16,151,164,177
Ausfüllkästchen 14,103
automatische Spaltenlänge 68

B

Balkenbreite 87,109
Balkengrafik 14,16,87,157
Barwert 42,45
BEARBEITEN/Füllen (Reihe) 49,70
BEARBEITEN/KOPIEREN 70
Bestimmtheitsmaß 178
Biorhythmus 28
Break-Even-Analyse 70ff
Break-Even-Point 70

C

CHI-Quadrat(test) 174,200f
COMPTON-Effekt 196

D

Datenbank 14,54ff
Datum 2,4,6,29,62,64,78

Datumsformat 62,64,78
degressiv 68
Diagramm (Säulen) 60,67
Differenzieren 128
Disagio 43,48
Diskontrechnung 80
Drehung 134ff
Dreieck 114,134
Drucken 3

E

Eingabe-Dialogfeld 120
Erwartungswert 169,173f
exportieren 16
extrahieren 57

F

F8-F5-Technik 49,60,66
F11-Taste 72
F-Test 172
Fakultät 200
feste Titel 15
FEYNMAN - Methode 192ff
Finanzfunktionen 36ff
Formeln zeigen 85
Freiheitsgrad 171ff,201

G

ggT-kgV 90
Gitterlinien 6,11,72
Grafik, Beschriftung 66
     exportieren 16
     Kreis 60
     Balken 60
     dreidimensional 49,142
     XY 29,67,72,179
Grundgesamtheit 169

Gruppe von Arbeitsblättern 10,12

H

Handelskalkulation 82
Häufigkeit 14,16,156
Histogramm 16
HORNER-Verfahren 127
Hypothesentest 170ff

I

Imageanalyse 158
Intervallgeschwindigkeit 186
Intervallskalen 158
Irrweg eines Moleküls 198

K

Kalender 24
Klasseneinteilung 175
komplexe Zahlen 116ff,202
Konfidenzintervall 167,179
Kopieren 13,17,25,79
Kopiermakro 125
Korrelation 160,179
Kostenrechnung 86
Kreisdiagramm 60
kubische Gleichung 122

L

Label 87
Laufzeit 37
Leasing 46
Legende 16, 29,49,67
lineare Abschreibung 68
lineares Optimieren 146
Liniengrafik 3D 49
Linien ziehen 2f

M

Mahnkartei 64
Makro 21,32,76,83,125,210ff
Makroschalter 76,125
Markieren 49,66
Matrixformel 16
Matrizenoperationen 150ff
Mehrfachmarkierung 49,60,72
Mehrfachoperationen 128,154,164,175
Mittelwert 156
Monatskalender 24

N

Namen für Zellen 120
NEWTON-Interpolation 133
NEWTONsche Näherung 77,124
Normalverteilung 162,174
Notenliste 14
Nullhypothese 170
Nullstellen 77

O

Optimieren 146
Ordner 10,12,18,30,203
Osterdatum 22

P

Pascal nach Excel 30ff
Pfeile 138ff
Phi-Funktion 162ff
POISSON-Verteilung 200
Projektplanung 182
Punktdiagramm 134,188

Q

Quadratische Gleichung 120

R

Raketen 193
Rasterlinien 6,72,86
Ratingskala 158
Raumplan 10
Rechnung 5
Register 6
Regression 177ff
Regula Falsi 126
Residuen 178
ROMBERG-Integration 130

S

Säulendiagramm 60,87
Sailor, the drunken 198
Satelliten 195
Schriftart 2
Schriftartenliste 6
Schuß 188 ff
Seminarauswertung 159
SIMPSONsche Regel 132,189
Solver 146,152
Sortieren 13,56
Spalten mit Unterbrechung 154
Spaltenweite 11
Spezialfilter 57ff
Spiel des Lebens 204ff
Stundenplan 9
Szenario-Manager 90

T

Tabellengestaltung 8
Tage berechnen 36,80
Test auf Gleichheit 172
Tilgungsplan 49
Transformationen 134
Trendlinie 177
t-Verteilung 168

V

Vektoren 138ff
Verbunddiagramm 60,191
Verteilungsfunktion 163
Visual Basic 21,59,63,82 ,121,210ff

W

Wahrscheinlichkeit 163
Währungsrechnung 62
WAS-WENN 164,174,176,193
Wechselstromschaltungen 202
Wechselverkehr 80
Weglänge, freie 198
Werte kopieren 32

X

X-Y-Diagramm 132

Z

Zahleneintrag 83
Z-Achse 142
Zeichentabelle (Windows) 12
Zeitformat 62
Zeitreihenanalyse 98
Zellnamen 120
Zielfunktion 146
Zielzelle 147
Zinsen 36ff
zweite Y-Achse 191

91 Anwendungen mit QuattroPro für Windows

von Franz Josef Mehr

1993. X, 179 Seiten. Gebunden.
ISBN 3-528-05317-8

Das Buch bietet mehr als 90 Anwendungen mit QuattroPro für Windows. Alle Beispiele sind in Form von „Rezepten für Feinschmecker" gestaltet und bieten somit auf kleinstem Raum ein Höchstmaß an Informationen. Die Vielzahl der Themen vermittelt ein weites Spektrum an wichtigen Spreadsheetfunktionen. Es sind Themen aus allen Situationen, in denen QuattroPro für Windows ein Helfer sein könnte:

- QuattroPro für den persönlichen Gebrauch
- QuattroPro für die Pflege der Finanzen
- QuattroPro für's Büro
- Statistik als Entscheidungshilfe
- Ein paar Anwendungen aus Physik und Technik

Pfiffige Ideen, verblüffende Lösungen, einfach und übersichtlich dargereicht – Computerbücher mit Nutzen müssen offenbar nicht voluminös sein. Für den qualifizierten Einstieg in das professionelle und praxisgerechte Arbeiten mit dem neuen QuattroPro für Windows genau das richtige Buch.

Verlag Vieweg · Postfach 58 29 · 65048 Wiesbaden